入 門
講 義

Quantum
Theory

量子論

物質・宇宙の究極のしくみを探る

Yasushi Watanabe

渡邊靖志

講談社

はじめに

　最近，多くのメディアで，量子という言葉を見聞きします。量子に関する話題が注目を集めているのです。量子の不思議な性質をうまく活用して超高速計算を可能にする次世代の計算機，量子コンピュータも話題に上っています。

　さらに，2022年のノーベル物理学賞がアスペ，クラウザー，ツァイリンガーの3氏に授与されました。受賞理由は「量子もつれ光子を用いてのベルの不等式の破れの実証実験と量子情報科学の開拓」です。3氏は，量子の不思議な現象を実験的に実証することで，量子の不可思議な振る舞いを白日の下にさらしてきた研究者です。本書でも量子実験で中心的な役割を演じています。

私たちの日常生活と量子とのかかわり

　改めて量子に注目してみると，身の回りに半導体製品があふれています。スマートフォン，テレビ，自動車，LED照明など，現代社会を支える生活必需品の中心部に半導体製品が活躍しているのです。半導体は，量子のはたらきによって動作しているのはご存じの通りです。

　また，身の回りを見てみると，ほとんどすべてに量子のはたらきがあることがわかります。まずは生命の母，太陽が輝くのは核融合のおかげです。現在46億歳の太陽が生涯100億年の長きにわたって輝き続けるのは，トンネル効果などのためです。そもそも，この世界の元素の大部分を合成してきたのも，太陽より重い恒星の中での核融合なのです。

　次にたとえば，物の色。緑の葉や花の色はどのように決まるのでしょうか。そうなのです。量子のはたらきによってなのです。たとえば，木々の葉が緑色なのは，光合成のためです。光合成にはマクロな量子効果がはたらいているという研究成果も出始めています。木々の葉が緑色である理由は，光合成で吸収される光が主に青と赤の光であり，吸収されにくい緑の光は反射・透過されるためです。

　さらに考えてみると，原子，分子，金属，半導体，絶縁体などすべての物質は，量子のはたらきのもとに成り立っています。さらにさらに，宇宙の進化などの根底にも，量子がはたらいています。つまり，そもそも量子のはたらきなくしては，私たちの世界は成り立たないのです。

量子の存在や不思議な振る舞いが認識され，そのはたらきが量子論として理解されたのは 19 世紀の末から 1930 年ごろまでのことです。量子論は，量子力学として定式化されました。以来 100 年ほどの間の量子分野の科学技術の進歩には，真に目覚ましいものがあります。

本書の目的と特徴

そんなに重要な量子に対する扱いの，なんとひどいことか。量子に関して，義務教育の中学校まではほとんど触れられていませんし，高校でもほとんど習いません。さらに大学では，量子力学という科目は理工系のほんの一部の学科のカリキュラムにしか存在しないのです。なぜなのでしょうか。そうなのです。知らなくても普通に生活を送るうえでは困らないからです。さらに量子論・量子力学は，日常の経験からはあまりにもかけ離れていて理解し難い分野と思われているからでしょう。

こんなに重要で，そんなにひどい扱いを受けている量子論・量子力学を，読者の皆様に何とかわかりやすくおもしろく伝えられないか？　そう考えて，本書の作成を思い立ちました。その際，常に，この世界とのつながりに留意するようにしました。

本書では，各章の初めに，皆様に VR（仮想現実）で「量子ワールド」の世界を体験していただくことにしました。皆様に量子の不思議な世界を体験していただくことによって，量子の世界を身近に感じ，直感的に量子の世界を理解していただけるのではないかと考えたからです。

また，皆様が不思議に思うだろうこと，不思議とも思わないだろうことなどを，例題や問題として取り上げ，簡潔な説明をつけることにしました。問題については巻末に解答例をつけましたので，少し考えたあと気軽にご覧ください。そして，いくつかの章末のコラムが，疲れた頭を休めていただくための清涼剤になれば幸いです。

本書の構成

本書の構成は次の通りです。

第 1 章「量子の世界（概観）」は，量子の本質，量子論の歴史，量子力学とこの世界との関係について見ます。

第 2 章「光の本性（ほんせい）」では，光は粒子なのか波動なのかについて考察します。19 世紀末までに光が波動として確立されたこと，そして 20 世紀に入って「波動として確立されたはずの光が粒子性も示す」という事実がわかったことを見ます。

第 3 章「電子の本性」では，逆に，粒子と思われていた電子が波動性も示すことを見ます。そのうえで，電子の振る舞いを記述する波動方程式とその意味について概説します。

第4章「量子の世界」では，これら粒子性と波動性を示す光や電子などを「量子」と総称し，どんな量子があるのか，および，その統計的性質による大別とその不思議で本質的な帰結について述べます。

　第5章「量子力学の世界」では，量子の世界を支配する不思議な原理（不確定性原理，重ね合わせの原理，量子もつれ）について概説します。

　第6章「原子・分子の世界」は，原子や分子がどのように量子力学によって理解されているかについて見ます。

　第7章「場の量子論の世界」では，量子のもつ粒子性と波動性などを矛盾なく説明でき，予言能力を発揮する「場の量子論」について簡潔に紹介します。

　第8章「物質の世界」では，身の回りの物質を量子力学の観点から見てみます。

　第9章「素粒子の世界」と第10章「原子核の世界」は，原子よりさらにミクロの世界の「住人」である，素粒子と原子核について見ます。素粒子と原子核の世界を概観することで，それらが私たちと密接な関係があることに改めて気づかされます。

　第11章「宇宙と量子論」では，宇宙がミクロの世界を記述する量子論と密接な関係があることを見ます。宇宙の誕生・進化や未来について，奇抜どころか奇妙奇天烈とも思える考えが真剣に議論されていることに驚かれることでしょう。

　第12章「量子生物学」では，直接的には量子と無縁だと思われていた生物学にマクロな量子効果が重要なはたらきをしている（らしい）ことを見ます。

　第13章「量子論・量子実験の進展と展望」は，量子論と量子実験の進展について見ます。まず，量子の世界の不思議さを単に受け入れる標準的解釈を述べ，それに対して，より量子の実態に迫ろうとする理論の試みについて述べます。続いて，科学技術の進展によって現実となった巧妙な量子実験について述べます。これらの実験は，量子の本質に迫り，各種量子理論の峻別をも目指しているのです。最後に量子論・量子実験と私たちの世界のこれからを展望して終わります。

　本文では，複雑な数式は省きました。それではもの足りない読者のために，付録に，少し複雑な数式や専門的な説明を簡潔にまとめました。付録Aは「黒体放射の理論」，付録Bは「ボーアの原子模型とシュレーディンガー方程式」，付録Cは「特殊相対性理論と運動方程式」，付録Dは「アインシュタイン方程式とビッグバン宇宙」についてです。

　本書では，広く浅く説明することを心がけました。そのため，難しい専門用語などが簡単な説明だけで出てくると思いますが，まずは細部に拘泥せず，大筋をとらえていただけるとうれしいです。そのうえで，それについてもっと詳しく知りたい場合には，書籍やネットなどで調べていただければ幸いです。専門用語は探索のキーワード的役割を果たすのではないかと思って，あえてそのまま用いました。参考文

献のほとんどは公立図書館の本や雑誌，およびネットの記事ですので，比較的容易にアクセスできると思います。

量子にとってみれば当たり前の性質と振る舞いのうえに成り立っているこの世界に思いを馳せ，身の回りの現象の不思議さや自然界の絶妙なバランスに感嘆していただく一助になれば大変幸いに思います。なお文中では，研究者の氏名は敬称略とさせていただきました。

謝辞

じつは私は最近，量子コンピュータ入門書を上梓させていただきました（文献 [渡邊 1]）。編集者の慶山篤さんには，その間ずっと温かい励ましと適切な助言をいただきました。その入門書が無事刊行されたあと，慶山篤さんから幸いにも本書（量子論の入門的な書）作成の機会をいただき，変わらぬ熱意で常に適切な指示をいただきました。秋元将吾さんには的確な指示を，大橋こころさんにはとてもていねいで的確なコメントをいただきました。

元大学同僚の細谷暁夫さんや友人の木村惇夫さん，そしてとくに筑波大学の鹿野豊さんには，原稿に目を通していただき，本質的で貴重なご指摘をいただきました。大学同期で元他学部同僚の阿部正紀さんには，貴重なアドバイスをいただきました。さらに，大学同期の中野勝介さんには，最初の草稿ができた段階からオンライン会議を何度も開いていただき，より読みやすい本にするうえで数々の貴重なご意見をいただきました。家族にはあらゆる面で支援をいただきました。この場をお借りして心から感謝申し上げます。

目　次

ブックデザイン……相京厚史（next door design）

第1章 量子の世界 (概観)

この章では，量子の世界を概観し，この世界との関係について考えます。
まず，1.1 節では，あなたを VR（Virtual Reality，仮想現実）世界の量子ワールドにご案内します。そこで，あなたのアバター（サイバー空間での分身）であるヒカルと一緒に，量子の不思議な振る舞いをご体験ください。1.2 節では，量子の振る舞いの概要，および量子論と量子力学との違いについて考えます。1.3 節では，量子論・量子力学が確立されるまでの歴史を振り返り，最後に 1.4 節では，量子力学とこの世界との関係について考察します。

1.1 量子ワールド（量子の世界）

あなたは，いま VR 世界にいます。あなたのアバターを，あなたはみんなに「ヒカル」と呼んでもらっています。きょうは，ヒカルは量子ワールドを訪ねています。

白くて丸い頭のロボット姿をしたアバター（図 1.1）が，満面の笑みを浮かべながらあなたに近づいて来て言いました。「こんにちは。私はこの量子ワールドの案内役，クォンタです。あなたがヒカルですね。これからは気軽にクォンタとお呼びく

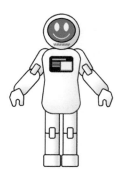

図 1.1　量子ワールドの案内役クォンタ

ださい。きょうはヒカルに『量子の世界』を体験していただくために来ました。どうぞよろしくお願いします」ヒカルは，量子の世界への期待に胸を膨らませながら，感謝の挨拶をしました。

1.1.1　粒子と波

「まずは，波でもあり粒子でもあるという量子の不思議な性質についてです」クォンタが言い終わるや否や，クォンタの姿はスーッと横に伸び，ゆらゆら揺れ動いているではありませんか。ヒカルがあっけにとられていると，クォンタの声がしました。「びっくりしたでしょう。私をつかまえてみてください」ヒカルが，かげろうのようにゆらゆら揺れているところに右腕を伸ばして左右に振りながらかげろうに沿って歩いてみると，やがて手ごたえがありました。そのとたん，横に広がっていたかげろうがスーッと縮んで，ヒカルの前にクォンタが立っていたのです。「量子はこのように，つかまえる（観測する）と粒子として見えるのです。観測しない限り量子は，波としてかまたは粒子として振る舞っているのです」

1.1.2　トンネル効果

「次に，トンネル効果をお見せしましょう」クォンタは言いながら，小部屋に案内しました。入り口のドアを開けて中に入ると，そこには何もなく，がらんとしていました。「私をこの部屋の中に閉じ込めてもらいます。そして私がこの部屋から抜け出すことができることを見ていただきます。ドア以外にどこにも出口がないことを確かめてください」クォンタに言われて，ドアや周りの壁，天井と床を確かめてみましたが，通り抜けられそうなところはありません。

クォンタはヒカルに鍵を渡して言いました。「ドアから出て，外から鍵をかけてそこで待っていてください」ヒカルは中にクォンタがいるのを確認し，外から鍵をかけました。しばらく待っていると隣に何か気配を感じました。なんとクォンタがヒカルの隣に立っているではありませんか。「驚いたでしょう。波の性質をもつ量子は，このように薄い壁を通り抜けることができるのです。これがトンネル効果です」

クォンタがトンネル効果について説明してくれました。「量子効果を起こさない日常の粒子は，古典粒子と呼びます。トンネル効果は，古典粒子では越えることができない壁（位置エネルギーの山）を量子が越える量子現象です。トンネル効果が，私たちの生活の中でどんな役割を演じているかわかりますか」クォンタの問いに，ヒカルは何も思い浮かびませんでした。「そもそもトンネル効果がないと太陽も輝か

ず（10.1 節参照），私たち生命も生まれていません。応用面の例として，1982 年に走査型トンネル顕微鏡が発明されました。そのおかげで私たちは原子を目で見ることができるようになったのです。針先から試料表面に電子がトンネルする電流が生じます。その電流を一定に保ちながら表面を走査すると，試料表面の個々の原子が可視化されるのです」クォンタの胸のディスプレイに図 1.2 が映っていました。

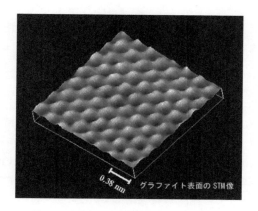

図 1.2　走査型トンネル顕微鏡による原子像
出典：http://www.crystal.ee.uec.ac.jp/works/t7.html

「エサキダイオード[※1]はトンネル効果を利用しているためトンネルダイオードともいわれています」ヒカルは，なんとなく知ってはいた「量子が波と粒子の性質をもつ」という事実を目の当たりにして，心が躍りました。

1.2　量子の振る舞いと量子論

まず 1.2.1 節では，量子の性質を概観します。続いて 1.2.2 節で量子論と量子力学という言葉の違いについて考えます。

1.2.1　量子の性質

量子の世界は通常，原子や分子，および，さらにそれより小さいミクロの世界

[※1]　江崎玲於奈（1925–，日）固体での初めてのトンネル効果の発見により，1973 年にジエーバー（Ivar Giaever），ジョセフソン（Brian D. Josephson）とともにノーベル物理学賞を受賞した。

です。猛威をふるってきた新型コロナウイルスの大きさは約 0.1 ミクロン（1 ミクロン ＝ 1 μm ＝ 10^{-6} m）ですが，原子はその $\frac{1}{1000}$ の約 0.1 ナノメートル（1 nm ＝ 10^{-9} m）の大きさです。光学顕微鏡で見える限界は 0.2 μm なので，コロナウイルスは見えません。このようなミクロの世界で，量子はどのように振る舞っているのでしょうか。

量子に対して，常識的な日常の物体を古典的な物体（古典粒子）と呼びます。古典という言葉を使う理由は，量子論に基づかない理論を古典論と呼ぶからです。相対性理論も古典論です。量子は，古典粒子とどのように違うのでしょうか。以下に主な違いを列挙します。

1．波動と粒子の二重性（wave-particle duality）

波動と思っていた光が粒子性を示し（**光子**〈photon〉と呼ぶ，第 2 章参照），粒子と思っていた電子が波動性も示すのです（第 3 章参照）。ミクロの世界の「住人」である光子や電子などを，総称して量子と呼びます。つまり，1 個 1 個の量子は，波動性と粒子性の両方の性質を示すのです。ただし，同時に示すのではなく，あるときは粒子として，あるときは波動として振る舞うのです。波動性による現象として，干渉や回折現象などがあります。

2．量子化（quantization）

量子の特徴の 1 つは，量子化です。たとえばエネルギーが飛び飛びの値をとったりします。上記の粒子性も，1 個 1 個数えられるという意味で量子化の一種といえるでしょう。

3．不確定性原理（uncertainty principle）

量子には，位置と運動量（質量 × 速度）などの**物理量**に，互いに同時には正確な値をもたない量があります（5.2 節参照）。測定を行うことによって生じる撹乱誤差だけでなく，原理的な「量子揺らぎ」が存在しているのです。

ここで，物理量とは，長さ，重さ（質量）など，数値で表すことができる物理的な量のことです。物理量は一般に単位をもち，通常，国際単位系 SI（Système International d'unités，フランス語）を用います。実は，質量の単位は kg であり，重さは 質量 × 重力加速度 と定義されて力の単位 N（kg・m/s²）をもつため，正確には同じものではありません。でもわかりやすさのため，質量のことを重さといったりします。

物理学で「原理」とは，数学での「公理」に対応するもので，理論の前提となる

真理をいいます。物理学では，数十個の原理の存在が知られています。

4．重ね合わせの原理（superposition principle）

1個の量子が，複数の位置や状態に同時に存在する現象です（5.3節参照）。量子の「分身の術」というわけです。ところが量子を観測すると，1つの状態に確定してしまうのです（「波動関数の収縮」，3.2.3節参照）。1個の量子が，同時に複数の位置や状態に観測されるということはありません。また，どの位置や状態に観測されるかは予測できず，その確率のみが量子力学によって予言できるのです。

5．量子もつれ（quantum entanglement）

2個（またはそれ以上）の量子が，もつれ合った状態をとれることです（5.4節参照）。1935年にアインシュタイン[2]が「不気味な遠隔作用」として量子論の不完全性を指摘したEPR（Einstein-Podolsky-Rosen）相関が，量子もつれ状態です。片方の量子を測定すると，もう一方の量子がどんなに遠くに離れていても，その状態が決まってしまうという非局所的な現象です。

6．統計的性質（statistical properties）

2個以上の電子など同種粒子は，互いに区別できません。すなわち，同種粒子を互いに入れ替えても状態（物理現象）は変わらないということです。このことによって，量子がフェルミ粒子[3]（フェルミオン）（fermion）とボース粒子[4]（ボソン）（boson）とに大別されます（4.4.1節参照）。フェルミ粒子は，パウリの排他原理[5]（1つの量子状態を占有できる量子は1個だけという規則）に従います。この事実が多様な原子・分子を生み出し，私たち生命の存在を許したのです。一方，ボース粒子は1つの量子状態に何個でも入ることができ，ボース＝アインシュタイン凝縮（たとえば超伝導，超流導）など興味深い現象を起こします。

---

[2] Albert Einstein（1879–1955，独，スイス，米）量子力学にも大きく貢献したが，局所実在主義を信奉し，実証主義のボーアと論争を続けた。1921年のノーベル物理学賞は，光量子仮説に対してであり，相対性理論では受賞しなかった。委員会で強く反対した人たちがいたためである。発表は1年保留され，1922年日本へ向かう船の中で受賞の知らせを受けた。

[3] Enrico Fermi（1901–1954，伊，米）優れた理論家であり実験家でもあった。フェルミ＝ディラック統計，フェルミレベル，フェルミ推定などにも名を残す。世界初の原子炉を成功させた。1938年のノーベル物理学賞受賞。

[4] Satyendra N. Bose（1894–1974，印）1924年に，光子の統計的性質についての論文をアインシュタインに送った。その論文をアインシュタインが高く評価し，ドイツ語に翻訳して科学雑誌に送付した。

[5] Wolfgang E. Pauli（1900–1958，スイス）天才に違いないが，毒舌でも有名で，何人もの研究者の新発見をつぶすことにもなった。実験は不得意で，パウリが近くを通っただけで実験装置が故障するといわれた。1945年にパウリの排他原理の発見によりノーベル物理学賞受賞。

量子のこれらの性質は，この世界の成り立ちに本質的な役割を演じているのです。どうにも不思議な性質ですが，以後の章でそれらについて見ていきましょう。

問題 1.1 　重ね合わせの原理は，量子が波として広がっていることによって起きるような気がします。波動性と重ね合わせの原理は，どこがどのように違うのでしょうか。　　　　　　　　　　　　　　　　　　　　　　　　　　　　　　　　♥

1.2.2　量子論と量子力学

ここでは，言葉の整理をします。「量子論」と「量子力学」という言葉がよく使われます。この 2 つの言葉には，どのような違いがあるのでしょうか。一言でいえば「量子論は量子の振る舞いを説明・理解しようとする理論，量子力学はそれが数学的に体系化されたもの」となるのではないでしょうか。つまり，量子論の方が量子力学より広い意味で使われていて，量子論には，量子に関する哲学的考察なども含まれます。

哲学的考察の例として，たとえば，アインシュタインが生涯こだわっていた実在性と局所性があります。**実在性**とは，「量子を観測する前にも量子がそこに決まった量子状態で存在していたはず」という考え方です。一方，ボーア[※6]，ハイゼンベルク[※7]たちが提唱した**実証主義**では，「量子の世界では，観測結果だけが物理的意味をもち，観測前の量子の状態については何もいうべきでない」という立場を貫きます。

局所性とは，ある地点で起こった現象が別の地点に瞬時に伝わることはないという性質です。局所性の反対は**非局所性**で，量子状態の変化などの情報が瞬時に伝わっているように見える現象です。非局所性の典型例である EPR 相関（5.4.1 節参照）は，量子論の正しさの根拠の 1 つになっています。

1.3　量子論・量子力学の歴史

ここでは，人類が量子の世界を理解しようとしてきた努力の跡を見てみましょう

※6　Niels H. D. Bohr（1885–1962, デンマーク）量子論の育ての親。前期量子論を確立。コペンハーゲンを中心に活躍。アインシュタインとの真摯な論争でも有名。1922 年のノーベル物理学賞受賞。

※7　Werner K. Heisenberg（1901–1976, 独）ピアノの名手でもあり，ピアニストになるか真剣に悩んだという。1932 年のノーベル物理学賞受賞。ナチス政権下，プランクの助言もあってドイツに残り，ユダヤ人研究者を庇護してナチス党員らの強い非難や攻撃にさらされた。ナチス政府から招集されて原爆開発（ウランクラブ）に関わった。

（ネットや文献 [竹内，山本義隆，Newton 別冊] など）。

1.3.1　前期量子論確立まで

表 1.1 に前期量子論が確立されるまでの歴史をまとめました。前期量子論は，半古典的な考察によって量子現象を説明した理論です。スペクトル線の発見など実験的事実が先行し，それを理論的に理解しようとする努力の跡が見てとれます。

表 1.1　量子論・量子力学の歴史：前期量子論確立まで

年	発見など
1884	バルマーが水素原子スペクトルにバルマー系列の規則を発見
1887	ヘルツが光電効果を発見
1890	リュードベリが水素原子スペクトルの公式を提唱
1897	J. J. トムソンが電子を発見
1900	プランクがエネルギー量子化の仮説を提唱
1905	アインシュタインが光量子仮説を提唱（光電効果の説明と予言）
1911	ラザフォードが散乱実験により，原子が原子核と電子からなることを実証
1913	ボーアが量子化条件を提唱し，水素スペクトルを説明
1915–6	ゾンマーフェルトが量子化条件を一般化
1919	ラザフォードが水素の原子核である陽子を発見

1.3.2　量子力学確立まで

続いて表 1.2 は，量子力学が確立されるまでです。EPR 相関と「シュレーディンガーの猫[※8]」のパラドックスが提唱された時期も示しています。量子力学の基本的なことがらは，1920 年代の終わりには確立されました。以後は，それを使った計算による予言と実験での検証，そして，理論の深化および量子力学の背後にある哲学的意味の追究が行われてきたのです。

これ以降の量子論の進展については，第 13 章に譲ります。

[※8]　Erwin R. J. A. Schrödinger（1887–1961，オーストリア）「生命とは何か」の著書でも有名。ディラック（Paul A. M. Dirac）とともに 1933 年のノーベル物理学賞受賞。夫婦とも自由主義者で，彼がシュレーディンガー方程式を考案したのも愛人との休暇旅行中だった。プリンストン大学への着任も一夫多妻の容認を求めたため認められなかった。

表 1.2　量子論・量子力学の歴史：量子力学確立とそれへの疑念の提示まで

年	発見など
1922	コンプトン効果（X 線の粒子性）の発見
1923	ド・ブロイが物質波の考えを提唱
1924	ボース＝アインシュタイン統計の提唱
1925	パウリの排他原理の提唱
1925	ウーレンベックとハウトスミットが電子スピン[†]を提唱
1925	ハイゼンベルク，ボルン，ヨルダンが行列力学を定式化
1926	フェルミ＝ディラック統計の提唱
1926	シュレーディンガー方程式の発見および行列力学との等価性証明
1926	ボルンが波動関数の確率解釈を提唱
1927	ハイゼンベルクが不確定性原理を提唱
1928	荷電 $\frac{1}{2}\hbar$ スピン粒子とその反粒子を記述するディラック方程式の発見
1929	ハイゼンベルクとパウリが場の量子論を定式化
1935	EPR パラドックス（相関）の提示により，量子論の不完全性を主張
1935	「シュレーディンガーの猫」のパラドックス（量子論の奇妙さ）を提示

† 自己角運動量（量子化された自己回転の勢い）で，量子数の 1 つ。

1.4　量子の性質と私たちの世界

　改めて量子の性質と私たちの世界との関係について考えてみると，「この世界があるのは量子の性質のおかげ」とでもいえそうです（たとえば文献 [松浦]）。

1.4.1　身の回りの量子の性質

　この節では，身の回りの量子の性質，とくに自然現象について考えてみます。

身の回りの物質

　身の回りの物質すべてが，原子や分子から成り立っています。原子や分子の世界は，量子の性質に支配されていることはいうまでもありません。とくに，物質の固体，液体，気体の 3 態は量子的効果により生じていて，私たち生命の存在に本質的に重要なことはいうまでもありません（8.2.1 節参照）。

　それ以外に，どこに量子の性質がはたらいているのでしょうか。

身の回りの色

まず，「はじめに」でも触れたことから始めましょう。私たちの周りには，色があ ふれています。色が見えるためには，光が目に入らなければなりません。実は，太 陽が輝いているのも量子のおかげなのです。太陽では，巨大な重力とトンネル効果 のおかげで核融合が起きているのです（10.1 節参照）。

次に，木々の葉の緑。なぜ緑色なのでしょうか。それは，赤と青の光は葉に吸収 されやすく，緑の光は吸収されにくいからです。光合成にはすべての色の光が使わ れますが，緑の光は葉のいろいろな場所に届き，反射したり透過したりして目に入 るのです。最近の研究では，光合成において量子の性質が直接的に本質的な役割を 演じていることがわかってきています（12.2.2 節参照）。

そもそも，太陽からの可視光は，なぜ大気を透過して地上まで届くのでしょうか （「大気の可視光の窓」）。すなわち，なぜ大気は可視光に対して透明なのでしょうか。 それは，空気分子が，波長 $0.4 \sim 0.8\,\mu\mathrm{m}$ の可視光を吸収するエネルギーレベルをも たないからです。だから地球の生物の視神経は，可視光とその付近の光に感度をも つのです。

問題 1.2 なぜガラスは透明なのでしょうか。 ♥

さらに，視細胞が光を検出して初めて，ものの形やその色が見えるのです。目が 光を感じるのも，光子をレチナールという分子が吸収し，変形することなどによっ てなのです。何百光年も遠くの星が見えるのも，光が光子として振る舞うからです。

1.4.2　身の回りの製品と量子力学

身の回りの製品と量子力学について見てみましょう。

半導体革命

身の回りのスマホやパソコン，テレビなど目につく電気製品のほとんどすべてに半 導体製品が使われていることは，ご存じの通りです。そして半導体製品は量子力学 の知識を駆使してつくられているのです。

1947 年にトランジスタが発明[9]されて実用化されると，それまでの真空管に代

---

[9]　この功績でショックレイ（William B. Shocklay Jr.），バーディーン（John Bardeen），ブラッ テイン（Walter H. Brattain）の 3 人が，1956 年のノーベル物理学賞受賞。

わって半導体製品がエレクトロニクスの主役となりました。真空管は，バルキーでスペースもとり消費電力も発熱量も大きく，故障率も高かったのです。たとえば1946 年に完成した世界初の全電子式大型計算機 ENIAC（Electronic Numerical Integrator And Computer）は，現在のパソコンよりずっと性能が低いにもかかわらず，消費電力は 150 kW，床面積は 167 m^2，重さは 30 トンでした。現代では「軽薄短小」の合言葉の下，至るところに電子部品が活躍する世の中になりました。

化学製品や薬品

量子力学の発展で，化学も大躍進を遂げました。身の回りに化学製品があふれています。化学繊維，化学肥料，プラスチック製品，化学薬品，医薬品など枚挙にいとまがありません。これは，量子化学の発展により，分子の構造や性質の理解が進んだからです。化学製品や薬品の開発に量子化学が大きく貢献してきたのです。

医療機器

医学の進歩も著しく，医療機器にも量子力学が活躍しています。MRI（Magnetic Resonance Imaging）は，水素原子核などのスピンを操作・測定することによって脳などの 3 次元画像を得ることができ，診断に使われています。

PET（Positron Emission Tomography）は，陽電子を放出する RI（Radio Isotope，放射性同位元素）を体内に注入し，陽電子・電子対消滅によって反対向きに生成される 2 個のガンマ線を検出して発生源の像を作成し，診断を行います。陽電子源としてよく使用されるのは，FDG です。FDG（18F-fluoroDeoxyGlucose）は^{18}F を含むブドウ糖に似た化合物で，^{18}F の半減期は 20 分です。元素記号の左上の数字は質量数です。

その他に，短寿命 RI や放射線が診断や治療目的で使用されています。

マクロの量子現象

超伝導は，マクロの量子現象が実用化された好例でしょう（8.3.4 節参照）。大電流を流すことによって，強力な超伝導電磁石が活躍しています。MRI にも強力な超伝導電磁石が使われています。さらに，時速 500 km で走るリニア中央新幹線の建設が進められています。

高温超伝導は，まだその常圧での臨界温度（超伝導と常伝導の境界の温度）は室温にまでは達していません（2023 年 7 月 22 日に報告された常温常圧超伝導体の発見の話題については 8.3.4 節参照）。それでも，安価な液体窒素の冷却による「電力を消費しない送電線」などとしての応用などが始まったようです。

マクロの量子現象としてはほかに，磁性（8.3.1 節参照），レーザー（8.3.2 節参照）などが挙げられます。

エネルギー・環境関係

地球温暖化が大問題になり，化石燃料の消費を減らす目標が掲げられています。原子力発電は，温暖化ガスである炭酸ガスを出さないなど利点もあります。しかし，2011 年の福島第一原子力発電所の事故で明白になったように，いったん事故が起きると放射能汚染が深刻な問題になります。さらに，使用済み核燃料の処理問題もまだ解決されていません。核融合炉についてはつい最近，入力を上回る出力を得るなど実用化に向けて大きく前進しているようです（10.4.1 節）。

原子力施設は，ロシアのウクライナ侵攻で原子力発電所が戦略地点になっていることからも明らかなように，国の安全保障面でも問題を抱えています。現在，より安全で経済的な小型原子炉の開発が進んでいるようです。

量子技術の直接の応用である太陽光発電は，すでに消費電力の一部を賄っていて，さらに高効率化などの努力が続けられています。

量子技術と量子情報科学

さらに，量子技術の高度な利用も始まっています。量子コンピュータは，量子の重ね合わせの原理などを利用して，超並列計算を行おうとするものです（たとえば文献 [渡邊 1]）。1994 年にショア（Peter W. Shor）が，インターネットなどの情報通信でよく使われている RSA（Rivest-Shamir-Adleman）暗号などを量子コンピュータによって解読する量子アルゴリズムを発見して，社会に衝撃を与えました。それ以降，量子コンピュータや安全な量子暗号の開発の機運が高まり，各国が力を入れ，しのぎを削っています。日本でも 2023 年 3 月に，超伝導量子コンピュータ初号機が完成し，クラウド公開されました（13.4.2 節）。

コラム ❶ もの の色

ここでは，1.4.1 節に続いて，ものの色について考えてみます。

◆ 空が青い理由

1990 年 2 月 14 日に宇宙探査機ボイジャー 1 号が地球の写真を送ってきました。60 億 km（太陽・地球間の 40 倍の距離）かなたから撮影した地球は，淡

い青い点（pale blue dot）でした。なぜ地球は青く見えるのでしょうか。それは，太陽からの短い波長の青い光が大気によって散乱されて目に入るからです。

通常，青空の「青」は，波長の短い光ほど空気分子の電子を振動させやすく，電子の振動によって光が再放射（つまり，散乱）されるからと説明されます。この説明は，1871 年にレイリー[※10]によってなされたので，レイリー散乱と呼ばれます。空が青く見えるのは，「太陽からの光のうち青い光が，空のいろいろな方向にある空気分子によって散乱されて目に届くから」という説明です。

実はこれは正しくなく，「空気の揺らぎ（密度変化）によって生じる屈折率の揺らぎによって，波長の短い青い光が屈折しやすくさまざまな角度から目に届くから」というのが正しいそうです（参考文献 [江沢]）。空気分子は平均時速 1,700 km（秒速 470 m）という猛スピードで飛び交っているので，密度，すなわち屈折率に揺らぎが常に生じているのです。

朝焼けや夕焼けは，以下に述べるように波長の長い赤い光がほぼ直進するので赤く見えます。

◆ 海の青

それでは晴れた日に海や湖が青く見えるのはなぜでしょうか。「空の青を反映しているから」が主な理由ではありません。基本的には，この場合はレイリー散乱によって，波長の短い青い光が水分子によって散乱されやすく，目に飛び込んでくるので青く見えるのです。ですが，水中から夕焼けを見ても赤くは見えません。これは，空気分子とは異なり，水分子がわずかながら赤い光を吸収するからです。

このことから，サンゴ礁の海がエメラルドグリーンに輝くことが説明できます。サンゴ礁では，海水の透明度が高く，海底が白砂であり，それほど深くはありません。このため，吸収された赤色以外の光が海底の白砂で反射されて目に入ります。それでエメラルドグリーンに輝くと説明できるのです。

◆ 朝焼け夕焼け

逆に，朝焼けや夕焼けが赤いのは，太陽からの長い波長の赤い光がほぼ直進して目に届き，青い光は上記のように厚い大気を通過する際に散乱されて除かれるからです。空気のない宇宙から見る天は，光が散乱されないので真っ暗で

※10 John W. S. Rayleigh（1842–1919，英）男爵家の 3 代目を継ぐ。アルゴンを発見した功績などで 1904 年のノーベル物理学賞受賞。古典物理学を深く信奉し，新興の量子論や相対性理論を辛らつに批判した。

あり，昼間でも星が見えるのです。

図 1.3　火星の夕焼け
出典：NASA/JPL

　ところが，2015 年に火星の無人探査車キュリオシティ（Curiosity）から送られてきた写真を見ると，なんと火星での夕焼けは地球と違って青いのです（図1.3）。なぜでしょうか。実は火星の夕焼けでは，地球と逆のことが起きています。火星では，波長の長い赤い光が火星の大気を長く通る間に散乱されて除かれ，波長の短い青い光がほとんど直進してキュリオシティのカメラに入り，青い夕焼けになるのです。

　ではどうして地球と火星で逆になるのでしょうか。これには 2 つの要因があります。1 つは，火星の大気が地球の $\frac{1}{100}$ 程度であり，非常に薄いことです。だから，地球上で夕焼けを赤く見せている散乱（波長が短い青い光ほど散乱されやすい）は，火星では無視できます。2 つ目は，火星では砂嵐が頻繁に起こり，チリが大気に巻き上げられていることです。チリは大気分子よりはるかに大きいので，地球の大気とは逆に波長の長い赤い光を散乱し，波長が短い青い光は散乱されません。だから火星の夕焼けは青く，火星の空はオレンジ色なのです。

第2章 光の本性

この章では，光は波なのかそれとも粒子なのか，光の本性（本来の性質）について考えます。

まず，2.1 節では，VR 世界で光の不思議な振る舞いをヒカルと一緒にご体験ください。そうすることによって，光の波動的・粒子的な性質について身近に感じていただけることでしょう。

次に，2.2 節では，光の波動説と粒子説の変遷を簡単にたどり，19 世紀末ごろまでに光の波動説が確立されたことを述べます。歴史をたどる理由は，「波とは何か，粒子はどう振る舞うのか」について改めて考えることができると思うからです。

最後に 2.3 節では，19 世紀末から 20 世紀にかけて，改めて光の本性が問題になり，光が粒子性と波動性の両方の性質をもつという結論に至ることを見ます。

2.1 量子ワールド（光の国）

ヒカルは光の国を訪ねています。「きょうは，光の不思議な性質を体験しましょう」クォンタは笑顔でヒカルを迎えました。

2.1.1 偏光の不思議

「光が電磁波であることはご存じですね（2.2.3 節参照）。まずは，光の偏光という性質についてです。直線偏光は，光の電場の振動する向きが光の進行方向を含む平面内であり，進行方向と垂直である光です」とクォンタは胸のディスプレイの図を指さしながら言いました（図 2.1）。図 2.1 では，$\pm y$ 方向に直線偏光しています。

図2.1　電磁波（直線偏光）

モニター画面と偏光板

　クォンタは，半透明の薄くて細長いプラスチック板をヒカルに手渡して言いました。「これは偏光板です。これを私の胸のディスプレイ画面に置いて回してみてください」ヒカルが偏光板を画面に置いて回してみると，横向きにしたときに偏光板の部分が真っ暗になりました（図2.2(a)）。クォンタが説明してくれました。「この液晶画面からの光は偏光板を縦の方向に置くと光を通すように直線偏光していて，偏光板を横の方向に置くと光が透過できないのです」

　「その偏光板の下に別の偏光板を斜めに入れるとどうなるでしょうか」クォンタの急な質問にヒカルが考えあぐねていると，クォンタが「何事もやってみるのが一番です」と言いました。なんと，重なった部分の画面が透けて見えるのです（図2.2(b)）。そして，2枚の偏光板が互いに90°をなすと，重なった部分は真っ暗になります（図2.2(c)）。「斜めの角度に置かれた偏光板は，縦方向の偏光の一部を通します。そして，斜めの方向が新たな偏光軸となって，その一部の光が横向きの偏光板を通過できるのです。互いに90°をなす偏光板では，完全に光は遮断されます」クォンタが説明してくれました。

(a)

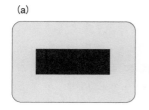

(b)

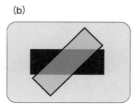

(c)

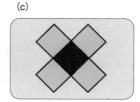

図2.2　偏光の不思議

透明紙を2枚の偏光板で挟むと

　「さて，次がおもしろいですよ。この透明な紙を2枚の偏光板で挟み，一方の偏

光板の角度を変えて回転させてみてください」クォンタの言葉に，透明紙を 2 枚の偏光板で挟んで透かすと，きれいに色づいて見えました。1 枚の偏光板の角度を変えるにつれて色が赤，青，黄色などに変わり，とてもきれいです。ヒカルが見とれていると，クォンタが説明してくれました。「透明な紙は，製造過程での力のかかり方などによって方向性をもつのです。すると，複屈折（方向によって屈折率が異なる現象）が起こり，干渉する光の波長が偏光板の向きによって異なるため，色が変わって見えるのです」ヒカルは，光の偏光という不思議な性質に感じ入りました。

問題 2.1 偏光板の仕組みはどうなっているのでしょうか。 ♥

2.1.2 光電効果

クォンタは，建物の一室にヒカルを案内して言いました。「この部屋では，レーザー銃によって光の不思議な性質を体験することができるのです」見るとテーブルの上には，3 丁のレーザー銃と小型の箱が置いてあります（図 2.3）。「あの箱の中の小さな球をレーザー銃で撃って，どのくらい勢いよく飛ばすことができるかを競うゲームです」小さな箱の中には紫色の小さな球がたくさん入っていました。

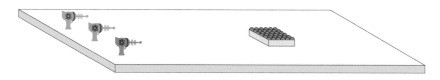

図 2.3　レーザー銃と小型の箱

レーザー銃を撃ってみると

ヒカルは，さっそく緑色のレーザー銃を手に取り，箱をねらって撃ってみました。すると緑色の光線が発射され，数個の球が箱から飛び出しました。「はい，最大エネルギーは 0.3 電子ボルトでしたね。電子ボルトはエネルギーの単位です」クォンタが言いました。

「別のレーザー銃も試してみてください」クォンタに促されて，ヒカルは次に赤いレーザー銃で撃ってみます。赤い光線が箱の中の球に当たりましたが，なんと，今度は球が 1 個も飛び出しません。首をかしげながら銃を見ると，レバーがあって，出力が最小にセットされていました。「出力を最大にセットすれば球が飛び出るだろ

う」ヒカルはそう考えて出力最大で撃ってみます。ですが，やはり球は箱から出てきません。

　気を取り直して，ヒカルは今度は青いレーザー銃を試してみます。青い光線が箱の中の球に当たり，今度は球が勢いよく飛び出しました。「おめでとうございます。今度の最大エネルギーは 0.7 電子ボルトです」クォンタが言いました。「もっと記録を伸ばそう」ヒカルはそう考えて，出力を最大にして撃ってみます。ところが，最大エネルギーは変わらず，飛び出た球の数が増えただけでした。

レーザー銃の結果のまとめ

　「不思議ですよね。これまでの結果を整理してみてください」クォンタに促されて結果をまとめてみました。

1.　赤色の光では，光の出力を大きくしても球は飛び出さない。
2.　青色の光では，緑色の光より 2.3 倍の最大エネルギーで球を飛ばすことができた。
3.　1 丁のレーザー銃で光の出力を大きくすると，飛び出る球の数は増えるが，球の最大エネルギーは変わらない。

　クォンタがこの実験について説明してくれました。「この実験は，**光電効果**を再現しています。光電効果は，金属に光を入射すると電子が飛び出してくる現象です。箱は金属，球は電子を表しています。飛び出した電子の最大エネルギーを測定したのです」

光が波であるとするときに期待される結果

　「光は電磁波ですよね。光は波であるとすると，どういう結果が期待されますか」クォンタに聞かれて考えてみました。

1.　光の出力（全エネルギー）を大きくするほど，飛び出る球の最大エネルギーと球の数は大きくなるはず。
2.　光の色が赤から緑，青と変わるにつれて波長は短くなり，振動数は大きくなる。つまり，球を揺さぶる回数が増え，飛び出る球の数は増えるのでは？

光は電磁波だから波だとばかり思っていましたが，ここでの結果は，光を波として考えるとまったく説明できません。

17

「光電効果のこれらの不思議な結果を見事に説明したのが，アインシュタインです。1905 年，アインシュタインは，プランク[1]が提唱したエネルギー量子化の仮説をさらに大胆にして，光が粒子としても振る舞うと推論したのです」クォンタがしてくれた説明は，2.3.2 節に譲ります。

2.2 「光は電磁波」の結論まで：19 世紀末までの進展

光の本性について，18 世紀の中ごろまで，粒子説と波動説が競っていました。しかしながら，ニュートン[2]の権威のもと，粒子説が優勢でした。

2.2.1 光の波動説とその帰結

波動説で有名なのが 1690 年に提唱された**ホイヘンスの原理**[3]で，次のようにまとめることができます。

1. 波面（同位相面）上の各点が波源となる。
2. 各波源から球面波（素元波）が，各点での速さで広がる。ただし，球面波は進行方向への半球面である。
3. 半球面を包絡する共通の面（包絡面）が新たな波面となり，1. に戻る。

波面とは，波の位相が揃った面のことです。たとえば，2 次元の波では波の山の位置を連ねた線であり，3 次元では面になります。その面が球面状であるのが球面波，平面であれば平面波です。**球面波**は四方八方に等方的に広がる波，**平面波**は平

---

[1] Max K. E. L. Planck（1858–1947, 独）プランクは保守的な考えの持ち主で，エネルギー量子化の仮説を提唱したにもかかわらず，光が粒子として振る舞うことを終生受け入れなかった。しかし，1913 年にアインシュタインをベルリン大学の研究所所長として招聘したのはプランクだった。1918 年のノーベル物理学賞受賞。

[2] Isaac Newton（1642–1727, 英）万有引力の発見や運動法則の確立だけでなく，光学などでも反射望遠鏡を発明するなど功績を残した。フックやライプニッツとの熾烈な先取権争いでも有名。1699 年から造幣局長官を務め，偽金造りを徹底的に取り締まった。錬金術にも凝ったようである。

[3] Christiaan Huygens（1629–1695, オランダ）土星のリングや衛星タイタンを発見。振り子時計やゼンマイ式時計，火薬を用いた往復型エンジンなどを初めて製作。

面に垂直な向きにまっすぐ進む波です。

例題 2.1　海岸への波

　海岸への波は，一般に海岸線に平行に打ち寄せます。これをホイヘンスの原理により説明しなさい。ただし，海岸の海底は海岸線から遠ざかるほど深くなっていること，そして水面波の速さは海底が深いほど速くなることを用いなさい。

解答例　　図 2.4 のように，海岸線から遠い波ほど速く進み，結果として波は海岸線に平行に打ち寄せるのです。　　　　　　　　　　　　　　　　　　◆

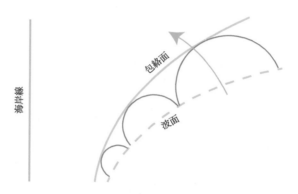

図 2.4　海岸に打ち寄せる波とホイヘンスの原理

問題 2.2　　水面波の速さ v が深さ l と重力加速度 g だけによるとき，次元解析により v を l と g を用いて表すと，次のように書けることを示しなさい。

$$v = C\sqrt{lg} \tag{2.1}$$

ただし，C は無次元の定数（実際は $C = 1$）です。ヒント：長さと時間の次元をそれぞれ L，T とすると，速さ v は L/T，重力加速度 g は L/T^2 と表される。　　♥

水面での屈折

　空気中から水面に斜めに入射した光は法線（光線と水面との交点を通り水面に垂直な線）に近づくように屈折すること（$\theta_2 < \theta_1$）が知られています（**図 2.5**）。

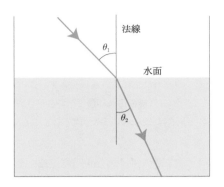

図 2.5　水面での光の屈折

例題 2.2 **光の波動説による水面での光の屈折の説明**

　水面での光の屈折において，「光の波動説では，水中での光速が空気中より遅い」
という結論が得られることを示しなさい。

解答例　　図 2.6(a) のように，水中で光の進行方向が法線方向に近づくように屈
折するためには，ホイヘンスの原理により水中での光速が空気中より遅い必要があ
ります（より詳しくは，問題 2.3 と解答例参照）。隊列が，歩きやすい地面から歩き
にくい砂地などに入ると，列が図 2.6(b) のように折れ曲がることから，この結果を
理解することができます。　　　　　　　　　　　　　　　　　　　　　　　　　◆

問題 2.3　　図 2.5 において入射角を θ_1，屈折角を θ_2 とし，空気中，水中での光
速をそれぞれ c_1，c_2 とすると，次の式が成り立つことをホイヘンスの原理を用いて
導きなさい（スネルの法則，Snell's law）。

$$\frac{\sin \theta_1}{\sin \theta_2} = \frac{c_1}{c_2} \equiv n \tag{2.2}$$

ここで，(2.2) の $\equiv$ は，恒等式または定義式を表す記号です。また，(2.2) におい
て n は屈折率で，空気中の光速が真空中の光速（c）とほぼ等しく，水の屈折率が
$n \simeq 1.33$ なので，水中での光速は $\frac{c}{1.33}$ となります。　　　　　　　　　　　♥

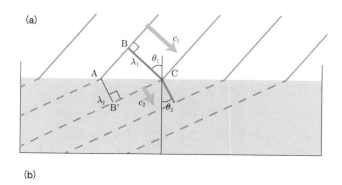

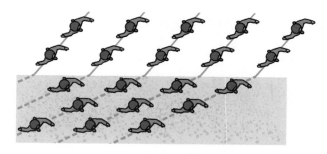

図 2.6　(a) ホイヘンスの原理による水面での光の屈折，　(b) 隊列の屈折

2.2.2　光の粒子説とその帰結

一方，ニュートンは，1704 年刊行の「光学」などの中で，光は粒子の集まりであろうと記しました。光がまっすぐ進む性質や鏡の反射は，光の粒子説でうまく説明できるからです。光の回折現象（波としての性質の 1 つ）などを指摘した人もいましたが，注目されませんでした。

例題 2.3　**光の粒子説による水面での光の屈折**

「粒子説では，水中での光速が空気中より速くなければならない」ことを示しなさい。

解答例　屈折により図 2.5 のように光線が法線に近づくことは，光の粒子説では水面で下向きに力を受けて加速されたと解釈します。そのため，下向きの速度が足されることになります。したがって，水中の光速は空気中の光速（ほぼ真空中の

光速 c と同じ）を超えることになります。すなわち，相対性理論に反することになりますが，相対性理論が提唱されたのは 20 世紀になってからでした。　　　　◆

2.2.3　光の波動説の確立

1807 年，ヤング※4 は光を二重スリットに通したところ，干渉縞ができることを発見し，光は波動であると提唱しました。しかし，光の波動説は，ニュートンの権威のもとに，なかなか受け入れられなかったのです。ところで，干渉縞は簡単に見ることができます。親指と薬指を 1 mm 程度に近づけてその間を見てください。1〜2 本の暗い線が干渉縞です。

現代の視点からは，干渉縞ができたからといって，「光は粒子ではない」とは簡単には言い切れません。なぜなら，水面波や空気中を伝わる音波では，確かに回折や干渉が起こって波動そのものですが，水は水分子，空気は窒素分子と酸素分子（すなわち粒子）の集まりだからです。ただし 19 世紀末まで，原子や分子の存在は受け入れられていませんでした。

光の波動説の確証

光が粒子なのか波動なのかを決めるには，物質中での光速が，空気中（真空中）での光速より遅いか速いかを測ればよいことになります（例題 2.2 と 2.3 参照）。1850 年にフーコー※5 は水中での光速を測定し，空気中の光速より遅いことを実証しました。光が波動であることが決定的になったのです。

電磁波

さらに 1865 年，マクスウェル※6 が電磁場の理論からマクスウェル方程式を完成させ，「光は電磁波である」と予言しました。真空中のマクスウェル方程式を解いて電磁波の解を発見したのです。計算から求めた電磁波の速さが光速にほぼ一致したことからの予言でした。その予言は 1888 年にヘルツ※7 によって実証され，ここに

※4　Thomas Young（1773–1829，英）縦弾性率（ヤング率）に名を残す。エネルギーという言葉を最初に用いてその概念を導入した。

※5　Jean B. L. Foucault（1819–1868，仏）地球の自転を実証するフーコーの振り子で有名。電磁誘導による渦電流を発見。

※6　James C. Maxwell（1831–1879，英）気体の分子運動論でのマクスウェル分布や熱力学第 2 法則を破るマクスウェルの悪魔でも有名。

※7　Heinrich R. Hertz（1857–1894，独）SI（国際単位系）の振動数の単位 hertz に名を残す。ヘルツアンテナやダイポールアンテナを発明。電磁波の存在の実証により無線通信の道を拓いたが，ヘルツ自身は実用面の応用に思い至らなかった。

光の波動説が確立されたのです。

光の波としての性質

ここで，電磁波である光についておさらいしておきましょう。電磁波では，図 2.1 のように，電場と磁場が進行方向と垂直に振動しています。

真空中を伝播する光について，その**波長**（山と山の間の距離）λ と**振動数**（1 秒間に振動する数）ν との間には次の関係があります。

$$\lambda\nu = c \equiv 299,792,458\,\mathrm{m/s} \tag{2.3}$$

真空中の光速 c の値は定義値（国際度量衡総会で定義された値）で，SI（国際単位系）では，この値によって 1 m の長さが定義されます。すなわち，1 m は光が真空中を $\frac{1}{299,792,458}$ 秒間に進む距離です。

さらに，直線偏光と楕円偏光について述べておきます。**直線偏光**は，電場が進行方向を含む平面（図 2.1 では yz 平面）内で振動する場合をいいます。直線偏光には互いに独立な 2 つの偏光があります。すなわち，電場の振動方向が互いに垂直な 2 つの偏光（たとえば，縦偏光と横偏光）は互いに独立です（図 2.1 では $\pm y$ 方向と $\pm x$ 方向）。また，**楕円偏光**は，光の進行方向から見て電場の向きが楕円状に回転する場合です。楕円が円の場合は**円偏光**といい，右回り円偏光と左回り円偏光とがあります。

| 2.3 光の粒子性

この節では，波動であると確定した光が，粒子性をも示すことを見ます。

2.3.1 エネルギー量子化の仮説

19 世紀末ぎりぎりの 1900 年 12 月，プランクが量子の世界を切り拓きました（たとえば文献 [砂川]）。19 世紀終わり頃，溶鉱炉などの温度を知る必要が生じ，高温の物体からの光（黒体放射）の強度の波長依存性が測られました。高温物体に限らず，すべての物体は，その温度に対応した電磁波を放射します。たとえば，ヒトの姿は暗闇でも赤外線カメラではっきり写ります。

プランクの放射公式の導出

1900 年 10 月，プランクは，ヴィーンの放射公式[※8]を変形して，実験データとぴったり合うプランクの放射公式を発見したのです（付録 A.1.4 節参照）。

プランクが偉大だったのは，発見した公式の意味を理論的に解明しようと努力したことです。そして 1900 年 12 月にたどりついた結論が，「**エネルギー量子化の仮説**」だったのです（付録 A.2 節参照）。理論的には，（高温）物体を，薄い殻に包まれた空洞と考え，小さな孔から漏れ出る光の強度の波長依存性を求めればよいことが知られていました。プランクは，薄い殻が多数の振動子（原子）からなると仮定し，ボルツマン[※9]が確立した熱統計力学に基づいて考察しました。電荷をもつ振動子が振動して電磁波（光）を放出し，その電磁波をまた振動子が吸収して，温度が一定の熱平衡状態になっていると仮定したのです。その結果，振動数 ν の振動子のエネルギー E が

$$E = h\nu \tag{2.4}$$

のように量子化されると仮定することにより，**プランクの放射公式**（付録 A.1.4 節）が導かれたのです。

(2.4) で h は**プランク定数**と呼ばれ，次の値が 2019 年 5 月 20 日に定義値となりました（たとえば文献 [産総研]）。

$$h \equiv 6.62607015 \times 10^{-34}\,\mathrm{J \cdot s} = 6.62607015 \times 10^{-34}\,\mathrm{kg \cdot m^2/s} \tag{2.5}$$

ここで，$\overset{\text{ジュール}}{\mathrm{J}}$ はエネルギーの単位です。$\hbar$（エッチバー，換算プランク定数）もよく使われ，次のように定義されます。

$$\hbar \equiv \frac{h}{2\pi} \simeq 1.054572 \times 10^{-34}\,\mathrm{J \cdot s} \tag{2.6}$$

問題 2.4 2019 年の改定までの SI（国際単位系）では，質量の単位 1 kg を人工物である「キログラム原器」の質量としていました。人工物はどうしても経年変化します。(2.5) のようにプランク定数を定義したことで，1 kg はどのように再定義されたのでしょうか。 ♥

[※8] Wilhelm C. W. O. F. Wien（1864–1928，独）黒体放射に関するヴィーンの変位則や放射公式が，プランクのエネルギー量子発見につながった。1911 年のノーベル物理学賞受賞。

[※9] Ludwig E. Boltzmann（1844–1906，オーストリア）熱統計力学を創始。原子の存否についての論争に疲れ，自殺した。墓石にボルツマンが定式化したエントロピー S と状態の数 W の関係式，$S = k. \log W$ が刻まれている。$k \equiv k_\mathrm{B}$ はボルツマン定数と呼ばれる。

プランクの放射公式の活躍

　プランクの放射公式は天文学でも大活躍し，恒星の表面温度や半径を求めるのにも使われます。太陽の表面の色は黄色なので表面温度は約 $5,800\,\mathrm{K}$ です。もっと高温の星は青く，さらに高温の星は白く輝いています。ここで，K（ケイ，またはkelvin）は**絶対温度**の単位で，絶対零度は

$$0\,\mathrm{K} \equiv -273.15^\circ\mathrm{C} \tag{2.7}$$

と定義されます。つまり，$0^\circ\mathrm{C} \equiv 273.15\,\mathrm{K}$ です。

　1994 年，COBE衛星で測られた**宇宙背景放射**は，絶対温度 $2.725\,\mathrm{K}$ のプランクの放射公式にぴたりと一致することが示されました（図 2.7）。宇宙背景放射は，ビッグバン宇宙の名残の光で，全天から地球に飛来しています。

　宇宙誕生後，宇宙背景放射は飛び交う電子などに散乱されていました。38 万年後に光を散乱する電子が陽子など陽イオンと結合して中性（電荷が 0）の水素原子などになったため，光が直進し始めました。これを「**宇宙の晴れ上がり**」といいます。ちょうど霧が晴れて，あたりが見えるようになったことにたとえています。その光（宇宙背景放射）は，宇宙膨張とともに冷えて，現在では当時の $\frac{1}{1000}$ の温度になったのです。

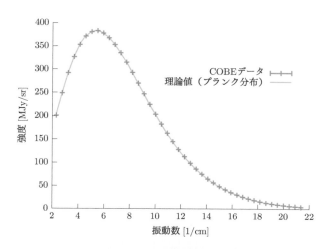

図 2.7　宇宙マイクロ波背景放射の強度分布
縦軸タイトルの MJy/sr は電波強度の単位。横軸の振動数は 1 cm 当たりの波数。

2.3.2 光電効果と光量子仮説

光電効果は，光を金属に当てると電子（**光電子**と呼ぶ）が飛び出してくる現象です。2.1.2 節「光電効果」では，箱が金属を，箱の中の小さな球は金属内の電子を表しています。光電効果（2.1.2 節）の実験結果をまとめたのが**図 2.8** です。

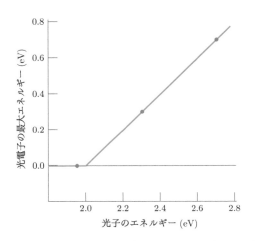

図 2.8　光電子の最大エネルギーと光子エネルギーの関係

横軸に光子のエネルギー（振動数に比例，(2.4) 参照），縦軸には飛び出してくる光電子の最大エネルギーをプロットしてあります。エネルギーの単位は，**電子ボルト（eV）**を用いています。電子ボルトは，ミクロの世界でよく使われる単位で，素電荷 e をもつ粒子が 1 V の電位差（電圧）で加速されて得るエネルギーです。素電荷 e は次のように定義されます。

$$e \equiv 1.60217663 \times 10^{-19} \, \text{C} \tag{2.8}$$

C は coulomb で電荷の単位です（1 A ＝ 1 C/s です）。1 C・V ＝ 1 J なので，電子ボルトは次のようになります。

$$1 \, \text{eV} \equiv 1.60217663 \times 10^{-19} \, \text{J} \tag{2.9}$$

図 2.8 から，光電子の最大エネルギー $E_{最大}$ が光の振動数 ν と

$$E_{最大} = h\nu - W \tag{2.10}$$

の関係があることがわかります。(2.10) の h はプランク定数 (2.5)，W は**仕事関数**と呼ばれます。最大エネルギーとする理由は，光電子が金属から飛び出すときに，金属内原子との相互作用などでエネルギーを失う効果を取り除くためです。すなわち，光電子を金属から外に取り出すには，W を超えるエネルギーが必要であることがわかります。つまり，電子は金属に W のエネルギーで束縛されていることになります。(2.10) はアインシュタインが予言した式で，1916 年にミリカ[10] によって実証されました。

波長 λ，振動数 ν の光を入射したとき，電子が金属から飛び出す条件は，

$$\nu > \nu_{限界} = \frac{W}{h}, \quad \lambda < \lambda_{限界} = \frac{hc}{W} \tag{2.11}$$

です。$\nu_{限界}$ と $\lambda_{限界}$ は，(2.10) が 0 になる振動数と波長で，それぞれ**限界振動数**，**限界波長**と呼ばれます。

2.1.2 節において赤色のレーザー銃で光電子が飛び出さなかった理由は，その波長が限界波長より長かったからです。光量子仮説は，緑色より青色レーザー光の方が光電子の最大エネルギーが大きかったこと，青色のレーザー銃で出力（強度）を上げても光電子の最大エネルギーが変わらず，光電子の数が増えるだけだったことなどをうまく説明できます。

2.3.3　光子

コンプトン[11] は，X 線と電子との散乱実験を行って 1923 年に「コンプトン効果」を発見しました。X 線は，紫外線よりさらにエネルギーが高い電磁波です。X 線よりさらに高いエネルギーの電磁波は，ガンマ線と呼ばれます。散乱結果は，「振動数 ν の X 線がエネルギー $h\nu$（(2.4) を参照）の粒子（光子）として振る舞い，電子と弾性散乱（コンプトン散乱）をし，散乱角度が大きいほどエネルギーが小さくなる（波長が長くなる）」と考えると結果を見事に説明できたのです（**コンプトン効果**）。そのエネルギー変化が，光を粒子としたときの運動力学による計算値とぴたりと一致するのです。

光子の散乱角と頻度の関係を量子力学に基づく計算で導いた式が，**クライン＝仁科**

※ 10　Robert A. Millikan (1868–1953, 米) 電気素量 (e) の計測と光電効果の研究で 1923 年のノーベル物理学賞受賞。光電効果の明確な実験結果を得たにもかかわらず，ずっと光量子仮説に疑念を抱いていた。

※ 11　Arthur H. Compton (1892–1962, 米) コンプトン効果の発見により 1927 年のノーベル物理学賞受賞。マンハッタン計画で重要任務を務め，シカゴ大学の原子炉製造を監督。

の式[※12][※13] です。2 人はこの式を大変苦労して計算しましたが，現代では簡単に計算できます。

光子のエネルギーと運動量

相対性理論では，質量 m の粒子のエネルギーを E，運動量を $\boldsymbol{p} = (p_x, p_y, p_z)$ とすると

$$E^2 = \boldsymbol{p}^2 c^2 + m^2 c^4 \tag{2.12}$$

が成り立ちます。ここで運動量は，運動の勢いを表す物理量です。粒子の速さを v とすると，非相対論的極限（$v \ll c$）では $p = mv$ が成り立ちます。静止している粒子では $\boldsymbol{p} = 0$ なので，有名な $E = mc^2$ が得られます。つまり，質量はエネルギーと等価なのです。

光子では，エネルギー E と振動数 ν の間には (2.4) が成り立ちます。また，運動量 $p = |\boldsymbol{p}|$ と波長 λ の間には，光子の質量が 0 なので，(2.3) と (2.12) より

$$p = \frac{E}{c} = \frac{h\nu}{\lambda\nu} = \frac{h}{\lambda} \tag{2.13}$$

という関係があることになります。

2.3.4　物質中で定義される準粒子

ミクロの世界では，音波なども粒子性を示します。量子化された音波を，**フォノン**（phonon, 音響量子）と呼びます。フォノンなどは物質中でのみ定義されるので，**準粒子**（疑似粒子）と呼ばれます。一方，光子などは，真空中にも存在できる基本粒子なので，素粒子と呼ばれます。

準粒子に関しては 4.3.2 節，素粒子については第 9 章でより詳しく紹介します。

※12 Oskar Klein（1894–1977, スウェーデン）5 次元以上の世界で重力と電磁力とを統一しようとした「カルツァ＝クライン理論」，クライン＝ゴルドン方程式などに名を残す。

※13 仁科芳雄（1890–1951, 日）1921 年にイギリス，1922 年にドイツ，そして 1923 年にデンマークのボーアのもとで研究して，クライン＝仁科の式を発表。1928 年に帰国後は理研に所属し，物理学の理論と実験を推進するとともにたくさんの後進を育てて「日本の現代物理学の父」と呼ばれる。

第3章 電子の本性

この章では，粒子と思われていた電子が波動性も示すことを見ます。

まず 3.1 節では，ヒカルとともに VR 世界の電子の国をご体験ください。ここでの体験は，とても不思議で理解に苦しむかもしれません。でもこれらは実験事実なのです。ですから，ここでは，まずは「そういうものか」と受け入れてください。量子論の確立に大きく貢献したボーア，ハイゼンベルク，アインシュタインたちも，理解に苦しんだのです。

続いて 3.2 節では，粒子の波動性を表すド・ブロイの物質波のアイデアと，それに刺激されて発見されたシュレーディンガー方程式について述べます。シュレーディンガー方程式を解くことによって，量子の世界が比較的簡単に計算できるようになったのです。

最後に 3.3 節では，シュレーディンガー方程式の相対論化を図ってディラック方程式が発見されたことを述べます。ディラック方程式の帰結として，電子がスピン[※1] $\frac{1}{2}$ （$\hbar$ 単位で）の粒子であること，この世界に反粒子が存在することがわかったのです。

3.1 量子ワールド（電子の国）

クォンタが，今度は「電子の国」を案内してくれました。

3.1.1 電子銃と回折像

最初の部屋でヒカルは電子銃を手渡されました。奥にスクリーンがあり，その前に的が置いてあります。

※1　スピン研究の進展（紆余曲折）については，文献 [朝永 1] の解説が大変詳しく興味深い。

電子回折パターン (1)

「あの的をねらって電子銃を撃ってみてください」クォンタに促されて撃ってみると，スクリーン上に点がいくつか光って見えました（図3.1〈左〉）。

「これは，結晶による回折像です。電子は，波として振る舞って，結晶の各層で反射・干渉して強め合ったところがスクリーン上に点として見えるのです（ラウエ斑点[※2]）。電子線でのブラッグ反射[※3]によるパターンです」

 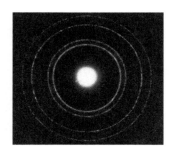

図 3.1　電子による回折像
（左）結晶による干渉パターン，（右）粉末による干渉パターン：（文献 [山本直紀]）

電子回折パターン (2)

クォンタは続けて言いました。「的を取り換えたので，もう一度撃ってみてください」電子銃を撃ってみると，今度はスクリーン上に何重もの光の同心円が見えました（図3.1〈右〉）。「今度は同心円ですね。どのような的かわかりますか」

ヒカルは考えてみます。「結晶のように規則正しく層ができていれば，図3.1（左）のように点ができる。他方，円としてつながったということは，結晶がいろいろな方向に向いているからでは」そのような考えを答えたところ，クォンタはその答えをほめて付け加えました。「その通りです。的は，結晶を粉末にしたものです。パターンは，電子線でのデバイ＝シェラー（Scherrer）環[※4]です」

※2　Max T. F. von Laue（1879–1960, 独）X 線での回折現象の発見で 1914 年のノーベル物理学賞受賞。

※3　William Henry Bragg（1862–1942, 英）と息子の William Lawrence Bragg（1890–1971, 英）が X 線での結晶構造の解析への功績で 1915 年のノーベル物理学賞受賞。25 歳で受賞した Lawrence は，物理学賞での最年少受賞者（2022 年現在）。

※4　Peter J. W. Debye（1884–1966, オランダ）分子構造の研究で 1936 年のノーベル化学賞受賞。

問題 3.1　原子層の間隔が d の結晶に結晶面とのなす角度が θ で電子が入射したとき，ブラッグ反射の条件が

$$2d \sin \theta = \lambda \tag{3.1}$$

で与えられることを示しなさい。ただし，電子が波長 λ の物質波（3.2.1 節参照）として振る舞うとします。また，角度 θ は，図 2.6 で定義した入射角（法線との角度）ではないことに注意してください。　　　　　　　　　　　　　　　♥

3.1.2　電子銃と二重スリット

　次の部屋には，電子銃，つい立て，さらにその向こうにスクリーンがありました（図 3.2）。

図 3.2　電子銃と二重スリット

　「ここでは電子の不思議な性質を目にすることになります」クォンタが言いました。「つい立てには 2 本の近接したスリット（狭い隙間）があり，ここにあるスイッチでそれぞれ独立に開け閉めすることができます。いま，両方のスリットが閉じています。こうして電子銃の引き金を引いてもスクリーンには届きませんね」なるほど，つい立ては光りましたが，スクリーンには何も映りませんでした。

片方のスリットだけが開いているとき

　「それでは右のスリットを開にしたので，この位置から電子銃の引き金を引いてみてください」スクリーンは図 3.3（上）のように光りました。
　「開いたスリットの後ろが一番明るく光っていて，その右側と左側がだんだん暗く光っていますね。次に，右スリットを閉にして左スリットを開いたら，スクリー

図 3.3　電子銃でのスクリーンの像：（上）片方のスリット開，（下）両スリット開

ンはどのように光るでしょうか」ヒカルは答えました。「同じ光り方が少し左側にずれるだけでしょう」その通りの結果が得られました。

両方のスリットが開いているとき

　「さて，ここからがおもしろいところです。スリット両方を開にしたら，どのような光り方をするでしょうか」ヒカルは考えます。「当然，右スリット開と左スリット開の光り方を足したものになるはずだけど，わざわざそれを見せるはずがないのでは」ヒカルが考えこんでいると，クォンタは「論より証拠です。電子銃の引き金を引いてみてください」

　クォンタに促されて，両方開のスリットに向けて電子銃の引き金を引くと，図 3.3（下）のようにたくさんの光の帯が見えました。ヒカルは，意外な光の帯に興奮して言いました。「これは干渉縞ですね。これは水の波のように，電子の集まりが波となって干渉しているからでしょうか」

二重スリットに電子を 1 個ずつ送ると

　「なかなか鋭いですね。そう考えるのももっともです。水面の波の干渉縞は，結局，水分子，つまり粒子の集まりが干渉した結果ですから」クォンタは答えて，さらに付け加えました。「でもここからがもっとおもしろくなります。電子銃に出力のレバーがありますね。それを最小にして引き金を引いてみてください」

　出力を最小にして引き金を引くと，スクリーンのあちこちにポツンポツンと光の点がともって光の点がたまっていきました。なんと，やがて干渉縞ができてきたの

です。「不思議でしょう。電子は1個1個が粒子としてスクリーンに到達しています。でも多数の電子を重ねると、二重スリットで干渉縞ができるのです。つまり、電子1個1個が二重スリットで干渉していることになり、二重スリットでは電子1個1個は波として振る舞っているのです」ヒカルは、あまりの不思議さに呆然とするばかりでした。

二重スリットのどちらを通ったかわかると

「さらにおもしろくなりますよ。このボタンを押すと、電子が通ったスリットが光るようになります。この状態で電子銃の引き金を引くとどうなるでしょうか」クォンタが尋ねましたが、ヒカルは返答に困りました。「それでは、電子銃の引き金を引いてみてください」

なるほど、電子がスクリーン上で光ると同時にどちらかのスリットが光り、それぞれの電子がどちらのスリットを通ったのかがわかるのです。両方のスリットが同時に光ることは一度もありませんでした。スクリーン上の光の点がたまってくると、なんと干渉縞はできていません。片方のスリットだけの分布を足した分布をしているのです。

二重スリットの片方だけ通過を検出すると

「最後に、右側のスリットを通ったときだけ光るようにして、左側は光らないようにしてみます。干渉縞はできるでしょうか」ヒカルは考えてみますが、「干渉縞はできるかもしれないし、できないかもしれないし」と迷うだけでした。「それでは電子銃の引き金を引いてみてください」なるほど、右側だけが光ってスクリーンに光の点がたまっていきました。結果はどうだったでしょうか。干渉縞はできなかったのです。片方だけを検査しても、やはり干渉縞はできないことがわかったのです。

この部屋での実験結果のまとめ

クォンタが、これまでの実験結果をまとめてくれました。「2.1.2節の『光電効果』では、波と思っていた光が粒子として振る舞うことを見ました。この電子の国の電子銃の部屋では、粒子と思っていた電子が波として振る舞うことがわかりました。また、二重スリットのどちらを通ったかを観測してしまうと、干渉縞ができないこともわかりましたね」

「この電子の国では電子の二重スリット実験を見ましたが、光でも同様の実験が行えます。すなわち、たとえば1個1個光子を二重スリットに送ると、光の場合もスクリーンでは1個1個の光の点が観測されます。そして、これらの光の点を重ね

ると，同じように干渉縞ができてきます。どちらのスリットを通ったかを観測すると，干渉縞ができないことも同じです」

「以上をまとめると，ミクロの世界では，粒子と波の区別は意味がなく，両方の性質をもっていることがわかります。それで，波と思われていた光などや，粒子と思われていた電子なども，総称して量子と呼ぶことになったのです」ヒカルは，量子の不思議な振る舞いにただただ感じ入るばかりでした。

例題 3.1 二重スリットの干渉縞の不思議
　1 個 1 個の電子を二重スリットに送ってたくさんの結果を重ねると，なぜ干渉縞ができるのでしょうか。

解答例　「1 個の電子が右側のスリットを通る状態と左側のスリットを通る状態との**重ね合わせ状態**が実現しているため，2 つの状態が干渉して干渉縞ができる」と量子論では説明します（5.3.3 節参照）。　　　　　　　　　　　　　　◆

問題 3.2　二重スリットの間隔が d，二重スリットとスクリーンとの距離が L のとき，干渉縞の明線の間隔 Δx が

$$\Delta x \simeq \frac{L\lambda}{d} \tag{3.2}$$

で与えられることを示しなさい。ただし，電子が波長 λ の物質波（3.2.1 節参照）として振る舞うとします。　　　　　　　　　　　　　　　　　　　　　♥

3.1.3　銀原子銃と判別器

　この部屋には，今度は銀原子銃，および判別器と呼ばれる装置が置いてあり，その向こうにスクリーンがありました（図 3.4）。スクリーンの中央には，赤い点が描かれています。赤い点は，銀原子銃と判別器を結んだ直線上にあります。

まずは銀原子銃を撃ってみると

　「銀原子銃は，銀原子を 1 個ずつ発射する装置です。まず，銀原子銃を判別器に向けて撃ってみてください」クォンタに促されて撃ってみると，スクリーン上の赤い点の上側が光りました。「赤い点の上側が光りましたね。もう一度撃ってみてください。今度はどこが光るでしょうか」撃ってみると，今度は赤い点の下側が光った

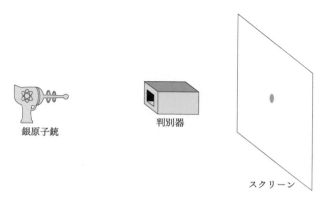

図 3.4　銀原子銃と判別器

のです。何度か撃ってみると，赤い点の上側または下側のどちらかが光りました。

銀原子のスピン

　「これは，銀原子が，判別器によって，赤い点の上側，または下側の 2 つのグループに分けられたということを意味します。この実験事実は，銀原子が**スピン**という自由度をもっていることを示しているのです。銀原子のスピンは，電子スピンに起因しています。電子スピンは，電子の自転というイメージでいいでしょう」

　クォンタは続けて銀原子のスピンについて説明してくれました。「判別器を通すと上側または下側のどちらかに分かれるということから，銀原子は $\frac{1}{2}\hbar$ のスピンをもっているということになります。すなわち，上向きのスピンをもつ銀原子は，判別器通過中に上向きに力を受けて上側に曲げられ，赤い点の上側に到達して光ります。下向きのスピンの銀原子は，その逆で下側に曲げられるのです。つまり，判別器はスピンの上下の向きを判別する装置なのです」

上向きスピンの銀原子

　「銀原子銃の後ろ側にレバーがありますね。今はレバーがニュートラルになっています。この状態のときには，上向きスピンか下向きスピンのどちらかの銀原子が発射されます。今度は，そのレバーを上側にして何度か撃ってみてください」撃ってみると，赤い点の上側だけが光りました。「レバーを上側にすると，銀原子銃は上向きスピンの銀原子だけを発射します。今度は下側にして何度か撃ってみてください」なるほど，今度は下側だけが光りました。

横向きスピンの銀原子

　「レバーを今度は右側にしてください。すると，銀原子のスピンの向きは右向きになります。この状態で，撃ってみましょう。どうなると思いますか」「今までは上下に曲げていたけど，今度は銀原子のスピンは右向きだから，銀原子は右に曲がり，右側に点ができるのでは」ヒカルはそう考えて，そのように答えました。「当然そう考えますよね。論より証拠，撃ってみてください」

　なんと，赤い点の上側が光りました。続けて撃ってみると今度は下側が光ったのです。何度か撃つと，上側かまたは下側がそれぞれ 50% の割合でランダムに光るのです。「不思議ですよね。まず，判別器は，上向きスピンは上に曲げ，下向きスピンは下に曲げる装置であるということを頭に入れましょう。銀原子スピンを横向きにして撃ったときの現象を説明するために，**重ね合わせの原理**を導入します。すなわち，横向きスピンは，上向きスピンと下向きスピンの重ね合わせ状態にあると考えるのです。上向きスピン状態の銀原子は上向きに，下向きスピン状態の銀原子は下向きに力を受けて曲げられるのです」

　「今度は，判別器を右に 90° 回転しました。銀原子銃のレバーをそのまま（スピンが右向きのまま）にして撃ってみるとどうなるでしょうか」クォンタの質問にヒカルは考えました。「今度は判別器は左右に曲げ，スピンは右向きだから，赤い点の右側が光るはずでは」そのように答えると，クォンタは微笑んで撃ってみるように促しました。結果はその通りになりました。

　ヒカルは，スピンや重ね合わせの原理についてなんとなくイメージが湧いたような気がしました（重ね合わせの原理については，5.3 節参照）。

$\frac{1}{2}\hbar$ スピンと量子ビット

　クォンタが，$\frac{1}{2}\hbar$ スピンの量子ビットへの応用について話してくれました。「量子ビット（qubit^{キュービット}）は 0 と 1 の状態をもち，0 と 1 の重ね合わせ状態などが量子計算に利用されます。$\frac{1}{2}\hbar$ スピンは，たくさんある量子ビット候補の 1 つとして使用され，通常は上向きを 0，下向きを 1 とします。横向きスピンは，0 と 1 それぞれが 50% の重ね合わせ状態です。

　このように量子コンピュータでは，量子ビットを望みの向きに設定して 0 と 1 の重ね合わせ状態をつくり，超並列計算を行うのです」

判別器の説明

　続いてクォンタが，この実験について説明してくれました。「ここでの実験は，1922

年のシュテルン＝ゲルラッハ（Stern-Gerlach）実験を模したものです。判別器は，図 3.5 のように片方の磁極が平面でなく断面の先端部が二等辺三角形の磁石です。図 3.5 の磁石がつくる磁場は，下側が強くて上向きの不均一磁場です。銀原子は中性（電荷 0）なので，均一磁場（両極が平面で平行な磁石がつくる磁場）では力（ローレンツ力）を受けず，曲がりません。図 3.5 のような不均一磁場で曲がるということは，銀原子は小さな棒磁石であると考えることができます」

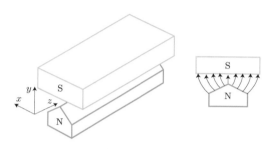

図 3.5　判別器模式図（不均一磁場磁石）

　「ただし，銀原子が普通の棒磁石だとすると，今までと違う結果が得られます。銀原子銃のレバーがニュートラルの場合には，上下 2 つの点の間にも銀原子が到着して上下連続の線になります。また，判別器がそのままで，銃のレバーを横にして撃つと，銀原子は力を受けずにまっすぐ赤い点のところに到達するのです。つまり，普通の磁石では重ね合わせの原理ははたらきません。スピンは量子的な量なので古典的な磁石としては振る舞わず，この判別器では上向き，または下向きに量子化されて観測されるのです。

　スピンは $\hbar$ を単位として量子化され，その比例定数は整数または半整数（n を非負の整数として $\frac{2n+1}{2}$）です。スピンの大きさを s とすると，$2s+1$ の量子状態が許されます。スピンは角運動量（回転の勢いを表す物理量）で，ベクトル量（向きと大きさをもつ量）です。電子や銀原子のように $s = \frac{1}{2}$ のときは 2 つの量子状態が許され，量子化軸を上下に採ると上向きと下向き（$\frac{1}{2}$ と $-\frac{1}{2}$）の 2 つの量子状態があるのです」ヒカルはスピンの不思議さに心を打たれました。

3.2　物質波とシュレーディンガー方程式

波動説が確定したと思われていた光が粒子性をもつことが明らかになり（2.3 節

参照)，1924 年にド・ブロイ[5]は，「逆に粒子は，波動性をもつのでは」と考えました。**物質波**のアイデアです。

3.2.1 物質波

ド・ブロイは，光で成り立つ (2.4) と (2.13) の関係から，粒子のエネルギー E と物質波の振動数 ν の間，運動量 p と物質波の波長 λ の間には，次の関係があるとしました。

$$E = h\nu, \quad p = \frac{h}{\lambda} \tag{3.3}$$

h は (2.5) で定義したプランク定数です。

電子の波動性は，電子の回折・干渉現象の発見により確認されました（3.1.1 節参照）。1 個 1 個の電子による二重スリットでの干渉効果（3.1.2 節参照）は，外村[6]たちの実験で明白に示されました。波動性を示すのは，電子だけではありません。原子や分子なども波動性を示し，回折・干渉現象を起こすことが知られています。C_{60}（フラーレン，炭素 60 個からなるサッカーボール型分子）など大きな分子の二重スリット実験が行われ，2013 年には，分子量（分子内の原子量の総和）10,000 を超える分子 $C_{284}H_{190}F_{320}N_4S_{12}$ の干渉縞が観測されています（文献 [Eibenberger]）。

3.2.2 シュレーディンガー方程式

ド・ブロイの考えに刺激を受けて，シュレーディンガーは 1926 年に**シュレーディンガー方程式**（シュレーディンガー描像）を定式化しました。1925 年にハイゼンベルクが**行列力学**（ハイゼンベルク描像）を確立し，原子の状態などの計算が可能になったのですが，当時の物理学者には行列はなじみが薄く，親しみにくいものでした。シュレーディンガーは，質量 m，エネルギー E，運動量 p の粒子が古典的に満たす次式を量子化したのです。

$$E = \frac{p^2}{2m} + V \tag{3.4}$$

---

[5] Louis-Victor P. R. de Broglie（1892–1987, 仏）物質波のアイデアを博士論文として提出し，理解できなかった教授陣がアインシュタインに相談した。アインシュタインはノーベル物理学賞に値すると言って，5 年後の 1929 年にその通りになった。

[6] 外村彰（1942–2012, 日）日立製作所で電子顕微鏡や電子線ホログラフィーの研究を行う。1986 年にアハラノフ-ボーム効果（電子が間接的な電磁場のベクトルポテンシャルを感じて位相がずれる効果）を実証したことなどで有名。

ここで V はポテンシャルエネルギー（位置エネルギー）です。シュレーディンガーは，電子を波動と考え，(3.4) の E と p が演算子であるとして，電子の波動関数に演算する偏微分方程式を定式化しました（付録 B.2 節参照）。

シュレーディンガー方程式の発見からしばらくして，シュレーディンガーとパウリ，そしてディラックはそれぞれ独立に，行列力学とシュレーディンガー方程式が数学的に等価であることを証明しました。当時の物理学者にとって親しみやすい微分方程式であるシュレーディンガー方程式がまず計算に用いられるようになりました。現代では，解くべき問題によって，行列力学もよく使われています。

3.2.3　波動関数の意味と量子力学の解釈

シュレーディンガーは，波動関数が実在の波を表すとして理解しようとしましたが，その解釈は観測結果と全然合いませんでした。たとえば，波動関数が実在の波を表すと考えたときの二重スリット実験を考えてみましょう。すると，1 個の電子が二重スリットを通過してスクリーンに到着したとき，1 個の電子は物質波としてスクリーン上に広がっているはずです。しかし，観測される電子は，電荷 $-e$ をもつ 1 個の粒子としてスクリーン上のどこか 1 ヶ所に観測されるのであって，電子のかけらがスクリーン上に分布して観測されることなど決して起きないのです。

波動関数の確率解釈

そこで，ボルン[7] は同年（1926 年），波動関数の確率解釈を提唱しました。すなわち，「波動関数（一般に複素数）の絶対値の 2 乗が，観測される確率である」とするのです。

コペンハーゲン解釈

コペンハーゲン解釈は，デンマークのコペンハーゲンを中心として活躍したボーアやハイゼンベルクらが提唱したので，その名で呼ばれています。この解釈は実験事実を矛盾なく説明したので，**標準解釈**（正統派解釈）として広く受け入れられました。すなわち，シュレーディンガー方程式を解いて波動関数の時間発展（時間とともにどう変化するか）が計算でき，ある位置や状態に粒子が観測される確率などを予言できるのです。

---

[7]　Max Born（1882–1970，独，英）1933 年ナチス・ドイツの興隆によりゲッティンゲン大学の教授職を解雇されて渡英した。1954 年に西ドイツに戻った。波動関数の確率解釈などの功績で 1954 年のノーベル物理学賞受賞。

たとえば二重スリット実験では，たくさんの粒子で実験を行うと，スクリーン上に縞模様ができますが，1 個 1 個の粒子は縞模様のどこかに粒子として観測されます。このとき，波として広がっていた波動関数が，観測されたとたんに，その位置に収縮して粒子として見えるのです。これを，**波動関数の収縮**（または波束の収縮）といい，コペンハーゲン解釈の主要な仮説の 1 つとして受け入れられてきました。その場所に観測される確率が，波動関数の絶対値の 2 乗として計算できるのです。

コペンハーゲン解釈では，**実証主義**（現象主義，道具主義）に徹して，観測結果を重視しました。実証主義は，「観測していないものについては何もいえない。どうなっているか問うべきではない。実験事実（現象）だけが意味がある」というスタンスです。そして若手には，「量子力学で計算することが山ほどあるから，哲学的問題などに時間を費やさないように」と諭しました。つまりコペンハーゲン解釈の考え方は，量子力学を道具として使う道具主義といえます。

確率解釈とアインシュタイン

アインシュタインは，「相対性理論よりずっと長く量子論について考えた」と自ら振り返るほど，量子論の発展に貢献しました。しかしながら，コペンハーゲン解釈は，アインシュタインの信念（**実在主義**）にもろに反しました。実証主義については，「あなたが見ていないときには，月はないと思うかね」などと不満をもらしました。

そして，量子力学の不備を突く難問を考えては，ボーアにぶつけていました。波動関数の確率解釈については，「神はサイコロを振らない」と言って，「量子力学は不完全である」と主張し続けました。量子力学には「隠れた変数」があり，それを知らないから確率解釈になるのだと考えていたのです（5.4.2 節参照）。

3.2.4　古典力学と量子力学

量子力学に対して，量子論に基づかないニュートン力学や相対性理論を古典力学といいます。古典力学の世界は，以下で述べるように決定論的です。

決定論的世界

決定論的とは，ある時刻の物体の状態が与えられれば，その物体のその後（またはその前）の運動がわかる（予言できる）ということです。古典力学のもとでは，すべての物体は，ニュートンの運動方程式（または相対論的運動方程式）に従うのです。すなわち，すべての物体は決定論的に振る舞うのです。

　決定論的認識のもとに，ラプラス[※8]は「ラプラスの悪魔」の考えを提唱しました。ラプラスの悪魔は超人的存在であり，この宇宙のすべてのものの状態がわかるのです。すると，運動方程式を解いて，その未来（および過去）を知ることができるというのです。

　私たちは，自分の意志で行動し，「迷いながらもいろいろな選択をして未来を切り拓いている」と思っています。しかしながら「ラプラスの悪魔」の考えでは，ラプラスの悪魔はすべてお見通しで，ラプラスの悪魔にとっては各個人の未来もすべて決まっていることになります。そうだとすると，各個人の「自由意志」はどうなってしまうのでしょうか。

　幸い現代では，古典力学の範疇でも「カオス現象」の発見があり，さらに量子力学の存在によって，「ラプラスの悪魔は，未来を予言できないし，過去も再現できない」ことがわかっています。カオス現象は，一言でいうと初期値鋭敏性です。初期値がほんのちょっと違っただけでその後の時間発展（その系の時間変化）がまったく変わってしまうという現象です（章末のコラム2参照）。量子力学については以下で説明します。

量子力学

　量子力学は，2つの要因で決定論的ではないのです。1つは不確定性原理です（5.2節参照）。たとえば，量子の位置と運動量の状態は，同時に正確には決まっていないのです。初期条件がわずかに異なっていれば，カオス現象によって，長期の予想に大きな違いが生じます。

　もう1つは波動関数の確率性です。すなわち，量子の運動はシュレーディンガー方程式を解くことによって計算できますが，量子がどの位置で観測されるかなどは，確率的にしか予言できないということです。たとえば，電子や光子の二重スリット実験では，個々の量子がスクリーンのどの位置で光る（観測される）かについては，まったく予言ができません。量子がスクリーンのその位置で観測される確率だけが計算できるのです。

　サイコロの目やルーレットの玉の位置の予想なども確率的ですが，これは古典力学の範囲の決定論的問題であり，原理的には予言可能と考えます。カオス現象の一種ともいえるでしょう。それに対し量子現象は，原理的にその確率しか予言できないのです。

[※8]　Pierre-Simon Laplace（1749–1827，仏）ラプラス変換，ラプラス方程式，ラプラシアンなどに名を残す。長さの単位1mを，地球の子午線の長さで定義するように提案したのもラプラスである。すなわち，子午線に沿っての地球一周を40,000kmと定義した。

3.3 ディラック方程式

シュレーディンガー方程式は，非相対論的な粒子，すなわち，速さが光速よりずっと遅い粒子を記述します。粒子の速さが光速に近づくと，相対論的な方程式が必要です。

この節では，ディラック[※9]が相対論的なクライン＝ゴルドン方程式の「平方根化」に成功して，電子などが従うディラック方程式を発見したことを述べます。ディラック方程式は，スピン $\frac{1}{2}\hbar$ をもつ電子などを記述するとともに，反粒子の存在を予言しました。

3.3.1 クライン＝ゴルドン方程式

1926 年，クラインとゴルドンは，シュレーディンガー方程式の相対論化を図りました。エネルギー E と運動量 p の特殊相対論的関係は，(2.12) で与えられます。この式の E と p を演算子として波動関数に演算するとしたのが，クライン＝ゴルドン（Klein-Gordon）方程式です（付録 C.2.1 節参照）。すべての粒子がクライン＝ゴルドン方程式に従います。

3.3.2 ディラック方程式とその帰結

ディラックは，シュレーディンガー方程式の特殊相対論化を図っていました。1928 年にディラックは，2 階の偏微分方程式（∂^2 を含む式）であるクライン＝ゴルドン方程式を，1 階の偏微分の式に書き直すことに成功しました（付録 C.2.2 節参照）。すなわち，クライン＝ゴルドン方程式を平方根化したのです。

その結果，「ディラック方程式に従う波動関数が，スピンが $\frac{1}{2}\hbar$ である粒子を表す」ことが自動的に出てきました。さらに，「負のエネルギー」の存在に苦しみましたが，それが反粒子の存在を意味することがわかったのです。

反粒子とは，質量などの**量子数**は同じで，電荷などの符号が逆の粒子です。ここで，量子数とは，質量や電荷など，粒子の性質を特徴づける数です。電子の反粒子

[※9] Paul A. M. Dirac（1902–1984, 英）非常に無口でも有名で「寡黙の単位」にされたくらいである。原因の 1 つはフランス語教師の父親とのフランス語での会話がいやだったからとのこと。湯川や朝永は，ディラックを「実にアクロバティックな発想をして革新を起こす天才だ」と驚嘆していた。シュレーディンガーとともに 1933 年のノーベル物理学賞受賞。

である陽電子は 1932 年にアンダーソン[10]によって発見されて，反粒子の存在が実証されたのです。

電荷など符号つきの量子数をもたない光子などは，その粒子自身が反粒子でもあります。

コラム ❷ 「ラプラスの悪魔」と現代物理学

ラプラスは，1812 年の自著『確率論—確率の解析的理論—』の中で次のように述べています（文献 [ラプラス]）。

「もしもある瞬間におけるすべての物質の力学的状態と力を知ることができ，かつもしもそれらのデータを解析できるだけの能力の知性が存在するとすれば，この知性にとっては，不確実なことは何もなくなり，その目には未来も（過去同様に）すべて見えているであろう」

この超人的能力の持ち主は「ラプラスの悪魔」（またはラプラスの魔物，Laplace's demon）と呼ばれています。この主張は，ニュートンの運動法則に立脚する古典物理学の決定論的性格を強調したものです。

◆ 決定論的な古典力学

ニュートンの運動方程式は，質量と加速度の積が力に等しいという式です。加速度は位置を時間で 2 階微分した物理量なので，運動方程式は時間の符号を変えても成り立ちます。つまり，現時点でのすべての物質の状態がわかれば，物質間にはたらく力もわかるので，未来も予言できるし，過去の歴史も再現できることになります。

現代では，以下に説明するカオス理論，および，3.2.4 節で説明した不確定性原理と量子論の確率解釈のおかげで，それが不可能であることがわかっています。

◆ カオス現象

カオス現象は，「決定論的な系がつくる非周期振動」です。カオス現象の「初期値鋭敏性」の象徴的な例として，よく「バタフライ効果」が挙げられます。バタフライ効果とは，「あるところで蝶々がひらひら舞うと，そのかすかな大

---

[10] Carl D. Anderson （1905–1991，米）陽電子のほかに，電子の 207 倍の質量をもつミューオンも発見した。1936 年のノーベル物理学賞受賞。

気の揺らぎが原因で，地球の裏側で大嵐が起きる」という現象です。

　カオス現象は，1963 年に気象学者のローレンツ（Edward N. Lorenz）が発見して話題となりました。気象現象を計算機で計算していて，わずかな初期値の違いがやがて大きな違いに発展することを発見したのです。すなわち，気象の長期予報は不可能ということを立証しました。

　カオス現象の本質は，非線形性です。線形性とは，比例関係にある量のことで，その関係は直線で表されます。非線形性は，それ以外の関係をいいます。

◆ 結局

　カオス現象と量子力学のため，ラプラスの悪魔は結局，未来を予測したり過去を再現したりすることはできないことが示されました。それを知ってほっとする半面，残念なような気もしませんか。未来がどうなるのか知ってみたかったり，過去が歴史書の通りなのかを実際に検証してみたい気もするし，恐竜の時代などを再現してみたい気もするのではないでしょうか。

　でも，結局，未来も過去もわからないからよいのかもしれません。

第4章 量子の世界

第2章では，波として確立されたと思われていた光が粒子性を示すことがわかり，第3章では，粒子と思われていた電子が波動性をもつことが示されました。それで，光子や電子などを総称して量子と呼びます。しかしながら，総称して単に「粒子」と呼ぶことも多いです。本書でも以後，粒子性と波動性をもつことを念頭に置いて，量子を単に粒子と呼ぶこともあります。

この章ではまず，4.1節で，VR世界の「量子の国」で，量子の不思議な性質をヒカルと一緒に体験してください。次に4.2節では，量子と日常の粒子（古典粒子）との違いについて考えます。4.3節では，どんな量子があるのかについて述べます。最後に4.4節では，量子がボース粒子とフェルミ粒子とに大別されること，そしてその帰結について考察します。

4.1 量子ワールド（量子の国）

ヒカルとクォンタは量子の国に来ています。

4.1.1 古典粒子と量子の国

部屋に入ると，細長い箱が置いてありました（図4.1）。「ここでは，身の回りの（古典的な）物体と量子の違いが体験できます。量子論に基づかない理論は古典論と

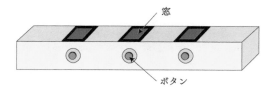

図4.1　細長い箱

いうので，普通の物体を古典的な物体（古典粒子）と呼びます」箱のふたを取りながらクォンタが言いました。

古典粒子の場合

　「まず古典粒子から試してみましょう。この青く光る小球は，長さ 1 m のこの箱を一定の速さで転がって往復します」クォンタが光る小球を箱に入れながら言いました。「この光る小球は，このように両端でただちに逆向きに同じ速さで転がり出します。つまり，どちら向きにも一定の速さで転がっていることになります」

　クォンタは，箱にふたをしながら続けました。「さて，箱の 3 ヶ所に窓がありますね。窓の幅は 5 cm で，それぞれの窓にボタンがついています。ボタンを押すと，窓が 0.1 秒間だけパッと開いて中が見え，ランダムに数秒間閉じてまた開くことを，20 回繰り返します。光る小球が窓の中に見えたときだけ，1 回 2 回と数えてください」

　ヒカルが中央の窓のボタンを押して数えると，光る小球が 2 回だけ見えました。左右の窓でも，ボタンを押すと窓が 20 回開いて，光る小球がそれぞれ 2 回ずつ見えました。「当然，どの窓から見ても同じでしたね」クォンタは，微笑みながら言いました。

問題 4.1　この結果から，この光る小球の速さを求めなさい。ただし，小球の大きさは無視できるものとします。　　　　　　　　　　　　　　　　　　　　　　　♥

量子の場合（基底状態）

　「さて，今度は量子です。量子 1 個を箱に入れました。赤い点として見えます。同じように数えてみてください。今度は窓の幅は 10 cm にしました。窓は前回と同様に 20 回開きます」クォンタに促されて，ヒカルは中央の窓のボタンを押して数えました。「今度は，光る小さな赤い点が 4 回見えました」ヒカルが言うと，「念のためもう一度数えてみてください」クォンタに言われて数えましたが，やはり 4 回でした。左右の窓では，それぞれ 2 回ずつでした。

古典粒子と量子の結果

　「古典粒子の質量を m，速さを v とすると，エネルギーは $\frac{mv^2}{2}$ ですから，速さが一定ならエネルギーも一定ですよね。量子も一定のエネルギーであることがわかっています。それなのに，古典粒子と量子で差が出ました。量子の結果を量子力学と比較すると，図 4.2(a) のようになります。量子の存在確率は，量子力学の予言（曲線）通り，中心部が多くなっていますね」

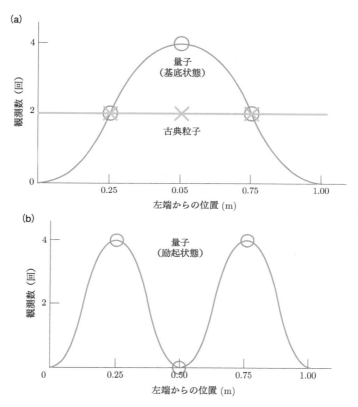

図 4.2　細長い箱の中での窓からの観測回数（青い×印は古典粒子，赤丸は量子）
(a) 量子が基底状態，(b) 量子が励起状態

古典粒子と量子の違いの理由

　「なぜ，このような違いが出るのでしょうか」クォンタに質問されても，ヒカルにはさっぱり見当がつきません。「実は，量子は箱の中で定常波（どちらにも進まない波，定在波ともいう）として振る舞っているのです。このゴム糸の真ん中を，横に少し引っ張って放してみてください」ヒカルがクォンタがもつゴム糸の中央を少し引っ張って放すと，ブーンと音がして，ゴム糸は真ん中が前後に大きく膨らみながら振動していました。「ゴム糸の振れ幅（平衡位置からの最大ずれ幅）は，両端が0で真ん中が一番大きいですね。量子も，箱の中でこのような定常波の振動（この場合は基本振動）をしているのです。振動の振れ幅の2乗が，その場所に量子を見つける確率なのです（量子論の確率解釈については3.2.3節を参照）」

量子の場合（励起状態）

　「さて，今度は量子を励起状態にします。同じように数えてみてください」クォンタに促されて，ヒカルは中央の窓のボタンを押して数えました。「今度は，赤い点は 1 回も見えませんでした」とヒカルが言うと，「次は左右の窓で数えてみてください」クォンタに言われて数えてみると，左右の窓では今度はそれぞれ 4 回ずつでした（図 4.2(b)）。クォンタが付け加えて言いました。「量子は，実は飛び飛びのエネルギーしか許されないのです。励起状態のエネルギーは，一定の値だけ基底状態のエネルギーより高いのです（6.3 節参照）」

問題 4.2　箱（長さ L）の左端を原点として箱の中の量子の位置を x とするとき，状態 n $(n = 1, 2, 3, \cdots)$ の量子が $x \pm \frac{\Delta x}{2}$ の間に存在する確率 $P_n(x)\Delta x$ は次式のように与えられることを示しなさい。

$$P_n(x)\Delta x = \frac{2}{L} \sin^2 \left(\frac{n\pi x}{L} \right) \Delta x \tag{4.1}$$

また，(4.1) を用いてヒカルの結果を再現できることを確かめなさい。ただし，両端固定の定常波は正弦波（sine wave）で与えられ，図 4.2(a) が基底状態（$n = 1$），図 4.2(b) が $n = 2$ の励起状態の存在確率です。　　　　　　　♥

問題 4.3　古典粒子では窓の開く時間が確率を求めるときに必要になる（問題 4.1 の解答例参照）のに，(4.1) には時間が含まれていないのはなぜですか。　　♥

量子は粒子としても振る舞う

　「最後に箱の右側の壁の外側に小さなスクリーンを取り付け，右壁を取り除きましょう。量子を検出するとスクリーンが光りますよ」クォンタが壁を取り除くと，スクリーンの 1 点が光りました。「このように，量子は粒子としても振る舞い，1 個 2 個と数えることができるのです」ヒカルは，量子と古典粒子との違いを目の当たりにして，その不思議さに感動しました。

4.1.2　椅子取りゲーム

　ヒカルは，「量子の国」のミラーボールがきらめき音楽が流れる部屋にいます。

椅子取りゲーム (1)

　部屋の中央には椅子が 1 脚置いてあり，椅子を中心として円が描かれています。

その円の周りを大勢のアバターが音楽に合わせて踊りながら歩いています（図4.3）。アバターは，みんな同じキャラになっていて見分けがつきません。ヒカルも同じキャラになっていました。「椅子取りゲームですよ。音楽が止まったら椅子に座るゲームです」クォンタの声がしました。

音楽が止まりました。するとみんな椅子に駆け寄り，1人がうまく椅子に座りました。ほかの人が座ろうと試みますが，跳ね返されます。念のためヒカルも座ろうとしてみると，なんと座れたではありませんか。

ヒカルは，なぜ自分が座れたのか不思議でしたが，また音楽が流れて，みんな踊りながら円の外を歩いています。やがてまた音楽が止まり，1人がうまく座りました。さらにほかの人が座ろうとしますが，弾かれています。なんと，今度はヒカルも弾かれてしまいました。それなのに，別の人がもう1人座ったのです。

「どうなっているのだろう」ヒカルは，座れた2人をよく見ると，片方の人の服には上向きの矢印のマークが，もう1人には下向きの矢印が描かれていました。ヒカルの服のマークは上向きでした。「なるほど，矢印が上向きと下向きの2人なら椅子に一緒に座れるらしい」ヒカルがそう考えたときに，クォンタの声が聞こえました。

「これは，パウリの排他原理を模したゲームです。ヒカルたちは電子で，椅子は水素原子の基底状態です。電子はスピン $\frac{1}{2}\hbar$ をもつ粒子で，その状態には，スピンが上向きと下向きの，合計2個の電子しか入れないのです」

椅子取りゲーム (2)

ヒカルが次の部屋に入ると，同じように，部屋の中央には椅子が1脚置いてあり，

図4.3　椅子取りゲーム

椅子を中心として円が描かれています。その円の周りを 20 人ほどのアバターが音楽に合わせて踊りながら歩いています。今度は，赤い服を着たアバターと青い服を着たアバターとが，ほぼ同数いました。ヒカルは赤い服でした。

　音楽が止まりました。椅子に青い服の人が，さっと座りました。同時に，赤い服の人も座れました。さらに，青い服の人が座ろうと椅子に近寄ってひょいと座りました。ヒカルも座ろうと行ってみましたが，弾かれました。椅子に座った赤い服の人の矢印は上向きなので，仕方ありません。ほかの赤い服の人も座ろうとしますが，やはり全員弾かれています。見ると，赤い服の人たちの服の矢印は，全員上向きでした。ところが，青い服の人たちは次々と椅子に座れて，気が付くと青い服の人たちは全員椅子に座っていました。

椅子取りゲーム：説明

　「これはどういうことだろうか」ヒカルが考えこんでいると，クォンタの声が聞こえました。「青い服の人たちは**ボース粒子**です。ボース粒子は**ボース＝アインシュタイン統計**に従い，1 つの椅子（量子状態）に何人でも座れる（入れる）のです（4.4.2 節参照）。

　赤い服の電子は**フェルミ粒子**で，**フェルミ＝ディラック統計**（パウリの排他原理）に従います。1 つの椅子（1 つの量子状態）に 1 個のフェルミ粒子しか入れないのです。スピンが $\frac{1}{2}\hbar$ の粒子では，上向きスピンと下向きスピンは別種粒子と考えられるので，1 個の量子状態に逆向きスピンの電子が 2 個まで入ることができます（4.4.3 節参照）。2 つ目の部屋では，赤い服の電子のスピン（矢印）がすべて同じ向き（上向き）なので，1 個の椅子（1 個の量子状態）には赤い服の人が 1 人しか座れなかったのです」

　ヒカルは，粒子がボース粒子とフェルミ粒子との 2 つに大別されることを身をもって体験しました。

4.2　量子の性質について

　第 2 章と第 3 章で見たように，量子は粒子としても波としても振る舞います。この節では，まず量子は古典粒子とどう違い，量子の性質をどう理解すればよいのかについて考えてみましょう。

> **例題 4.1** **量子の波動性と粒子性**
>
> 「1個の量子が，波動性と粒子性という相反する性質をもつ」ということが理解できません。

解答例　1個の量子が波動性と粒子性を同時に示すわけではありません。あるとき（観測していないときなど）は波動性（または粒子性）を示し，観測されたときなどに粒子性を示すのです。

そもそも，波動や粒子という概念は私たちの日常の（古典的）概念であって，量子の世界を古典の世界で表現した言葉です。量子の世界を古典世界の言葉で理解しようとして，いろいろな矛盾を感じるのです。量子の世界は古典世界では表せない振る舞いをしているとしか思えませんが，それを私たちが理解できる言葉とイメージで量子の世界を思い描くことしかできないのです。私たちは古典世界にどっぷりつかりすぎています。量子の世界の実験事実を素直にありのままに受け入れて，量子を活用していくことも1つの方向性です。　　　　　　　　　　　　　　　◆

> **例題 4.2** **量子と古典粒子**
>
> なぜ1個の量子は波動性と粒子性の両方をもち，1個の古典粒子は粒子性のみをもつのでしょうか。

解答例　古典粒子は非常にたくさんの原子や分子からできています。多数の原子や分子が集まると量子的性質は失われ，古典的な振る舞いをすると考えられています。量子的性質が保たれていることを**コヒーレンス**（coherence）をもつといい，それが失われることを**デコヒーレンス**（decoherence）が起きたといいます。「デコヒーレンスは，たくさんの量子間の非コヒーレントな相互作用によって起きる」とするのがデコヒーレンス理論です。　　　　　　　　　　　　　　　◆

4.3　量子の種類

ミクロの世界にどんな量子があるのか見てみましょう。

4.3.1　素粒子

　量子化された光は光子と呼ばれ，電子とともに素粒子であることがわかっています。素粒子の（狭義の）定義は，「これ以上分けられない，真空中に存在できる粒子（基本粒子）」です。真空中と断る理由は，物質中でしか定義できないフォノンなどの準粒子と区別するためです。また，「狭義の」と断る理由は，原子核を構成する陽子や中性子などを（広義の）素粒子と呼ぶことも多いからです。陽子や中性子などは，さらに狭義の素粒子，クォークなどからできていることがわかっています。しかしながら，クォークなどを単独で外に取り出すことはできないため，陽子や中性子などを（広義の）素粒子と呼んだりするのです（第 9 章参照）。

　素粒子は，その**量子数**（粒子を特徴づける物理量）で区別されます。たとえば，電子はスピン $\frac{1}{2}\hbar$ の粒子で，電荷 $-e$（e は電気素量〈素電荷〉，(2.8) の値）と (4.2) の質量をもちます。

$$m_e \simeq 9.11 \times 10^{-31} \, \text{kg} \tag{4.2}$$

また，光子の電荷と質量はともに 0 です。

4.3.2　準粒子

　物質中で量子化されて生じる粒子を準粒子（疑似粒子）と呼びます。音波を量子化したフォノンがその例です。ほかに，正孔（hole^{ホール}），マグノン，プラズモン，ポーラロン，マヨラナ準粒子[※1] などがあります（表 4.1）。さらに，電子も物質の中では準粒子として，質量が重くなったりします（重い電子系）。また，超伝導の主役であ

表 4.1　準粒子の例

準粒子	概要
フォノン	音波を量子化した量子
正孔	半導体中などで電子が抜けた孔。正電荷 $+e$ をもつ
マグノン	結晶中のスピン波を量子化した量子
プラズモン	プラズマ波を量子化した量子
ポーラロン	電子と周囲のイオンとの相互作用により生じる量子
マヨラナ準粒子	トポロジカル超伝導体などの表面に存在する量子

※1　マヨラナ粒子は Ettore Majorana が 1937 年に予言した，粒子と反粒子が同一のフェルミ粒子（未発見）。マヨラナ準粒子は物質中で存在するマヨラナ型の粒子。2018 年に京都大学・東京大学・東京工業大学のグループがマヨラナ準粒子の存在を確認した。

るクーパー対[※2]（2つの電子のゆるい束縛状態）も準粒子といえます。

4.3.3 原子核

原子核は原子の中心に位置し，原子の質量のほぼ全部を担っています（第10章参照）。原子核は陽子と中性子とから構成されています。陽子と中性子は，ほとんど同じ質量（電子の約1,800倍）をもち，電荷がそれぞれ $+e$ と 0 （電気的に中性）です。陽子や中性子は，原子核内で「強い力」により束縛されています。「強い力」は固有名詞で，重力などの基本的な4つの力の1つです。陽子の数は原子番号（記号は Z），陽子と中性子の数の和は質量数（記号は A）と呼ばれます。重い原子核ほど（ Z が大きいほど）陽子より中性子の数が増えます。

> **例題 4.3** **重い原子核ほど陽子より中性子の数が多くなる理由**
> なぜ，重い原子核ほど陽子より中性子の数が多くなるのでしょうか。

解答例 陽子は正電荷 $+e$ をもつため，クーロン力（電気的な力）により互いに反発します。クーロン力の強さは電荷間の距離の2乗に反比例します。それで，陽子どうしの距離を離すために中性子数が多くなるのです。　　　　　◆

4.3.4 原子，分子

原子は，原子核と電子から構成されます。原子番号（陽子の数）は電子の数と同じで，原子は電気的に中性（電荷0）です。周期表は原子番号順に並べられています（6.3.4節参照）。原子の外殻（一番外側の「電子軌道」）の電子（価電子）の数や量子状態で化学的性質が決まります。

複数の原子が結合して多種多様な分子がつくられます。ヘリウムやアルゴンなど貴ガス[※3]は，1個の原子で安定なので，単原子分子と呼ばれます。分子量が大きい分子ほど，量子的に振る舞いにくくなります。どのくらいの分子量の分子から古典的に振る舞う（量子的でなくなる）のかは場合によるようで，詳しいことは未解明

[※2] Leon N. Cooper（1930–, 米）超伝導を説明する BCS（Bardeen-Cooper-Schrieffer）理論をつくったうちの1人。3人は1972年のノーベル物理学賞受賞。

[※3] 以前は希ガスと書いたが，2005年に英語で rare gas から noble gas に呼称が変わったので，日本化学会の提言もあって2021年度の中学校の教科書から貴ガスの表記に全面的に変更された。

です。

4.3.5 イオン

原子や分子の 1 個以上の電子が失われると陽イオン（cation，正イオン）に，原子や分子が余計な電子を獲得すると陰イオン（anion，負イオン）になります。電離した正負のイオンの集まりは，プラズマと呼ばれます。

4.3.6 反粒子

すべての粒子に反粒子が存在します。反粒子は，粒子の量子数（質量，電荷など）の符号を変えた粒子です（3.3.2 節参照）。たとえば光子など，符合をもたない量子数だけをもつ粒子は，自分自身が反粒子です。

4.4 量子の大別とその帰結

この節では，量子がボース粒子とフェルミ粒子の 2 つに大別されること，および，その帰結について考えます。

4.4.1 同種粒子の統計的性質

量子は，ボース粒子（boson）とフェルミ粒子（fermion）とに大別されます。これは，「ミクロの世界での同種粒子は互いに区別できない」という事実があり，「2 個の同種粒子を入れ替えた量子状態と元の量子状態とは物理的に同じである」という性質を使って導くことができます（たとえば文献 [森]）。

例題 4.4　なぜボース粒子とフェルミ粒子とに分けられる？

なぜ，量子がボース粒子とフェルミ粒子とに大別されるのでしょうか。

解答例　それは，同種粒子は互いに区別できないという事実を波動関数に課すことによって，次のように導かれます。

同じ種類の粒子が 2 個あり，1 個が量子状態 1 に，他の 1 個が量子状態 2 にある

場合を考えます。量子状態の例として，エネルギーレベル 1 と 2 や，位置 1 と 2 などが考えられます。その 2 個の量子状態の波動関数を $\overset{\text{プサイ}}{\psi}(1,2)$ と書きます。2 個の粒子を入れ替えた波動関数 $\psi(2,1)$ と $\psi(1,2)$ との関係は

$$\psi(2,1) = \eta\psi(1,2) \tag{4.3}$$

と書けます。ここで，量子力学では，位相因子 $\overset{\text{エータ}}{\eta}$ がかかります。その量子状態が存在する確率は $|\psi(1,2)|^2$ に比例します。$|\psi(1,2)|^2 = |\psi(2,1)|^2$ なので，$|\eta|^2 = 1$ が要請されます。

もう一度入れ替えると，同種粒子は互いに区別できないので

$$\psi(2,1) = \eta\psi(1,2) = \eta^2\psi(2,1) \tag{4.4}$$

となり，$\eta = \pm 1$ となって次式を得ます。

$$\psi(2,1) = \pm\psi(1,2) \tag{4.5}$$

すなわち，2 個の同種粒子の入れ替えで波動関数 $\psi(1,2)$ の符号が変わらない粒子をボース粒子，変わる粒子をフェルミ粒子と呼ぶのです。　　　　　　　　　　　◆

(4.5) から，ボース粒子は 1 つの量子状態に多数の粒子が入ることができ，ボース＝アインシュタイン統計に従います。一方，フェルミ粒子はフェルミ＝ディラック統計に従い，1 つの量子状態を 1 個の粒子しか占めることができないこと（パウリの排他原理）がわかります。

問題 4.4　(4.5) から，フェルミ粒子に対してパウリの排他原理が成り立つことを示しなさい。ヒント：(4.5) で，量子状態 1 と 2 が等しい（つまり，同じ量子状態である）場合を考える。　　　　　　　　　　　　　　　　　　　　　　♥

表 4.2 にボース粒子とフェルミ粒子の性質をまとめました。

表 4.2　ボース粒子とフェルミ粒子の性質

項目	ボース粒子	フェルミ粒子
同種粒子入れ替えによる波動関数の符号変化	不変	変わる
複数フェルミ粒子	偶数個	奇数個
パウリの排他原理	ない	ある
スピンの大きさ（$\hbar$）	整数	半整数

4.4.2　ボース粒子とこの世界

　ボース粒子の例は，素粒子では光子，準粒子ではフォノンです。ボース粒子は，スピンが $\hbar$ の整数倍をもち，ボース＝アインシュタイン統計に従います。スピンは粒子の量子数の 1 つで，自己角運動量（自転の角運動量）です。スピンは，フィギュアスケートのスピン（自己回転）をイメージするとわかりやすいかもしれません。その回転の向きや速さなどを表す物理量が自己角運動量です。ただし実際に回転しているわけではなく，単に粒子の量子数の 1 つであると考えてください。角運動量については，地球の公転を思い浮かべるとよいかもしれません。公転の向きや速さなどを表す物理量が角運動量で，$\hbar$ の整数倍に量子化されます。スピンは角運動量と異なり $\hbar$ の半整数倍も許され，半整数倍のスピンをもつ粒子がフェルミ粒子です。

　複数の粒子からなる粒子系も，スピンが $\hbar$ の整数倍（偶数個のフェルミ粒子）ならボース粒子として振る舞うのです。超伝導，超流動，ボース＝アインシュタイン凝縮などはその典型例です（8.3 節参照）。

例題 4.5　3 個のボース粒子を 2 つの状態へ

　同種ボース粒子 b が 3 個，および，状態（エネルギーレベルなど）が 2 個あります。2 個の状態を ( )( ) として，b が状態にどう分配されるかを示しなさい。また，b が古典粒子の場合はどうなるでしょうか。

解答例　b は互いに区別できず，1 つの状態に何個でも入れるので，$(bbb)(\ )$，$(bb)(b)$，$(b)(bb)$，$(\ )(bbb)$ の 4 種類となります。古典粒子は互いに区別できるので b_1，b_2，b_3 とすると，$(b_1 b_2 b_3)(\ )$，$(b_2 b_3)(b_1)$，$(b_1 b_3)(b_2)$，$(b_1 b_2)(b_3)$，$(b_1)(b_2 b_3)$，$(b_2)(b_1 b_3)$，$(b_3)(b_1 b_2)$，$()(b_1 b_2 b_3)$ の 8 種類あります。　　　　　　◆

4.4.3　フェルミ粒子とこの世界

　フェルミ粒子は，スピンが $\hbar$ の半整数倍の粒子で，フェルミ＝ディラック統計に従います。電子や陽子などがフェルミ粒子の例です。

　原子は，フェルミ粒子から構成されています。同種フェルミ粒子が 1 つの状態に 1 個しか入れないことが，原子の大きさ，周期表などに大きく影響しています（第 6 章参照）。

> **例題 4.6** **2 個のフェルミ粒子を 3 つの状態へ**
>
> 同種フェルミ粒子 f が 2 個，および，状態が 3 個あります。3 つの状態を ( )( )( ) として，f が状態にどう分配されるかを示しなさい。

解答例 f は互いに区別できず，1 つの状態に 1 個しか入れないので，$(f)(f)(\ )$，$(f)(\ )(f)$，$(\ )(f)(f)$ の 3 種類となります。　　　　　　　　　　　　　　　　　◆

問題 4.5 同種ボース粒子 b が 2 個，同種フェルミ粒子 f が 2 個，および，2 つの状態 ( )( ) があるとき，2 つの状態へ b と f がどのように入るかを示しなさい。　♥

第5章 量子力学の世界

これまでは量子の性質やそれに関する現象について考察してきました。この章では、量子力学（量子の振る舞いを数学的に定式化した理論）について考察します。まず5.1節では、VR世界の「量子力学の国」での不思議を、ヒカルと一緒にご体験ください。5.2節〜5.4節では、量子の世界に特有の原理である、不確定性原理、重ね合わせの原理、そして複数の量子の量子もつれ状態（EPR相関）について考察します。

5.1 量子ワールド（量子力学の国）

ヒカルたちは「量子力学の国」に来ています。

5.1.1 量子のアリバイ

クォンタに案内されてヒカルが1つの部屋に入ると、そこでは裁判が行われていました[1]。

初公判

裁判はもう始まっていて、裁判長が被告人に念を押しているところでした。「被告人は、本当にその事件のことを少しも覚えていないのですね」被告人はか細い声で「はい」と答えただけでした。弁護人が立ち上がって言いました。「被告人は覚えていないというのに、状況証拠だけで逮捕され、拘束されています。被告人の性格が穏やかであることには定評があり、公共の物を壊すような行動はありえないことです」

検事が反論しました。「弁護人はそうおっしゃるけれど、被告人が事件現場の防犯

---

[1] この節の話は「光子の裁判」（文献 [朝永 2]、被告人の波乃光子の、「隣接する2つの窓を同時に通った」という自供が裁判での争点になって実況見分が行われるという話）に触発されてのものです。

カメラにしっかりと映っていることについては，どう説明するのですか。弁護人もこの映像はご覧になっていますよね。裁判長，この証拠を傍聴席の皆さんにお見せしてよろしいですね」裁判長の許しを得て映像を見せながら，検事は付け加えました。「これは，防犯カメラがとらえた事件直後の映像です」なるほど，その映像には崩れたオブジェと呆然とした被告人がしっかりと映っていました。

これに対し，弁護人は自信たっぷりに反証を挙げたのです。「実は，事件前の被告人の行動を聞いて調べた結果，別の場所の防犯カメラにも被告人が映っていることを発見したのです。その時刻は，事件のわずか5分前。場所は，事件現場から直線距離にして10 km も離れたところなのです。その場所から自動車に乗ってまっすぐ移動できたとしても，時速120 km のスピードになります。ましてや，被告人は自動車など利用した形跡はありませんし，そもそも自動車の運転もできません」

弁護人は，裁判長の許しを得て，その証拠をスクリーンに映しました。次に，その場所と事件現場との位置関係の地図も示しました。なるほど，時刻は事件の5分前，事件現場も，弁護人の言う通り，直線距離で10 km 離れています。これには検事は反論の言葉もなく，裁判長に休廷を申し出ました。

裁判長は，おごそかに言いました。「2台の防犯カメラの映像が証拠品として提出されたので，検察官が提出した映像を防犯映像1，弁護人の新たな映像を防犯映像2と呼ぶことにしましょう。検察官は，証拠品の防犯映像2をよく調べてくるように。きょうの法廷はここまでにして，この法廷で2回目の公判を行います」

2回目の公判

ヒカルが気が付くと，2回目の公判が始まっていました。検事が言いました。「私たちは，証拠として出された防犯映像2を細かく検討しました。その結果，弁護人の主張通り，2つの映像には，被告人，または被告人そっくりなヒトが映っており，時刻も場所も間違いありませんでした。2つの防犯映像の時刻と場所とが間違いないとすると，2つの可能性，つまり被告人と非常によく似た誰かがいるか，または被告人が時速120 km 以上のスピードが出せるかしか考えられません」

検事が続けて言いました。「被告人の身元調査をしたところ，被告人には兄弟姉妹はいませんし，両親はかなり前に亡くなっています。また，被告人の身なりや体型がかなり特殊なので，近くにいた警官に被告人がすぐに身柄を確保されたことを考えると誰かが被告人に変装して入れ替わることもほぼ不可能だと判断しました。残る可能性のスピード，時速120 km に関しては，どうも被告人は特殊能力の持ち主のようで，まったく不可能とは言い切れないと思います」

弁護人は反論しました。「そんな憶測だけで被告人に罪を着せるとは，検察官とは

思えません。被告人は確かにジョギング好きで，防犯映像 2 でも走っていました。しかしながら，そのスピードは時速 10 km でした。検察官は，この時速 120 km 以上のスピードをどう説明するのですか」

検察官は実況見分を申し出て，その日は閉廷になりました。

結審

思いがけない結審でした。3 回目の公判では，実況見分の結果が報告されました。「被告人に，防犯映像 2 に映った場所でジョギングしてもらった結果，そのままでは到底時速 120 km は出せないという結論が出ました」検事の言葉に，弁護人は，なぜかうなだれていました。

次の検事の言葉が衝撃的だったのです。「私たちは，防犯映像 2 と現場をていねいに調べました。そして，被告人が垣根のごく小さな抜け穴をくぐった証拠を見つけたのです。抜け穴では，被告人が通り抜けた際に残した服の糸くずを発見しました。この糸くずが，被告人の服のものに相違ありませんでした」

「それで私たちは，被告人にこの抜け穴をくぐってもらったのです。するとどうでしょう。目にも止まらぬ速さでどこかへ飛んで行ってしまったではありませんか。裁判長も弁護人もみんな，その事実を確認しました。その後，被告人の身柄を確保するまでの行動を，被告人は何 1 つ覚えていないと言うのです」

裁判長が判決を言い渡しました。「被告人を無罪とします。被告人が事件を起こしたことは間違いありませんが，本人の意図ではなく，不可抗力で起こった事故であることは明らかだからです。被告人が起こした事件では，幸いけが人はなく，損害も保険でカバーできる範囲でした。被告人は，今後このような事件を起こさないように，よくよく気をつけること」こうして，裁判は結審しました。

クォンタの説明

ヒカルは，なぜ被告がそんなことを起こせるのか，まだよく理解できずにいました。クォンタが説明してくれました。「これは，ハイゼンベルクの有名な不確定性原理の帰結です（5.2 節参照）。量子の位置と運動量（質量と速度の積）は，同時に正確には決まらないのです。位置が精度よく決まると，運動量の不確定性そして運動量自身も非常に大きくなり，スピードも速くなることが可能です」

「被告人がごく小さな隙間をくぐり抜け，そこにその証拠を残したため，位置が正確に決まり，運動量が急に大きくなったのです。そのため，突然被告のスピードが時速 120 km 以上になってしまったことが事故に直結したのです。被告人が故意に起こした事件ではなく，量子世界の不思議な原理の帰結なのです」ヒカルは，不

確定性原理の不思議さに心を打たれました。

5.1.2 マッハ＝ツェンダー干渉計

2人が入った部屋には，図5.1のような装置（マッハ＝ツェンダー干渉計[2]）が置かれていました。

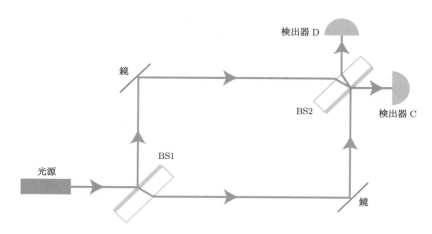

図5.1 マッハ＝ツェンダー干渉計。 BS1, BS2 の太い青線は銀メッキ

干渉計の説明

「この装置での実験は，二重スリット実験と似ています。光源からの光は，まず45°の角度に置かれた半透明鏡に当たります。半透明鏡では，反射して向きが90°変わるか，またはそのまま透過します。反射と透過の確率は，それぞれ50%となっています。つまり，半透明鏡はビームスプリッター（beam splitter）としてはたらくので，今後は45°の角度に置かれた半透明鏡をビームスプリッター（BS）と呼びます」

クォンタは説明を続けました。「2方向に分かれた光は，それぞれ鏡によって反射され，再び交差します。そこにもう1つのビームスプリッターを置き，透過光と反射光をそれぞれ検出器で検出します。まずはやってみましょう」

※2 1891年にツェンダー（Ludwig L. A. Zehnder）が発表し，翌年にマッハ（Ludwig Mach, Ernst Mach の息子）が改良した干渉計。

まずは光を発射

クォンタに促されて，ヒカルは光源の発射ボタンを押しました。すると，光線が1番目の半透明鏡に向けて伸び，そして，検出器 C（Constructive interference の C）が光りました。何度か繰り返しましたが，常に検出器 C だけが光り，検出器 D（Destructive interference の D）は反応しませんでした。

クォンタが理由を説明してくれました。「1 番目のビームスプリッター（BS1）によって 2 方向に分かれた光は，それぞれ鏡で反射されて 2 番目のビームスプリッター（BS2）で干渉します。BS1 で反射した光が検出器 D に向かうためには，BS2 でも反射する必要があります。一方，BS1 を透過した光が検出器 D に向かうためには，BS2 でも透過しなければなりません。すなわち，検出器 D は，BS1 と BS2 でともに反射した光と，ともに透過した光とを検出していることになります。ところが検出器 D に光が来ないということは？」

クォンタの突然の問いに，ヒカルは少し考えて答えました。「2 つの光が消し合っているから？」クォンタはその答えをほめて言いました。「その通りです。BS1 とBS2 でともに反射した光は，ともに透過した光に対して半波長だけ位相がずれているのです。すると，検出器 D に向かうはずの 2 つの光は，完全に打ち消し合います。それで検出器 D には光は行かず，検出されないのです。検出器 C に向かう 2つの光の位相は同じなので，打ち消し合わずに強め合います」

問題 5.1　検出器 C に向かう 2 つの光線の位相は揃っていて，D に向かう位相は半波長ずれていることを確かめなさい。ただし，光は空気からガラス表面で反射したときにのみ半波長ずれます。ガラス内から空気表面での反射では波長はずれません。また，この場合銀メッキの存在は無視できるものとします。　　　　　　♥

1 個 1 個の光子を発射すると

「これまでは，光源の強度を上げて実験していました。これからは，1 個ずつ光子を入射してみましょう」クォンタは光発射装置の強度を最小にして言いました。「どういう結果になるでしょうか。まず考えてみてください」

クォンタに促されてヒカルは考えてみました。「1 個の光子は，BS1 で 50％の確率で反射されるか透過する。たとえば反射された光子を考えると，光子は BS2 でまた反射されるか透過する。透過した光子も同様だから，今度は，検出器 C と検出器D がそれぞれ 50％の確率で光子を検出するのではないだろうか」

ヒカルがその考えを答えると，クォンタは微笑んで言いました。「当然そのように

考えますよね。論より証拠，まずは実験してみましょう。発射ボタンを押してみてください」結果はなんと，検出器 C だけしか光らないのです。何度繰り返しても，光線のときと同じく，検出器 C だけが光るのです。ヒカルは驚いて声も出ませんでした。「1 個の光子でも同じでしたね。二重スリット実験で 1 個 1 個の光子や電子を飛ばした場合でも，1 個 1 個の光子や電子の結果をたくさん重ねると干渉縞ができたのと同じですね。つまり，光子 1 個ずつでも干渉が起きるということです。すると，1 個の光子は同時に 2 つの光路を通っているとしか考えられないのです。量子力学的にいうと，1 個の光子がそれぞれの経路を通る場合の重ね合わせ状態になっているということです」ヒカルは，その不思議さに改めて心を打たれました。

BS2 を取り外すと

「本当に 1 個 1 個の光子が来ているか，または検出器 D がきちんとはたらいているのかを疑うかもしれませんね」クォンタはこう言って BS2 を外しました。「さて，どういう結果が予想されますか」「BS2 がなければ，BS1 で反射された光子は検出器 C に，BS1 を透過した光子は検出器 D に検出されるはずです。したがって，50% の確率で検出器 C が光り，同じく 50% の確率で検出器 D が光るはずです」やってみると，ヒカルが答えた通りの結果が得られました。クォンタは「素晴らしい。その通りでしたね」とほめてくれました。

BS2 を戻し，片方の通路をブロックすると

「それでは，BS2 をもう一度セットしましょう。そして，片方の光路に遮蔽物を入れて，その光路をブロックしてみましょう。どうなると思いますか」「常識的に考えると，その光路を選んだ光子は遮蔽物にぶつかって通過できないのだから，半分の光子は失われますよね。そして別の光路を通った光子は，BS2 で分けられて，検出器 C と検出器 D に半分ずつ検出されるのでは？」ヒカルが答えるとクォンタは微笑みながら言いました。「それでは，確かめてみてください」結果はその通りでした。

思考実験：爆弾の良品検査

「最後に，エリツァー＝ヴァイドマン（Elitzur-Vaidman）の思考実験（1993 年）を紹介しましょう。その思考実験は，図 5.1 のマッハ＝ツェンダー干渉計を爆弾の良品検査に用いるというものです。

ある爆弾工場では，爆弾にトリガー（発火装置）を取りつけていますが，トリガーが正しくついている良品だけを選別したいのです。ところが，トリガーがついた良品は，たった 1 個の光子が衝突しただけで爆発してしまうのです。だからもちろん，

工程は真っ暗闇で行われ，良品選別も真っ暗闇の中で行われなければなりません。何とかして，良品だけを選び出すことは可能かどうかという問題です。ただし，良品の一部を爆発させてしまうことは仕方がないとして許します。そのようなことが，この装置によって可能なのです」

クォンタは続けました。「真っ暗闇の中で，爆弾のトリガーを，この干渉計の片方の光路をふさぐように置き，光子を 1 個だけ発射します。不良品の爆弾はトリガーがついていないので，光路をふさぐことはありません。不良品と良品について，それぞれどういうことが起こるでしょうか。重ね合わせの効果を考えるとややこしいので，単純に粒子的描像で考えてみてください」

ヒカルはしばらく考えて答えました。「不良品の爆弾の場合は，光路をふさいでいないので必ず光子が検出器 C で検出されます。良品の場合は，3 つの可能性があります。可能性の 1 番目は，その光路を実際に光子が通って，爆弾が爆発してしまう場合。これは 50% の確率ですね。2 番目と 3 番目は，光子が別の光路を通る場合です。2 番目は，検出器 C で検出される場合，3 番目は，検出器 D で検出される場合です。それぞれの確率は，全体の 25% ずつです。3 番目の検出器 D で検出された場合に，良品が爆発せずに無事選別されるのですね。つまり，検出器 D で検出されるということは，一方の光路がふさがっている場合，すなわち，爆弾が良品である（トリガーがついている）証拠ですよね。とてもおもしろいです」

クォンタはうなずいて付け加えました。「結果はその通りになり，量子力学でもその結果を予言します。量子力学は本当に不思議なことが可能になるものですよね。13.1 節では，実際に何が起こっていると思われるかを VR 技術で再現しますよ。楽しみにしていてください」

5.2 不確定性原理

この節では，不確定性原理の本質に迫りましょう。

5.2.1 ハイゼンベルクの不確定性原理

1927 年，ハイゼンベルクは，「粒子の位置とそれに対応する運動量は，同時に正

確には決まらない」という不確定性原理を発見しました[※3]。不確定性原理は，次のような不確定性関係として定式化されました。

$$\Delta x \Delta p_x \geq \frac{\hbar}{2}, \quad \Delta y \Delta p_y \geq \frac{\hbar}{2}, \quad \Delta z \Delta p_z \geq \frac{\hbar}{2} \tag{5.1}$$

ここで，Δx と Δp_x は，それらを同時に測定したときの，位置 x と運動量 p_x の測定誤差（標準偏差）です。y と p_y，z と p_z についても同様です。

　不確定性原理を，「量子の位置と運動量を人間が測定して，同時に正確な値を知ることはできない」と解釈してはいけません。ハイゼンベルクも当初は誤解（混同）していたようです。人間とは無関係に，原理的に決まらないのです（参考文献 [吉田 1]）。

　原子中の電子が原子核に落ち込まないで，原子核の周りに雲のように広がっているのも，不確定性原理のおかげなのです。もし電子が原子核に落ち込んでしまうと，電子の位置が正確に決まるので (5.1) により電子の運動量の不定性そして運動量自身が非常に大きくなり，電子は原子核の引力を振り切って原子の外に飛び出してしまうのです。

5.2.2　不確定性関係の物質波からの理解

　この節では，(5.1) を，古典的な波束と物質波の考えから定性的に理解しましょう。

　図 5.2 のように，x 方向に進む，長さ Δx の波束を考えます。波長を λ とするとき，波数 k は次のように定義されます。

$$k \equiv \frac{2\pi}{\lambda} \tag{5.2}$$

k の不確定性 Δk と波束の幅（長さ）Δx の間の関係を求めましょう。波数 k は長さ 2π に含まれる波の数ですから，Δx の中の波の数は $\frac{k \Delta x}{2\pi}$ です。その不確かさ $\frac{\Delta k \Delta x}{2\pi}$ は 1 個程度ですから，およそ次の関係が成り立つことがわかります。

$$\frac{\Delta x \Delta k}{2\pi} \simeq 1 \tag{5.3}$$

　(5.3) にド・ブロイの物質波の条件 $p = \hbar k$（(2.13) を参照）を用いると次式が得られます。

$$\Delta x \Delta p \simeq h \tag{5.4}$$

「量子は波束である」と考えることにより，不確定性関係 (5.1) が定性的に導かれました。

[※3]　厳密に「原理」であるか否かの議論は難しく，「不確定性原理」自身も原理ではなく「交換関係」（付録 B.2.4 節参照）から導かれる「定理」であるともいわれている。

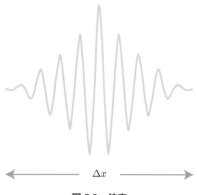

$$\Delta x$$

図 5.2　波束

5.2.3　小澤の不等式

　歴史的には，(5.1) は混乱を招きました。測定誤差と量子がもつ量子揺らぎとが混同されて議論されていたのです。測定誤差は，測定による擾乱（系の乱れ）が原因です。一方，**量子揺らぎ**は，量子特有の不確定性で，この不確定性のため，絶対零度でも量子は振動しているのです。

　2003 年，小澤正直が量子揺らぎも考慮した次式を提案しました（文献 [小澤]）。

$$\Delta x \Delta p_x + \sigma_x \Delta p_x + \Delta x \sigma_{p_x} \geq \frac{\hbar}{2} \tag{5.5}$$

(5.5) で，σ_x と σ_{p_x} は，位置 x と運動量 p_x の量子揺らぎです。(5.5) で，第 1 項目のみの場合がハイゼンベルクの不確定性関係 (5.1) になっています。

　(5.1) では，たとえば $\Delta x = 0$ にはできませんが，(5.5) ではそれが可能なことがわかります。(5.1) の不等式が破れる（成り立たない）ことは実験でも確認されました（たとえば文献 [長谷川]）。ただし，不確定性関係についての議論が小澤の不等式で決着したわけではなく，まだ議論が続いているようです。

5.2.4　エネルギーと時間，および，その他の不確定性関係

　エネルギーと時間の不確定性，ΔE と Δt については，いろいろ難しい議論があるようですが，大まかに言って同様の次の関係があります。

$$\Delta E \Delta t \geq \frac{\hbar}{2} \tag{5.6}$$

(5.6) は，非常に短い時間にはエネルギーの不確定性が大きいことを表しています。真空も非常に短い時間で見ると，粒子と反粒子とが対生成と対消滅を繰り返していて，決して「何もない空間」ではないのです。このことは，たとえばブラックホールでのホーキング放射※4 の一般向けの説明において本質的な役割を演じます（11.4.4 節参照）。

位置と運動量，エネルギーと時間の不確定性のほかにも，不確定性関係を示す物理量の対があります。たとえば光の位相と光子数や $\frac{1}{2}\hbar$ スピンの直交する 2 つの量子軸の値などです。不確定性関係を示す物理量の対は，対応する 2 つの演算子が非可換という特徴があります（付録 B.2.4 節参照）。非可換とは，演算の順序を入れ替えると，別の結果が得られることです。たとえば，まっすぐ 10 m 行ってから 90° 右回りするのと，まず 90° 右回りしてからまっすぐ 10 m 行くのとは明らかに結果が異なります。2 つの非可換の物理量の値は，不確定性原理により，同時に正確には決まりません。

5.2.5　ボーアの相補性

量子論の発展に尽力したボーアは，不可思議な量子の世界を理解するために，1927 年に**相補性**（complementarity）の概念の重要性を提唱しました。たとえば，量子の波動性と粒子性を同時には観測できません。それを，波動性と粒子性は相補的であると考えます。また，不確定性原理で位置と運動量が同時に決まらないことも相補性のためであると考えます。さらに，量子力学の確率的解釈と古典力学の決定論的解釈も相補的であるとします。このように相補性は，互いに排他的な概念が補い合って系の完全な記述に至るという考えです。相補性のアイデアは，歴史的な役割は果たしたようですが，近年まで忘れ去られていました。現代では量子暗号などでその価値が見直されたりしているようです。

5.3　重ね合わせの原理

次に，量子力学での重要な概念，重ね合わせの原理の例について見てみましょう。

※4　Stephen W. Hawking（1942–2018, 英）21 歳のときに ASL（筋萎縮性側索硬化症）と診断された，車椅子の天才として有名。ADSL は筋肉が衰えていく難病であるが，ホーキングは脳が筋肉ではないことを感謝して前向きに研究に励んだ。

5.3.1 シュレーディンガーの猫状態

重ね合わせの原理の「不条理さ」を鋭く突いたのが，1935 年に提唱された思考実験「シュレーディンガーの猫」です。外からは内部が観測できない箱の中に，放射性元素，放射線検出器，毒ビン，そして猫が入っています。放射性元素は 1 時間後に 50%の確率で崩壊します。崩壊が起きると，放射線検出器は 100%の確率で崩壊で生成された放射線を検出し，毒ビンを壊して猫が即死するとします（わざわざ残酷な設定にしてある？）。

1 時間後に猫が生きている確率と死んでいる確率は，50%ずつということになります。しかし外からは内部の様子がわからないので，量子力学的には観測するまで「猫が生と死の重ね合わせ状態にある」ことになります。すなわち，猫の波動関数を $\psi_{猫}$ とすると，放射性元素が崩壊したか否かで

$$\psi_{猫} = \frac{1}{\sqrt{2}}\left((\text{生きている猫の状態}) + (\text{死んでいる猫の状態})\right) \tag{5.7}$$

と書けるはずです（$\frac{1}{\sqrt{2}}$ は，確率を 1 にするための規格因子）。

もちろん，ふたを開けて箱の中を見れば一目瞭然で，猫は生きているか死んでいるかのどちらかです（波動関数の収縮）。シュレーディンガー自身も (5.7) は馬鹿げた式だと言っています。

シュレーディンガーの猫の問題は，ミクロの世界でありふれて存在する重ね合わせ状態が，マクロの世界で成り立つことがあるのかという疑問を生じさせます。果たして (5.7) のような状態はマクロの世界で可能なのでしょうか。最近の科学技術の進展により，答えはイエスです。もちろん，生と死のようなドラスティックな重ね合わせ状態は不可能ですが，マクロの「シュレーディンガーの猫状態」が生成可能になっています。たとえば，D-Wave 社製量子コンピュータの超伝導量子ビットでは，右回りと左回りの電流（0 と 1 の量子ビット）の重ね合わせ状態が活用されています。また，コヒーレントな（干渉可能な状態の）光源でも，シュレーディンガーの猫状態が実現されています（参考文献 [NICT] 参照）。

5.3.2 スピン $\frac{1}{2}\hbar$ の粒子の状態

スピン $\frac{1}{2}\hbar$ の粒子状態は，量子化軸を上下に採ると，上向きか下向きかの 2 つの状態のどちらかが観測されます。一般にスピン $\frac{1}{2}\hbar$ の粒子状態 $\psi_{\frac{1}{2}}$ は，上向きスピンの状態 $\psi_{\uparrow}$ と下向きスピンの状態 $\psi_{\downarrow}$ の重ね合わせ状態になっていて，次のように書けます。

$$\psi_{\frac{1}{2}} = \alpha\psi_\uparrow + \beta\psi_\downarrow, \quad |\alpha|^2 + |\beta|^2 = 1 \tag{5.8}$$

(5.8) で，α と β は一般に複素数（虚数 $i \equiv \sqrt{-1}$ を含む数）で，上向きスピンが観測される確率は $|\alpha|^2$，下向きスピンが観測される確率は $|\beta|^2$ となります。

$\psi_\uparrow$ をビット 0，$\psi_\downarrow$ をビット 1 に対応させれば，量子コンピュータの量子ビット（qubit）となります。たとえば 100 個の量子ビットを操作して重ね合わせ状態にすることによって，$2^{100} \simeq 10^{30}$ 個の超並列計算が可能になるのです（たとえば文献 [渡邊 1]）。

5.3.3　二重スリットによる干渉実験

二重スリットによる干渉実験（二重スリット実験）も重ね合わせ状態によって表されます（たとえば文献 [アナンサスワーミー]）。二重スリットの右を通った量子の波動関数を $\psi_右$，左を通った波動関数を $\psi_左$ とすると，全体の波動関数 ψ は次のように重ね合わせ状態として表せます。

$$\psi = \frac{1}{\sqrt{2}}\left(\psi_右 + \psi_左\right) \tag{5.9}$$

全体の確率は，全波動関数の絶対値の 2 乗を計算して

$$|\psi|^2 = \frac{1}{2}(|\psi_右|^2 + |\psi_左|^2) + \Re\left(\psi_右^*\psi_左\right) \tag{5.10}$$

となります。最後の項が干渉項で，$\psi_右^*$ は $\psi_右$ の複素共役（虚数 i の前の符号を変えた量），$\Re$ は実数部分を取り出す記号です。

例題 5.1　**1 個の光子でのマッハ＝ツェンダー干渉実験の多世界解釈**

マッハ＝ツェンダー干渉計実験を 1 個 1 個の光子で行ったときの干渉は，通常は (5.9) のように重ね合わせの原理で説明されますよね。多世界解釈ではどのように説明されるのですか。

解答例　多世界解釈では，光子が BS1 に入射後 2 つの世界に分岐すると考えます。1 つは光子が反射した世界，もう 1 つは光子が透過した世界です。「2 つの世界は BS2 で干渉して，波が強め合う検出器 C で光子が観測される 1 つの世界に戻る」と考えるのです。世界が互いにコヒーレントだと干渉し合い，デコヒーレント（干渉不可能な状態）になると互いに観測できない別の世界となります。この干渉可能

な多世界のイメージから，ドイチュ（David E. Deutsch）は量子コンピュータの可能性に目覚めたのです（13.2.3 節参照）。　　　　　　　　　　　　　　　　　◆

5.4　量子もつれ状態

量子の不思議な性質の 1 つが，量子もつれ状態の存在です。

5.4.1　EPR 相関

1935 年，アインシュタインと共同研究者は，量子力学の「不完全さ」を提起しました。提起された現象は EPR（Einstein-Podolsky-Rosen）パラドックスと呼ばれましたが，現在では量子力学の正しさが実証されたためパラドックスではなくなり，**EPR 相関**（EPR steering）と呼ばれています。

たとえば，静止していたスピン 0 の粒子が，2 個のスピン $\frac{1}{2}\hbar$ の粒子に崩壊して，生成粒子は左右に分かれて飛んでいくとしましょう。2 個の粒子の波動関数は次のように 2 つの状態の重ね合わせ状態として表せます。

$$\frac{1}{\sqrt{2}}\left(\psi_\uparrow^{左}\psi_\downarrow^{右} - \psi_\downarrow^{左}\psi_\uparrow^{右}\right) \tag{5.11}$$

ここで，$\psi_\uparrow^{左}\psi_\downarrow^{右}$ は左へ飛んだ粒子のスピンは上向きである状態，右へ飛んだ粒子のスピンは下向きである状態を表します。負符号は，親粒子のスピンが 0 である状態を表します。

つまり，左へ飛んだ粒子のスピンが上向きであると測られた瞬間に，右へ飛んだ粒子のスピンは下向きと決まるのです。左へ飛んだ粒子のスピンが下向きだったら，右へ飛んだ粒子のスピンは上向きに決まります。さらに，量子化軸を横向きに採った場合，一方の粒子のスピンが右向きであると測定されたら，もう一方の粒子のスピンは左向きに決まるのです。このような状態を量子もつれ状態といいます。

上記の場合，生成粒子は互いに逆向きに同じ大きさの運動量で飛行し，2 つの粒子の距離は離れていきます。2 つの粒子の距離が何百光年離れていても，一方のスピンを測定した瞬間にもう一方の粒子のスピンの向きが決まるのです。

EPR 相関は，**非局所性**現象の典型例です。非局所性の反対語の局所性は，「ある地点での実験結果や現象が，遠くの地点での実験結果や現象に直ちに（光速を超えて）影響することはない」という性質です。非局所性はその逆で，ある現象が，どんなに離れた場所にあっても相互に絡み合い，影響を及ぼし合う性質のことです。ア

インシュタインは，EPR 相関を「不気味な遠隔作用」と評しました。

　量子複製不可能定理は，「未知の量子状態をコピーすることはできない」という定理です。それにもかかわらず，未知の量子状態を転送する技術が確立されています。それは**量子テレポテーション技術**（文献 [ツァイリンガー]）で，EPR 相関を応用したものです[5]。つまり，送信側が行う操作によって送信側の量子の状態は壊れますが，受信側に元の量子状態が送信できるのです。ただし，通常の古典的な通信を用いて，送信者が操作の処理結果を受信者に伝える必要があります。受信者がその情報に基づく必要な処置をして初めて，量子テレポテーションが完結するのです。

問題 5.2　EPR 相関を用いて超光速通信が実現可能なのでしょうか。　　♥

5.4.2　ベルの不等式と隠れた変数

　EPR 相関という問題を提起したアインシュタインたちは，この非局所性は量子論の不完全性を意味していると主張しました（文献 [ウィテイカー]）。すなわち，量子論を超える理論には「隠れた変数」が存在し，量子論ではそれらが組み込まれていないから不完全な理論であると主張したのです。

　隠れた変数の一例として，ブラウン運動が挙げられます。ブラウン運動は，1827年にブラウン（Robert Brown）が発見した「水面に浮遊した微粒子の不規則な運動」です。1905 年の奇跡の年（特殊相対性理論や光量子仮説など重要な論文がいくつも発表された年）にアインシュタインは，ブラウン運動が水分子の熱運動による不規則な衝突によって起きると説明しました。すなわち，この場合の隠れた変数は，水分子の熱運動なのです。当時はまだ原子や分子の存在は単なる仮説でした。

隠れた変数は存在しない？

　フォン・ノイマン[6]は，1932 年に発刊した名著『量子力学の数学的基礎』の中で，「量子力学には，隠れた変数は存在しない」という定理を証明しました。しかし，その証明にもかかわらず，1927 年のド・ブロイのパイロット波理論や，それとは独立

---

[5]　2022 年のノーベル物理学賞を共同受賞したツァイリンガー（Anton Zeilinger 1945–，オーストリア）の主要な受賞理由の 1 つは，世界で初めて量子テレポテーションを成功させるなど量子情報技術の進展に貢献したこと。

[6]　John von Neumann（1903–1957，ハンガリー，米）計算機アーキテクチャーにフォン・ノイマン型と名を残すなど，いろいろな分野で天才ぶりを発揮した。核兵器開発などにも携わり，放射線を浴びたことが原因で，がんで亡くなった。

に発表された 1952 年のボーム[7]の量子ポテンシャル理論など，隠れた変数の量子論が提唱されたのです（13.2.2 節参照）。

ベルの不等式とその検証

1964 年にベル[8]は，フォン・ノイマンの著作中の「量子力学には，隠れた変数は存在しない」という定理を詳細に吟味しました。その結果，その定理は測定の観点から見て正しくない仮定に基づいていることを発見したのです。そして，「局所的な隠れた変数が存在する」ことなどを仮定したときに「ベルの不等式」が成り立つこと（ベルの定理）を導きました。

その不等式は実験によって検証できるので，1970 年代にクラウザー[9]たちの実験など 7 つの実験が行われました。しかしながら難しい実験で，抜け穴（ワープホール）対策が施されておらず，しかも互いに矛盾する実験結果が得られたりして決定的ではありませんでした。

そんな中，1981–2 年にアスペ[10]たちが，決定的とも言える実験を行って，その不等式が破れている（成り立たない）ことを明白に示したのです（13.3.1 節参照）。すなわち，小さな抜け穴は残っているものの局所的な隠れた変数は存在せず，量子力学が正しいことが証明されたのです[11]。

ただし，アスペの実験でも，抜け穴の存在が指摘されていました。たとえば，「公平な標本抽出の仮定」がされていたのです。光子の扱いは難しく，生成されなかったり途中で失われる数が多いのです。解析できなかったそれらの光子も含めると，別の結果になるかもしれないという疑いです。

※7 David J. Bohm（1917–1992, 米）マンハッタン計画などに深く関与するものの，マッカーシズムにより国を追われた。

※8 John S. Bell（1928–1990, アイルランド）欧州原子核研究機構（CERN）で働いていたが，サバティカルでアメリカに滞在中に「ベルの不等式」などの研究論文を発表した。しかし，大多数を占めるコペンハーゲン学派との摩擦を避けようと目立たない出版社に送ったため，第 1 論文はしばらく行方不明になり，結局 1966 年の第 2 論文の後に出版された。そんなこともあり，なかなか論文の重要性が認識されなかった。

※9 John F. Clauser（1942–, 米）ベルの論文に感銘を受け，ベルの不等式を共同研究者とともに実験で検証しやすい形（CHSH 不等式）に書き直した（章末のコラム 3 参照）。1976 年に抜け穴が残る実験ながらベルの不等式の破れを発見して，アスペとツァイリンガーとともに 2022 年のノーベル物理学賞受賞。なかなかその意義が認められず，それまで教授職に就くことはなかった。

※10 Alain Aspect（1947–, 仏）光子を用いた数々の量子実験を行っている。クラウザーとツァイリンガーとともに 2022 年のノーベル物理学賞受賞。

※11 アスペたち若い実験家はベルの理論に興味をもち，個別に実験の方法を考えて欧州原子核研究機構（CERN）にいたベルの意見を聞きに行った。そのとき，ベルが必ず最初に発した質問は「期限つきでない定職に就いているか」だったそうである。その実験遂行には大変な困難が予想され，しかも重要性がまだ全然認められていない実験であったので，将来有望な研究者がそのような実験に従事して時間を費やし，任期なしの職に就く機会を逃して一生を棒に振ることを心配しての質問だった。

実験技術の進歩により，2015 年にそれらの抜け穴をほぼ完全に塞いだ 4 つの実験結果が報告されました（参考文献 [ハンソン，谷村]）。いずれも，「ほぼ疑いの余地なくベルの不等式が破れている」ことを実証したのです。すなわち，「自然は，局所実在性を満たしている（局所実在論）はずだ」というアインシュタインの信念は間違っていたことがほぼ明確に示されたのです（コラム 3 参照）。

コラム ❸ 測定するまで値は存在しない！（局所実在性の否定）

ここで，5.4.2 節のベルの不等式（の改良版）とは具体的にどんなものかを説明します（参考文献 [ハンソン，谷村]）。1969 年にクラウザー，ホーン（Michael Horne），シモニー（Abner Shimony），ホルト（Richard Holt）の 4 人は，ベルの不等式をより実験的に検証しやすい不等式（CHSH 不等式）に書き換えたのです。

◆CHSH 不等式

CHSH 不等式の検証実験では，量子もつれ状態の 2 つの粒子を同時に生成させ，左右に飛んだそれぞれの粒子の物理量（ある角度での偏光または $\frac{1}{2}\hbar$ スピンなど）を測定します。左の粒子では物理量 A と B のどちらかを，右の粒子では物理量 A′ と B′ のどちらかを，乱数発生装置の値によってランダムに選んで測定します。たとえば，物理量が偏光の場合，A では縦方向，B では縦方向から 45° 右に傾けた向きの測定値というようにします。A，B，A′，B′ の測定値は，1 か −1 のどちらかの値をとります。光子での偏光板の場合は透過を 1，非透過を −1 に，$\frac{1}{2}\hbar$ スピンの場合は測定値が 1 または −1 になります。そして，次の値を求めます。

$$S \equiv AA' + AB' + BA' - BB' \tag{5.12}$$

S を，A，B，A′，B′ の値がそれぞれ ±1 の値をとる 16 通りについて調べてみると，S の値は，2，または −2 であることがわかります（**表 5.1**）。

それで，S の平均値 $\langle S \rangle$ を求めると，CHSH 不等式

$$|\langle S \rangle| \leq 2 \tag{5.13}$$

が成り立つことがわかります。この不等式は，系が局所実在論に従う（局所的

な隠れた変数が存在する）と仮定したときに導かれる不等式です。

表 5.1 $\mathrm{S} \equiv \mathrm{AA}' + \mathrm{AB}' + \mathrm{BA}' - \mathrm{BB}'$ **の値**

A	B	A'	B'	S	A	B	A'	B'	S
1	1	1	1	2	−1	1	1	1	−2
1	−1	1	1	2	1	1	−1	1	−2
1	1	1	−1	2	1	1	−1	−1	−2
−1	1	1	−1	2	−1	1	−1	1	−2
1	−1	−1	1	2	−1	−1	1	1	−2
−1	1	−1	−1	2	1	−1	1	−1	−2
−1	−1	−1	1	2	−1	−1	1	−1	−2
−1	−1	−1	−1	2	1	−1	−1	−1	−2

◆ **CHSH 不等式と量子力学**

量子力学では，次式が成り立ちます。

$$|\langle \mathrm{S} \rangle| \leq 2\sqrt{2} \simeq 2.828 \tag{5.14}$$

実験では，(5.13) が破れていて (5.14) が成り立つことが実証されたのです。

◆ **CHSH 不等式の破れの意味**

CHSH 不等式は，一見すると数学的に当然成り立つべき不等式と思われます。何が悪くて，量子力学の予言と異なるのでしょうか。

実は，物理的に正しくない仮定がなされているからなのです。それは，素朴実在論的仮定です。測定量は 4 つの物理量のうちの 2 つ（たとえば A と A'，A と B' など）であり，残りの 2 つの物理量は測定されていないのです。それなのに表 5.1 では，測定していない残りの 2 つの物理量の値が +1 かまたは −1 の値に決まっていると仮定しています。実際は，CHSH 不等式（ベルの不等式）を導くときに，局所的な隠れた変数の存在を仮定し，測定しなくても値が決まると仮定したことが間違っていて，実験値が CHSH 不等式を破るのです。つまり，**測定するまで物理量の値は決まっていない**のです。そのことが実証されて，アインシュタインが信奉した局所実在論は正しくなかったことが示されたのです。

第6章 原子・分子の世界

この章では，原子・分子の世界について考えます。まず，6.1節では，ヒカルと一緒に原子の国で，原子の構造解明を体験してください。続いて6.2節では，20世紀初頭に原子の構造がどのようにして解明されたのかについて概説します。6.3節は，原子からのスペクトル線の実験結果を，まずボーアの前期量子論によって，続いてシュレーディンガー方程式を解くことによって説明できたことを述べます。最後に6.4節では，分子や物質がどのように結合しているかについて考察します。

6.1 量子ワールド（原子の国）

「この原子の国では，ヒカルにはアルファ粒子に変身して，原子の構造を解明する実験を行っていただきます」クォンタが説明を始めました。「アルファ粒子（のちにヘリウムの原子核であるとわかった）は，正電荷 $2e$ をもち，質量は電子の約 7,000 倍もあります」

「原子は負電荷をもつ電子と正電荷の物質から構成され，全体として中性（電荷 0）であることがわかっています。そこで，原子の構造モデルとして，ブドウパンモデルと太陽系モデルが考えられました」クォンタの胸のディスプレイに図 6.1 が映し出されました。「ブドウパンモデルは，パン（広がった正電荷）の中にぶどう（電子）がちりばめられているイメージです。一方，太陽系モデルは，太陽（原子核）の周りを惑星（電子）が回っているモデルです。そのどちらが正しいかを実験で確かめたいのです」ヒカルは，太陽系モデルが正しいことはもちろん知っていました。でも，それがどのようにして実証されたのかを知りたかったので，胸が躍りました。

何度も何度も霧の中を飛ぶ

「そこにあるアルファ銃のボタンを押すと，標的の金箔に向けて連続的にアルファ粒子が発射されます」クォンタに言われた通りアルファ銃のボタンを押すと，アル

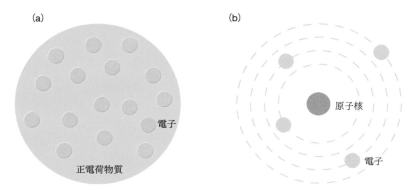

図 6.1　原子の構造モデル：　(a) ブドウパンモデル，　(b) 太陽系モデル

ファ粒子が標的に向けて連続的に発射され始めました。ヒカルは気が付くと，1 個のアルファ粒子に変身して，薄い霧の中を飛んでいるのです。薄い霧でも視界は五里霧中で，とくに何も見えないうちに急に霧が晴れ，スクリーンにぶつかりました。「はい，今の散乱角は 0.1° でした」クォンタの声がしました。クォンタはスクリーンの光った位置から散乱角を計測しているようです。

　気が付くとヒカルはまた，次に撃たれたアルファ粒子になっています。そして，今回も前回と同じようにとくに何事もなく霧を抜け，スクリーンで止まりました。これを何百回も繰り返したでしょうか。あるとき，霧の中に大きな球形のかたまりが見え，強い反発力を受けました。気が付くと霧の外のスクリーン上にいて，「今の散乱角は 20° でした」というクォンタの声が聞こえたのです。

太陽系モデルに軍配

　こういうことを何千回，何万回繰り返したでしょうか。「大変ご苦労様でした。もう十分でしょう」そうクォンタが言って，胸のディスプレイに映し出されたのが図 6.2 です。「この部屋の装置は，原子の構造を探るためにラザフォード[1]のグループが 1908 年ごろから行った実験，ラザフォード散乱を再現したものです」

　「ヒカルの努力の結果の図 6.2 は，横軸がヒカル（アルファ粒子）が金の原子核に散乱された角度，縦軸がその頻度をプロットした図です。大きな角度まで散乱される頻度がかなりありますね。このことから金原子の構造に関して，ブドウパンモデルと太陽系モデルのどちらが正しいと思いますか」クォンタに聞かれて，ヒカル

※1　Ernest Rutherford （1871–1937，英）ニュージーランド出身。α 線，β 線，原子核の発見，原子核の人工変換などの業績を挙げる。1908 年のノーベル化学賞受賞。

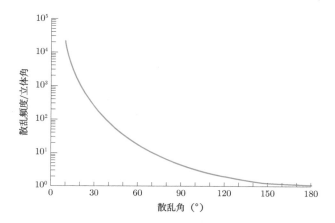

図6.2 アルファ粒子の金原子による散乱の角度分布[※2]
出典：http://www.th.phys.titech.ac.jp/~muto/lectures/INP02/INP02_chap02.pdf
を参考に作成

は気が付きました。「霧は電子の雲で，大きな球形のかたまりは金の原子核だったんだ」と。「もちろん，太陽系モデルです。ブドウパンモデルでは，大角度に散乱されることはありませんから」ヒカルが答えると，クォンタは微笑んで「ご名答です。本当にお疲れ様でした」とねぎらってくれました。

問題 6.1 ラザフォードたちは，アルファ粒子と原子の散乱実験で，標的として金箔を使いました。なぜ標的として金箔がよいのでしょうか。 ♥

6.2 原子の構造

6.1 節でヒカルはアルファ粒子になって，原子構造を解明する実験を体験しました。この節では，原子の構造が解明される過程を振り返ります。

6.2.1 原子の構造モデル

19 世紀末から 20 世紀初頭にかけて，原子の大きさが約 10^{-10} m で，負電荷 $-e$

※2 縦軸の「立体角」は，単位球（半径が 1 の球）の球面上の面積（を見込む角度）と定義される。普通の角度が単位円上の弧の長さ（を見込む角度）と定義されることに対応。

をもつ電子が含まれ，全体として中性（電荷 0）であることがわかってきました。また電子の質量は，一番軽い原子である水素原子の質量の約 $\frac{1}{1800}$ 倍であることもわかりました。そこで，原子の構造として，大別して 2 つのモデルが提案されました。ブドウパンモデル（図 6.1(a)）と太陽系モデル（図 6.1(b)）の 2 つ，つまり，原子の質量のほぼ全部を担う正電荷の物質が，空間に広がっているか，それとも小さくまとまっているかの違いです。

1903 年，J. J. トムソン[※3]は，原子の「ブドウパンモデル」（またはスイカモデルなど）を提唱しました。正の電荷をもつパンの中にレーズン（ブドウ，電子）がちりばめられていて，全体として電荷 0 になっているという描像です。

同じ年に長岡[※4]は，土星型モデルを提案しました。安定な土星のリングのように，電子がリング状に回転していると考えたのです。しかし，古典力学（量子論によらない力学）では，円運動（加速度運動）をする電子は短時間（$< 10^{-12}$ 秒）に電磁波を出して原子核に落ち込んでしまうのです。

6.2.2 原子核と電子

ラザフォード散乱の実験によって，原子は太陽系モデルが正しいことがわかりました（6.1 節参照）。原子の大きさが約 10^{-10} m であるのに対して，原子核は非常に小さく，半径約 $10^{-15} \sim 10^{-14}$ m であることもわかりました。すなわち，原子の中はスカスカであり，原子核を人間の大きさに拡大すると物質中の隣人の原子核は 10 km 以上離れていることになります。

ところで，なぜ電子は電子雲として，原子核の周りに雲のようにとり巻いているのでしょうか。なぜ，古典力学から予想されるように，電子は電磁波を放出してエネルギーを失い，正電荷をもつ原子核に引き寄せられて，原子はつぶれてしまわないのでしょうか。

そうならない 1 つの理由が，ハイゼンベルクが提唱した不確定性原理なのです（5.2.1 節参照）。

※3　Joseph J. Thomson（1856–1940，英）1897 年に電子の性質を調べ，電子の「発見者」として知られているが，数人の人がそれ以前に電子の性質について報告している。1906 年のノーベル物理学賞受賞。

※4　長岡半太郎（1865–1950，日）1893 年から 1896 年までドイツなどに留学し，ボルツマンらのもとで学んだ。大阪帝国大学初代総長や帝国学士院院長などを歴任。

6.3 原子模型と量子力学

　この節では，実験的に観測されたスペクトル線をヒントに，ボーアが前期量子論を打ち立て，水素原子のエネルギーレベルを正しく導いたこと，その結果がシュレーディンガー方程式の解と一致したことを述べます。

6.3.1 水素原子のスペクトル線

　19世紀後半に，気体をガイスラー管（Geissler tube）に封入して放電を起こすと，スペクトル線が観察されることがわかりました（**図6.3**）。1884年にバルマー（Johann J. Balmer）は，水素の可視光のスペクトル線の波長に極めて正確な規則性があることを見つけました。1890年，リュードベリ（Johannes Rydberg）はそれを次の関係式にまとめました。

$$\frac{1}{\lambda} = R\left(\frac{1}{n^2} - \frac{1}{n'^2}\right), \quad n' > n, \quad n, n' = 1, 2, 3, \cdots \tag{6.1}$$

λ はスペクトル線の波長，R はリュードベリ定数といいます。

　バルマーが発見した式は $n = 2$ のときで，そのスペクトル線系列はバルマー系列と呼ばれます。また，$n = 1$ の紫外部の系列をLyman（ライマン）系列，$n = 3$ の赤外部の系列をPaschen（パッシェン）系列と呼びます。

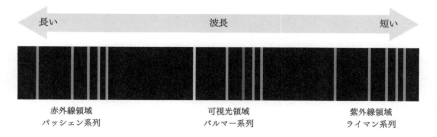

図6.3　水素原子のスペクトル線

出典：https://pigboat-don-guri131.ssl-lolipop.jp/A%20electron%20orbital.html を参考に作成

6.3.2 ボーアの原子模型とド・ブロイの物質波

水素原子は，原子核としての陽子と 1 個の電子でできています。古典力学では，電子が陽子の周りを回転しているとすると，光を出して $< 10^{-12}$ 秒ほどで陽子に落ち込んでしまいます。

ボーアの原子模型

1913 年にボーアは，(6.1) で表されるスペクトル線の規則性をヒントに，水素原子について次のように推論しました。「水素原子の電子エネルギーも，プランクのエネルギー量子化の仮説のように飛び飛びの値（エネルギーレベル）だけが許されるに違いない。高いエネルギーレベルから低いエネルギーレベルに電子が移る際に光が放出されるのだろう。放出光のエネルギーは，2 つのエネルギーレベルの差に等しく，(6.1) のようなスペクトル線系列が生じるのだろう。すると，(2.4) などより，n 番目のエネルギーレベルは次式で与えられるはずだ」と。

$$E_n = -\frac{Rhc}{n^2} \simeq -\frac{13.6}{n^2} \text{ eV}, \quad n = 1, 2, 3, \cdots \tag{6.2}$$

ここで負符号は，電子が陽子に束縛されていることを表します。すなわち，エネルギーが正のとき，自由な電子となります。n は**主量子数**と呼ばれます。

ボーア半径

さらにボーアは，「そのエネルギーレベルに対応した，安定した電子の軌道がある（**量子条件**）のではないか」と考えました。半径 r_n の円軌道に対する量子条件を，後の 1923 年に提案されたド・ブロイの物質波の考えで書くと，次のようになります。

$$2\pi r_n = n\lambda_n, \quad n = 1, 2, 3, \cdots \tag{6.3}$$

図 6.4　ボーアの量子条件

すなわち，量子条件は，円軌道が定常波（波長の整数倍になる軌道）であることを要請していることになります。

ボーアは，(6.3) と古典的な力のつり合いから，軌道半径を r_n として

$$r_n = \frac{n^2 \varepsilon_0 h^2}{\pi e^2 m} \tag{6.4}$$

と求めました（付録 B.1.1 節参照）。(6.4) で，ε_0 は真空の誘電率，h はプランク定数，e は電荷素量（素電荷），m は電子の質量です。さらに，古典的な力のつり合いからエネルギーレベルの式 (6.2) を導きました（付録 B.1.2 参照）。

問題 6.2 (6.4) から，ボーア半径（r_B）が次のように求まることを示しなさい。

$$r_\mathrm{B} \equiv r_1 \simeq 5.3 \times 10^{-11}\,\mathrm{m} \tag{6.5}$$

ただし，h の値は (2.5)，e は (2.8)，m は (4.2) で与えられ，ε_0 の値は次式の通りです。

$$\varepsilon_0 \simeq 8.854 \times 10^{-12}\,\mathrm{C}^2 \cdot \mathrm{s}^2/(\mathrm{kg} \cdot \mathrm{m}^3) \tag{6.6}$$

♥

6.3.3 シュレーディンガー方程式と原子

水素原子のエネルギーレベルは，3 次元のシュレーディンガー方程式を解くことによって厳密に求まり，ボーアの原子模型で求めた (6.2) に一致します。3 次元の座標を極座標 (r, θ, ϕ) に採ると，シュレーディンガー方程式は変数分離できて，それぞれの変数の偏微分方程式となります。

水素の波動関数 $\Psi_{nlm}(r, \theta, \phi)$ は，次のように表されます。

$$\Psi_{nlm}(r, \theta, \phi) = R_{nl}(r)\Theta_{lm}(\theta)\Phi_m(\phi) \equiv R_{nl}(r)Y_{lm}(\theta, \phi),$$
$$(n = 1, 2, 3, \cdots),\ (l = n-1, n-2, \cdots, 0),\ (m = l, l-1, \cdots, -l) \tag{6.7}$$

ここで，n は主量子数，l は**方位量子数**（または軌道量子数），m は**磁気量子数**と呼ばれます。$Y_{lm}(\theta, \phi)$ は球面調和関数と呼ばれ，角度依存性を一手に引き受ける関数です。

表 6.1 に (6.7) の $R_{nl}(r)$ の r 依存性を $n = 1 \sim 3$ について示します（たとえば文献 [岡崎]）。ここで a_B はボーア半径です（(6.5) 参照）。このように原子では，

ボーアの前期量子論とは異なって，電子は円軌道ではなく原子核の周りに雲のように分布していて，遠方では指数関数的に 0 に近づくことがわかります。また，s 軌道（$l=0$）以外は原点（原子核）で 0（$R_{nl}(0) = 0$（$l > 0$ のとき））です。

表 6.1　$R_{nl}(r)$ の r 依存性

$$R_{10}(r) = 2 \left(\frac{1}{a_{\mathrm{B}}}\right)^{3/2} \exp\left(-\frac{r}{a_{\mathrm{B}}}\right)$$

$$R_{20}(r) = 2 \left(\frac{1}{2a_{\mathrm{B}}}\right)^{3/2} \left(1 - \frac{r}{2a_{\mathrm{B}}}\right) \exp\left(-\frac{r}{2a_{\mathrm{B}}}\right)$$

$$R_{21}(r) = \frac{1}{\sqrt{3}} \left(\frac{1}{2a_{\mathrm{B}}}\right)^{3/2} \frac{r}{a_{\mathrm{B}}} \exp\left(-\frac{r}{2a_{\mathrm{B}}}\right)$$

$$R_{30}(r) = 2 \left(\frac{1}{3a_{\mathrm{B}}}\right)^{3/2} \left(1 - \frac{2r}{3a_{\mathrm{B}}} + \frac{2r^2}{27a_{\mathrm{B}}^2}\right) \exp\left(-\frac{r}{3a_{\mathrm{B}}}\right)$$

$$R_{31}(r) = \frac{4\sqrt{2}}{9} \left(\frac{1}{3a_{\mathrm{B}}}\right)^{3/2} \left(1 - \frac{r}{6a_{\mathrm{B}}}\right) \frac{r}{a_{\mathrm{B}}} \exp\left(-\frac{r}{3a_{\mathrm{B}}}\right)$$

$$R_{32}(r) = \frac{4}{27\sqrt{10}} \left(\frac{1}{3a_{\mathrm{B}}}\right)^{3/2} \left(\frac{r}{a_{\mathrm{B}}}\right)^2 \exp\left(-\frac{r}{3a_{\mathrm{B}}}\right)$$

　磁場がない場合は，エネルギーレベルは主量子数 n だけの関数で，l，m によらず縮退しています。縮退とは，複数のエネルギーレベルの値が同じになって重なっている状態のことをいいます。

水素原子以外の原子の波動関数とエネルギーレベル

　原子番号 $Z > 1$ の原子核の場合の電子の波動関数は (6.7) のように書け，角分布は球面調和関数 $Y_{lm}(\theta, \phi)$ で表されます。電子が 1 個の正イオンのときの電子のエネルギーレベルの値は (6.2) の Z^2 倍になり，

$$E_n = -\frac{Z^2 Rhc}{n^2} \tag{6.8}$$

と表されます。

　イオンでなく中性（電荷 0）の原子の場合は，電子も Z 個存在しています。複数電子の相互作用を考慮に入れると，電子のエネルギーレベルは方位量子数 l にも依存します。$l=0$ を s 軌道，$l=1$ を p 軌道，$l=2$ を d 軌道，$l=3$ を f 軌道と呼び，後はアルファベット順に g 軌道，h 軌道などとなります[※5]。方位量子数が l の軌道には，$2(2l+1)$ 個の電子が入ることができます。2 倍する理由は，それぞれの軌道にスピンが逆向きの 2 個の電子が入るからです。さらに，磁場をかけると磁気量子数 m やスピンの値によってエネルギーレベルが分岐します（Ẑeeman効果）。

[※5]　s，p，d と呼ぶ理由は，昔のスペクトル線解析の苦労の名残だそうだ。すなわち，スペクトル線の鮮明度などが，s は sharp，p は principal，d は diffuse に見えたからとのこと。

主量子数 n の値の順に内側のエネルギーレベルから K 殻, L 殻, M 殻と続きます（表 6.2）。K 殻から始まる理由は，もしもっと内側にエネルギーレベルが見つかった場合に A，B などを使えるようにとの配慮からだったそうです。電子相互作用の影響により，エネルギーレベルは $1s < 2s < 2p < 3s < 3p < (3d, 4s) < 4p < \cdots$ の順に電子が詰まっていきます。ここで，$(3d, 4s)$ は元素によって順序が入れ替わることを表します。

表 6.2　電子殻：軌道名と収容電子数

電子殻	軌道名	収容電子数
K	$1s$	2
L	$2s, 2p$	8
M	$3s, 3p, 3d$	18
N	$4s, 4p, 4d, 4f$	32
O	$5s, 5p, 5d, 5f$	32
P	$6s, 6p, 6d$	18
Q	$7s$	2

原子半径

原子の大きさは，原子番号とともにどう変化するのでしょうか。実は原子の大きさは，それほど大きくは変わらないのです（参考文献 [江沢]）。原子の大きさは，たとえば次の 2 種類の方法で推定できます。

1 つは，金属結晶の原子間隔からで，たとえば $Z = 3$ のリチウムの半径は 0.152 nm，$Z = 92$ のウランの半径は 0.138 nm です。もう 1 つは，気体の衝突から推定する半径（ファン・デル・ワールス半径[6]）で，水素が 0.120 nm，リチウムが 0.182 nm，ウランが 0.186 nm です。

> **例題 6.1**　**原子半径が原子番号にそれほどよらずにほぼ一定の理由**
>
> なぜ，原子半径は原子番号にそれほどよらずにほぼ同じ大きさなのでしょうか。

解答例　パウリの排他原理とクーロン力のためです。電子はフェルミ粒子なので，パウリの排他原理により，通常，内側の軌道から順々に詰まっていきます。原

---

[6]　Johannes D. van der Waals（1837–1923, オランダ）気体の状態方程式の定式化などの功績で 1910 年のノーベル物理学賞受賞。

子の大きさは，一番外側の電子（**価電子**，外殻電子）によって決まります。原子番号 Z が大きいほどクーロン引力は強まりますが，内側の電子によってクーロン引力は弱められ，最外殻の電子への距離も遠くなるので，原子はほぼ同じ大きさになっているのです。　　　　　　　　　　　　　　　　　　　　　　　　　　　　　　◆

例題 6.2　もし，電子がボース粒子だったら？

もし，電子がボース粒子だったら，世界はどうなるのでしょうか。

解答例　　パウリの排他原理がないので，すべての電子は基底状態に落ち込みます。すると原子半径 $a(Z)$ は，a_B をボーア半径として，

$$a(Z) = -\frac{a_B}{2Z}, \quad (Z \geq 2) \tag{6.9}$$

となり，Z に反比例して小さくなります。原子番号 Z の元素でできた物質の密度は，この世界での元素の $8Z^3$ 倍になるのです。しかも，多彩な元素や分子を生む価電子も存在しません。こういう世界では，生命は生まれないでしょう。　　　　◆

6.3.4　元素の周期表

元素を原子番号 Z の順に横に並べ，化学的性質が似ている元素を縦に揃うように配列した表が周期表です（図 6.5）。

元素の化学的性質は，価電子によって決まります。図 6.3 の右端（18 族）は貴ガスで，電子配置はちょうど閉殻になっています。それで不活性で，単原子分子となるのです。

図 6.5 の左の 1 族と 2 族の元素は，外殻に電子が 1 ～ 2 個余っていて，金属となります。中央（3 族から 11 族または 12 族まで）の元素は遷移金属と呼ばれます。遷移金属は，最外殻の内側（通常 d 軌道）に電子が途中まで埋まった電子配置をもつ元素です。右端を除く右側（13 族から 17 族）の元素は半導体，絶縁体となります（図 6.5）。

6.4　分子や物質の結合

原子が結合して分子や物質をつくるのも量子力学によってです。原子・分子や物

	1	2	3	4	5	6	7	8	9	10	11	12	13	14	15	16	17	18	
1	1 H 1.008																	2 He 4.003	1
2	3 Li 6.94	4 Be 9.012											5 B 10.81	6 C 12.01	7 N 14.01	8 O 16.00	9 F 19.00	10 Ne 20.18	2
3	11 Na 22.99	12 Mg 24.31											13 Al 26.98	14 Si 28.09	15 P 30.97	16 S 32.07	17 Cl 35.45	18 Ar 39.95	3
4	19 K 39.10	20 Ca 40.08	21 Sc 44.96	22 Ti 47.87	23 V 50.94	24 Cr 52.00	25 Mn 54.94	26 Fe 55.85	27 Co 58.93	28 Ni 58.69	29 Cu 63.55	30 Zn 65.38	31 Ga 69.72	32 Ge 72.63	33 As 74.92	34 Se 78.97	35 Br 79.90	36 Kr 83.80	4
5	37 Rb 85.47	38 Sr 87.62	39 Y 88.91	40 Zr 91.22	41 Nb 92.91	42 Mo 95.95	43 Tc [99]	44 Ru 101.1	45 Rh 102.9	46 Pd 106.4	47 Ag 107.9	48 Cd 112.4	49 In 114.8	50 Sn 118.7	51 Sb 121.8	52 Te 127.6	53 I 126.9	54 Xe 131.3	5
6	55 Cs 132.9	56 Ba 137.3	L	72 Hf 178.5	73 Ta 180.9	74 W 183.8	75 Re 186.2	76 Os 190.2	77 Ir 192.2	78 Pt 195.1	79 Au 197.0	80 Hg 200.6	81 Tl 204.4	82 Pb 207.2	83 Bi 209.0	84 Po [210]	85 At [210]	86 Rn [222]	6
7	87 Fr [223]	88 Ra [226]	A	104 Rf [267]	105 Db [268]	106 Sg [271]	107 Bh [272]	108 Hs [277]	109 Mt [276]	110 Ds [281]	111 Rg [280]	112 Cn [285]	113 Nh [278]	114 Fl [289]	115 Mc [289]	116 Lv [293]	117 Ts [293]	118 Og [294]	7

	57 La 138.9	58 Ce 140.1	59 Pr 140.9	60 Nd 144.2	61 Pm [145]	62 Sm 150.4	63 Eu 152.0	64 Gd 157.3	65 Tb 158.9	66 Dy 162.5	67 Ho 164.9	68 Er 167.3	69 Tm 168.9	70 Yb 173.0	71 Lu 175.0
L															
A	89 Ac [227]	90 Th 232.0	91 Pa 231.0	92 U 238.0	93 Np [237]	94 Pu [239]	95 Am [243]	96 Cm [247]	97 Bk [247]	98 Cf [252]	99 Es [252]	100 Fm [257]	101 Md [258]	102 No [259]	103 Lr [262]

凡例:
3 → 元素番号
Li → 元素記号
6.94 → 原子量

:貴ガス
:金属
:遷移金属
:半導体・絶縁体

図 6.5　元素の周期表

質を研究する化学では，化学に量子力学を応用した**量子化学**が理論体系化されて発展してきました。多電子系のシュレーディンガー方程式は原理的に解けないので，分子軌道法（MO：Molecular Orbital method）などいろいろな近似法が考案され，精密化されてきたのです（参考文献 [友田，山本知之，大岩]）。この節では，分子や物質の結合について，その成果の一端を概観します。

6.4.1　原子間の結合

原子が結合して分子や物質をつくる際に，価電子が重要なはたらきをします。原子間の結合には，イオン結合，共有結合，金属結合などがあります（参考文献 [齋藤，小村]）。

イオン結合

周期表の左端（第 1 列）の原子は外殻に 1 個の電子があり，電子を放出して陽イオンになりやすいです。一方，右端から 2 番目の列（第 17 列）の原子は，閉殻になるためには 1 個電子が足りないので，電子を受け取って陰イオンになりやすいのです。たとえば，ナトリウム（Na）と塩素（Cl）は，1 個電子をやりとりして，Na^+ と Cl^- となり，クーロン力で互いに引き合って，イオン結合によって塩化ナトリウム（NaCl）の結晶をつくります（図 6.6(a)）。イオン結晶は，塩の結晶でわかるよ

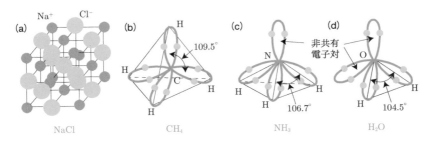

図 6.6　(a) イオン結合，(b)–(d) 共有結合（(b) メタン，(c) アンモニア，(d) 水分子）

うに手で簡単に砕けます。原子の位置がずれると，元に戻ろうとする復元力が弱い
ためです。

共有結合

　共有結合は，原子どうしが互いに電子を共有し合って閉殻をつくる結合で，まさ
に量子的な結合といえます。水素分子は，2 個の水素原子が近づくと，基底状態の
エネルギーレベルが 2 つに分かれます。それぞれの電子が，低い方のエネルギーレ
ベルに，スピンが逆向きになって入ることで安定な分子になります。水素原子核の
陽子はクーロン力で互いに反発するので，近づきすぎるとエネルギーレベルは高く
なります。エネルギーが一番低くなる距離で水素原子が結合し，水素分子がつくら
れるのです。

　炭素原子は，L 殻に 4 個の電子をもちます。たとえばメタン（CH_4）は，（$2s$ 軌
道にスピンが逆向きの電子対を入れる代わりに）$2s$ 軌道に 1 個だけ電子を入れて，
$2p$ 軌道の 3 個との合計 4 個の不対電子（sp^3 軌道）で 4 個の水素原子と共有結合を
した分子です。このような軌道を**混成軌道**といいます。メタンの共有結合の腕は正
四面体の形になっています（図 6.6(b)）。

　窒素原子は，sp^3 軌道のうちの $2s$ 軌道にはスピンが逆向きの電子対が入っていま
す。アンモニア（NH_3）は，sp^3 軌道の残りの 3 つの不対電子を 3 個の水素原子と
共有して分子となります。アンモニアの共有結合の腕は底辺が正三角形の三角錐に
なっています（図 6.6(c)）。

　酸素原子は，sp^3 軌道の 2 個の不対電子を，2 個の水素原子と共有して水分子をつ
くります。そのような配置により，水分子の 2 個の水素原子間の角度が 104.5° に
なっています（図 6.6(d)）。

　分子反応式の例として，水素分子の燃焼反応を以下に示します。

$$H_2 + \frac{1}{2}O_2 = H_2O + 284\,\text{kJ/mol} \tag{6.10}$$

ここで，1 mol（モ ル）は，アボガドロ数 N_A 個の原子や分子をいいます。N_A も，2019 年 5 月 20 日から次のような定義値になりました。

$$N_A \equiv 6.02214076 \times 10^{23} \tag{6.11}$$

金属結合

鉄，金，銀，銅などの金属は，価電子を放出して陽イオンになり，格子状に並びます。放出された電子は，格子状に並んだ陽イオンの間を自由に動き回るので，**自由電子**と呼ばれます。自由電子が格子状の陽イオンの間を動き回ることによって，全体のエネルギーが低くなります。このような結合が金属結合なのです。自由電子の存在が，金属が熱や電流の良導体であることや金属の展性，延性の原因です（展性と延性については問題 8.1 参照）。

例題 6.3 **原子間の距離を決めるものは？**

イオン結合では，陽イオンと陰イオンが引き合ってくっついてしまわないのですか？　金属結合では正イオンどうしだから，反発してくっついてしまわないのはわかりますが。

解答例　　陽イオンと陰イオンにも原子核の周りに内殻の電子があり，距離が近くなると電子の波動関数が重なってパウリの排他原理により斥力が生じます。正負電荷の引力とパウリの排他原理による斥力がつくる位置エネルギーには最小値があり，その最小値の距離になるように正負のイオンが落ち着くのです。ただし，H^+ イオン（陽子）には，内殻電子はありません。この場合は，陰イオンの中心にある正の原子核と陽子とのクーロン斥力や，陰イオンの周りの電子雲の安定性を考慮して，全体のエネルギーが最低になるイオン間の距離に落ち着きます。　　　　　　◆

6.4.2　分子間力

分子と分子を結合させる分子間力は，原子間力と比べて相当弱いです。分子間力として，次に述べる水素結合とファン・デル・ワールス力がよく知られています。

水素結合

　水分子では，酸素の電気陰性度（電子を原子に引きつける能力）が強いので，酸素原子は負に，逆に水素原子は正に帯電しています。このように，水分子が「**極性分子**」（電荷が正と負に分かれている分子）であることが，水の特殊な性質の原因になっています。すなわち，水が約 4°C で密度が最大になること，氷（固体）の密度が水（液体）より小さくて水（液体）に浮くこと，1 気圧での沸点が 100°C とかなり高いことなどです。

　この極性が水素結合を生み出します。すなわち，水中の水分子の負に帯電した酸素原子に，別の水分子の正に帯電した水素原子が引き付けられて結合するのが水素結合です。DNA が二重らせんになるのも水素結合のおかげなので，生物も量子力学を上手に利用していることになります。

ファン・デル・ワールス力

　水素結合が正と負の電荷の間にはたらく力による結合であるのに対し，ファン・デル・ワールス力は，非極性の分子間にもはたらきます。

　ファン・デル・ワールス力の引力の原因の 1 つは**分散力**で，分子中の電子雲の揺らぎにより生じます。すなわち，電子雲が揺らぐと分子に誘起電荷が生じ，その誘起電荷によって近傍の分子の電子雲が変形して誘起電荷が生じます。この誘起電荷どうしが引き合って生じるのが分散力です。分子間のファン・デル・ワールス力は微々たるものですが，物質全体では大きな引力となるのです。

問題 6.3　　水と油はなぜ混じり合わないのでしょうか。また，なぜ洗剤は油汚れなどを落とすのでしょうか。　　　　　　　　　　　　　　　　　　　　　　　　♥

第7章 場の量子論の世界

本章では，「場の量子論」を紹介します。場の量子論は，量子の波動性と粒子性などを矛盾なく説明し，計算もできていろいろな予言をすることもできます。したがって，現代物理学の基礎となる理論といえます。難しそうに思われるかもしれませんが，その本質的な概念は平易なので，ここで紹介します。

7.1節では，量子ワールドの「場の量子論の国」をヒカルとともに楽しんでください。量子場の理論のイメージをつかんでいただけると幸いです。7.2節は，「場」とは何か，場の必要性はどこにあるのかについて見ていきます。7.3節では，量子が波と粒子の両方の性質をもつことなどを理論的に説明する「場の量子化」について概説します。

7.1 量子ワールド（場の量子論の国）

きょうは，ヒカルは「場の量子論の国」に来ています。

7.1.1 1次元の場

ヒカルは部屋の真ん中にいました。ヒカルの周りにアバターたちが円卓を囲んで1列に座っています。「場の量子論の国ですよ」クォンタの声が聞こえました。

1次元のスカラー場

突然，アバターの1人が立ち上がりました。すると向かって右隣の人が立ち上がり，最初の人は腰を下ろしました。次々とそれが繰り返されて，立つ人の位置が移動していきます（図7.1）。

いつの間にかクォンタがそばにいて，説明してくれました。「これは，人の波ですね。立った人の位置が次々と伝わっていくことは，パルスが伝わっていくと考えることができますね。パルスは伝わるけれど，人の位置は動いていませんよね。人々

図7.1　1 次元空間でのスカラー場の例

は場とみなすことができ，場が励起されて，パルスが波または粒子として移動して
いくと考えられます。人の列は 1 列なので，1 次元の場と考えることができます。
この場合は，腰を下ろした状態を 0，立った人を 1（または，人々の身長を考慮して
0 でない数）と考えれば，場に数値のみが存在して変化する 1 次元のスカラー場と
考えることができます」

　立つ人の波は時計回りに伝わっていきます。ところが突然，別のところで 1 人が
立ち上がり，今度は向かって左隣の人へと立つ人が移っていきます。反時計回りの
人の波のパルスです。時計回りと反時計回りの人の波のパルスはお互いに近づき，
そして何事もなかったかのようにお互いに通り過ぎていきました。人の波のパルス
は，そのまま通り過ぎたようにも見えるし，衝突して跳ね返ったようにも見えます。
「人の波のパルスはお互いに区別できないので，同種粒子と考えることができます。
同種粒子は，衝突したときに，お互いに通り過ぎたのか，跳ね返ったのかの区別が
できませんね」クォンタがヒカルにささやきました。

1 次元のベクトル場

　人の波が終わったと思ったら，今度は 1 人が手を真上から少しずれた角度に挙げ
ました。そして向かって左隣の人は，その人よりさらにずれた向きに，しかも手を
少し縮めて挙げ，最初の人は手を下ろしました。手のパルスは，手の先の位置が少
しずつずれながら次々と伝わっていきます（図 7.2）。

図7.2　1 次元空間でのベクトル場の例

「今度は，手の向きと長さが変化しつつ伝わっていきますね。これは，1 次元のベクトル場のイメージですよね」ヒカルが言うと，クォンタが微笑んで答えました。「そうなのです。ベクトルは，向きと大きさをもつ量です」

7.1.2　ハープの音と量子化

「次に，場の量子化についてですが，それを説明するのは簡単ではありません。そこでここでは，ハープを使ってイメージだけつかんでいただきたいのです」クォンタは，ハープを指さしながら言いました。「まずは，弦の 1 本を弾いてみてください」

澄んだ音が響きました。「弾いた弦を見てください。弦が振動していますよね（図7.3）。両端が固定されているので，弦の中央部分が大きく振動する定常波ができています。その振動数で決まる高さの音が奏でられるのです。ただし実際は，その 2倍，3 倍，… の音（倍音）も含まれています。そして，弦の振動が空気（場）の振動として伝わり，耳に届くのです」

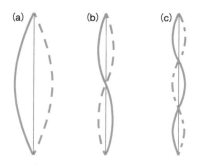

図 7.3　弦の振動
(a) 基本振動，(b)2 倍振動，(c)3 倍振動

クォンタは説明を続けました。「プランクは，振動数 ν の波のエネルギーが $h\nu$ に量子化されることを発見したのでしたよね。ですから，弦が振動して出す一定の振動数をもつ音は，量子化された粒子の集団とみなすことができます。音は四方八方に広がります。量子の場合は，測定すると，1 個ずつの量子として観測されるのです」クォンタの説明に，ヒカルは場の量子化のイメージが少しつかめた気がしました。

問題 7.1　図 7.3 で，(b)，(c) の振動数がそれぞれ (a) の振動数の 2 倍，3 倍になっていることを確かめなさい。ヒント：弦を伝わる波の速さを v（= 一定），波長

と振動数をそれぞれ λ, ν とすると $v = \lambda\nu$ が成り立つ。定常波は，逆方向に伝わる 2 つの波の重ね合わせであると考える。♥

7.2 「場」とその必要性

物理学でいう「**場**」（field）とは，3 次元空間の各点で「物理量」が定義されるものです。物理量は一般に時間とともに変化するので，場は時間の関数でもあります。3 次元の空間と時間とを合わせて **4 次元時空**といいます。つまり，場は 4 次元時空の各点で物理量が定義されているものです。

7.2.1 場の例

たとえば，気象での気温や気圧の「場」は，3 次元空間の各点で気温や気圧が与えられています。もちろん，気温や気圧は時間の関数として常に変化しています。気温や気圧などは，ただの数値（スカラー量）です。このように，4 次元時空の各点でスカラー量が定義されている場を，**スカラー場**といいます。

一方，たとえば「風力の場」は，4 次元時空の各点に風の強さと向き（ベクトル量）が与えられます。このように，4 次元時空の各点で向きと大きさ（矢印の向きと長さ）が定義されている場が，**ベクトル場**です（図 7.4）。ベクトルのことを **1 階のテンソル**といいます。2 階以上のテンソルは本書では扱いません。

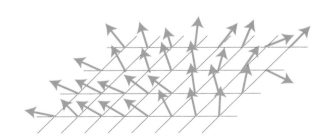

図 7.4　2 次元空間でのベクトル場のイメージ

以上のように，4 次元時空の各点でスカラー量やテンソル量などが定義され，それに基づいた理論を**場の理論**（field theory）というのです。

　古典的な場の理論として，弾性体理論や流体力学（オイラー※1 が定式化したもの）があります（参考文献 [高橋]）。相対論的な場の理論の典型例は，電磁場です。電荷があると周りに電場ができ，電場の向きをつなぐと電気力線が描けます。また，磁石や電流があると磁場ができ，磁場の向きをつなぐと磁力線が描けます。こうして電気と磁気は 1864 年に統一されて，電磁場に基づいた電磁気学が完成したのです。さらに，重力は時空をゆがめて重力場をつくるのです。重力場の量子化は，アインシュタインも一生涯挑戦しましたが，果たせなかった難問です。現在，量子重力理論の完成に向けてたゆまぬ努力が続けられています（11.5 節参考）。

7.2.2　場の必要性

　なぜ，「場」という概念が必要なのでしょうか。この節では，場の概念の必然性について考察します。

遠隔力と近接力

　ニュートンが定式化した万有引力は，遠く離れた物体の間にはたらく力として定義されました。万有引力のように，離れた物体間にはたらいているような力を**遠隔力**といいます。

　一方，目の前の物体に手などを使って力を加えれば，物体は動き出します。このように，物体に直接はたらく力を**近接力**といいます。

　あなたは，万有引力について習ったとき，離れた物体にどうやって力が伝わるのか不思議に思われたことでしょう。それを近接力で説明するのが，現代物理学なのです。そして，近接力などを理論的に記述する理論が「場の理論」です。電磁気現象を記述する電磁場の理論は，まさにその典型です。

一般相対性理論と万有引力

　1915–6 年にアインシュタインがほぼ独力で完成させた一般相対性理論も，場の理論です。一般相対性理論では，4 次元時空の歪みによって重力を記述することができます。地球など惑星が太陽の周りを公転する理由は，巨大質量の太陽がつくる時空の歪みのためです。「その時空の歪みに落ち込まないように惑星は公転している」と理解できるのです。図 7.5 は，3 次元の空間を 2 次元で示しています。ニュート

※1　Leonhard Euler （1707–1783, スイス, 露）19 世紀のガウスと並んで数学の 2 大巨人の 1 人と言われる。右目を失明していて後に左目も失明したが，亡くなるまで研究を続けた。

ン以来の「遠隔力の不思議さ」も，こうして払拭されたのです。

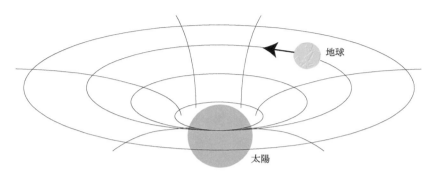

図 7.5　地球の公転

　もし，ある瞬間に太陽が消失してしまったとするとどうなるでしょうか。その影響は光の速さで伝わります。すなわち，その影響は約 8 分 20 秒後に地球に届き，地球は太陽からの光と引力がなくなっていることに気づきます。引力の影響も光速で伝わるのです。そして地球は，太陽が輝かない暗闇の中を公転運動の接線方向に等速直線運動し始めるでしょう。

場と波

　場が振動すると波が生じます。電子など電荷をもつ粒子が振動（電場・磁場が振動）し，波として伝わるのが電磁波（光）です。また，超新星爆発のように非常に重い天体（太陽質量の 8 倍以上）の爆発や，2 つのブラックホールの合体のように複数の天体の高速回転によって，**重力波**が生じます。2016 年 2 月 11 日，待望の重力波の初観測に成功したとの発表が世界中を駆け巡りました[2]。2015 年 9 月 14 日，アメリカの LIGO（Laser Interferometer Gravitational-wave Observatory）が太陽質量の 36 倍と 26 倍の 2 つのブラックホールの合体による 13 億光年かなたからの重力波をとらえたのです。一般相対性理論の完成からちょうど 100 年目でした。その後次々と重力波がとらえられています。

※2　この功績により，実験を主導したワイス（Rainer Weiss），バリッシュ（Barry C. Barish），ソーン（Kip S. Thorne）の 3 人が 2017 年のノーベル物理学賞を受賞した。

7.2.3　波動関数と場の理論

2.2.3 節では，電磁波は電磁場から予言されたことを述べました。マクスウェル方程式の電磁場の理論は，「場の理論」です。一方，3.2 節と 3.3 節では，電子が従うべき「波動方程式」が提案されたことを見ました。シュレーディンガー方程式やディラック方程式は，波動関数が満たすべき方程式でした。その波動関数は，通常，1 個の粒子を記述します。

n 個の粒子の波動関数

波動関数は，量子の 3 次元空間の位置 x, y, z と時間 t の関数です。2 個の量子を扱いたければ，3 次元空間の位置が 2 個（6 次元の空間座標）と 1 つの時間が必要です。n 個の量子を扱う場合，$3n$ 次元の空間座標と 1 つの時間が必要になるのです。

量子場

一方，量子場では，場の方程式（シュレーディンガー方程式やディラック方程式など）に従う波動関数は，量子化されて演算子となります。場の理論の「場」は，3 次元空間の各点にスカラー量やベクトル量などが定義されているので，無限個の自由度（独立に決められる変数などの数）をもちます。しかしながら，その定義のおかげで，量子化された場の理論では 0 個から無限個の粒子を扱うことができるのです。

7.3　量子場の理論

この節では，場を量子化する意味や必要性について考えます。

7.3.1　場の量子化の意味

量子場の理論（quantum field theory）では，「**物質は，本来，場である**」と考えます（参考文献 [亀渕]）。すなわち，電子や光などは，まずは「場」として定義されます。電子は電子場，光は電磁場です。電子場は，シュレーディンガー方程式（非相対論的電子）またはディラック方程式（相対論的電子）に従います。ディラック場（または**スピノル場**）はスピン $\frac{1}{2}\hbar$ のフェルミ粒子を記述する場です。また，光（電磁波）はマクスウェル方程式に従うのです。

「場」が時間的に変動すると，場の変化は波として伝播します。ですから，「物質はまずは波動である」と考えるのです。場を量子化すると，粒子的な物理量，すな

わち 1 個，2 個と数えられる量が現れます。こうして，粒子性と波動性を併せ持つ量子が自然に出てくるのです。

ディラック方程式に従う波動関数に質量パラメータとして電子質量を用いると，電子場となります。量子化された電子は，すべて等しい質量 m_e をもち，電荷は $-e$，スピンは $\frac{1}{2}\hbar$ などの量子数をもちます。量子化条件の適用により，電子がフェルミ＝ディラック統計（したがって，パウリの排他原理）に従うことも出てきます（4.4.1 節参照）。

電磁場は電磁力の場なので，電磁場を量子化して出現する光子は，電磁力を媒介する量子となります。すなわち，電子のような物質の場も，力を媒介する場（電磁場など，9.2.3 節参照）も，量子場として統一されるのです（**場の一元論**）。

7.3.2　場の量子化：困難とその解決

場の量子化は，「第 2 量子化」ともいわれます。位置や運動量などを演算子化（第 1 量子化）した後，さらに波動関数を演算子化（第 2 量子化）するからです。この節では，場の量子化の手続きと問題点の概略を述べます。

場の量子化

量子場の理論は，1929 年にハイゼンベルクとパウリによって構築されました。場を量子化するには，状態ベクトル（波動関数）を演算子化し，**量子化条件**を課します。量子化条件には，2 つの可能性があります。一方の量子化条件（反交換関係）を課すと，量子化された場の量子がフェルミ＝ディラック統計に従います。また，もう一方（交換関係）を課すとボース＝アインシュタイン統計に従う量子場になるのです（2 つの統計に関しては，4.4 節参照）。

演算子化された状態ベクトルを，運動量空間でのフーリエ級数として表します。すると，一定の運動量をもつ波の和として表され，その係数がその運動量をもつ量子の**消滅演算子**または**生成演算子**となります。消滅演算子は，その運動量をもつ粒子を 1 個減らし，生成演算子は 1 個増やします。運動量が正確に決まるので，粒子の位置は不確定性原理により不定です。フェルミ粒子の場合は，その波の生成は 1 個までしか許されず，パウリの排他原理を満たすことになります。一方，ボース粒子の場合はその制限はなく，粒子は 0 個から無限個までの数が存在できます。

発散の困難とくりこみ理論

せっかく定式化された量子場の理論ですが，重大な欠陥を秘めていて，長い間研

究者を悩ませました。量子場の理論に基づいて計算すると，結果が無限大になってしまうのです（発散の困難）。やがて，その困難は**くりこみ理論**（renormalization theory）によって解決され，非常に正確な予言値が計算できるようになりました[※3]（9.3.1 節参照）。

重力場の量子化？

一般相対性理論，すなわち「重力場の量子化」には大変な困難があります。なぜなら，どうにも避けられない（本質的にくりこみ不可能な）無限大の量が出てきてしまって，量子化をはばんでいたからです。しかしながら，その状況は現在改善されてきているようです（重力の量子化への現状については，9.5.2 節と 11.5 節参照）。

7.3.3　場の量子化の帰結

場を量子化すると，どういうことが導かれるのでしょうか。

スピンと統計性の関係

量子場が特殊相対論的に不変であることを要請すると，スピンと統計性の関係が導かれます。すなわち，「ボース＝アインシュタイン統計に従うボース粒子は整数スピンをもち，フェルミ＝ディラック統計に従うフェルミ粒子は半整数スピンをもつ」という定理が証明されるのです。

CPT 定理とその帰結

また，**CPT 定理**が場の量子論によって証明できるのです。CPT の C は charge，P は parity，T は time を表します。

P 変換（空間反転）をした世界は，3 次元座標それぞれの符号を逆にした世界です。鏡の中の世界は，鏡に垂直な座標（鏡の軸）の符号を逆にした世界です。それで，P 変換した世界は，鏡の中の世界をさらに鏡の軸の周りに 180° 回転した世界になります。

問題 7.2　　鏡に向かって右手を挙げると鏡の中では左手を挙げているように見えます。なぜでしょうか。　　　　　　　　　　　　　　　　　　　　　　　　♥

[※3]　この功績により，朝永振一郎，ファインマン，シュヴィンガー（Julian S. Schwinger）の 3 人が 1965 年のノーベル物理学賞受賞。

C 変換をした世界は，粒子 ↔ 反粒子，すなわち，粒子を反粒子に，反粒子を粒子に入れ替えた世界です。たとえば，すべての電子を陽電子に，陽子を反陽子に変えます。光子は，自分自身が反粒子でもあるので変わりません。ただし，光子を C 変換すると波動関数に負符号がつきます。

最後に，T 変換（時間反転）をした世界は時間の符号を変えた世界です。古典力学は T 変換に対して不変です。なぜなら，ニュートンの運動方程式が 2 階の時間微分だけを含んでいるからです。

CPT 変換をした世界は，C，P，T 変換すべてを施した世界です。CPT 定理は，CPT 変換をした世界と元の世界が物理的に同等で区別できない（CPT 不変性をもつ）という定理です。

CPT 定理の帰結は，それぞれの粒子に反粒子が存在すること，粒子と反粒子の量子数の絶対値は等しく，符号をもつ量子数の符号は互いに逆であることです。たとえば，陽電子の電荷は $+e$ で，電子と同じ質量などをもちます。

例題 7.1　陽電子の寿命

電子は安定なので寿命は無限大と思われていますが，陽電子はすぐに消滅してしまうイメージがあります。陽電子の寿命は短いのではないでしょうか。

解答例　陽電子が消滅するのは，物質中の電子と出会って対消滅するからです。陽電子を真空中に置くと，陽電子は電子と同じく安定で，寿命は無限大と考えられています。　　　　　　　　　　　　　　　　　　　　　　　　　　　　　　◆

CPT 定理は，1954 年にパウリとリューダース（Gerhart Lüders）によって，場の量子論に基づいて独立に証明されました。証明することに成功したパウリの言葉が印象的です。「C，P，T 変換それぞれについての不変性を証明したかったのに，CPT の積についての不変性しか証明できなかった」当時はまだ「自然界が個々の不変性を破っている」とは誰も信じていなかったのです。

C 不変性，P 不変性，CP 不変性，T 不変性の破れと CPT 不変性

パリティ（P）不変性の破れは，1956 年にリー（Tsung-Dao Lee）とヤン（Chen Ning Yang）[4]によって予言され，翌年早々にウー（Wu Chien-Shiung）によって実証されました。P 不変性の破れは C 不変性の破れも意味します（9.1.1 節参照）。

---

[4]　この功績によって 2 人は 1957 年のノーベル物理学賞を受賞した。

CP 不変性の破れも，1964 年にクローニン（James W. Cronin）とフィッチ（Val L. Fitch）によって発見されました[5]。CP の破れと CPT 不変性は，T 不変性も破れていることを意味します。

　個々の不変性の破れと CPT 不変性との関係は，裏返しても同じ形や色になる 1 枚の板をイメージするとわかりやすいかもしれません。その板には複雑なひびが入っていて，C，P，T と書かれた 3 つの破片に分けることができます。個々の破片を裏返しても（個々の変換を行っても）元の板と同じ形にはなりません。すなわち，個々の不変性は破れています。ところが全体を裏返す（CPT 変換をする）と，元の形や色と同じです。

場の量子論の成功と抱える問題

　場の量子論では，場が本質的であると考えるので，量子は本来「波動」です。場を量子化することによって，「波動」が量子化され，0，1，2，… と数えられる粒子性が現れると考えます。量子化された粒子は，生成されたり消滅したりします。

　量子電磁力学（QED：Quantum ElectroDynamics）では，光（電磁波）も量子化されます。荷電粒子が光子を放出したり吸収したりするプロセスを計算することができるのです（9.3.1 節参照）。核力は，メソン（中間子）の交換によって説明できます（10.2 節参照）。原子核の素励起なども，場の量子論によって扱えるようになりました。強い力（核力）の理論 QCD（Quantum ChromoDynamics）の定式化やヒッグス機構とヒッグス粒子の発見は，素粒子物理学の分野において場の量子論の意義をゆるぎないものにしました（第 9 章参照）。

　さらに物性物理学分野でも，超伝導の BCS（Bardeen-Cooper-Schrieffer）理論などは，場の量子論なしには成しえなかった成果でしょう（参考文献 [村上]）。

　このように大成功を収めている場の量子論ですが，困難も抱えています（参考文献 [高橋]）。最大の困難は，自己矛盾をもっていることです。自己矛盾の困難は，発散の困難と異常項（anomaly）の出現とに大別されます。発散の困難は，くりこみ理論によって解決できる場合があり，素粒子の標準模型はその典型です。異常項出現の困難は，場の量子論が満たしているゲージ不変性（9.2 節参照）などを破る項が出現することです。このような困難にもかかわらず，場の量子論は物理学において重要な基本的ツールとなっているのです。

---

[5]　2 人はこの功績で 1980 年のノーベル物理学賞を受賞した。

第8章 物質の世界

この章では，物質と量子力学との関係について考えます。まずは 8.1 節で，ヒカルとともにマクロの量子現象を楽しんでください。続いて 8.2 節では，気体・液体・固体の相転移や，金属・半導体・絶縁体の性質について考察します。最後に 8.3 節では，マクロの量子現象について概説します。

8.1 量子ワールド（物質の国）

きょうはヒカルとクォンタは「物質の国」に来ています。

8.1.1 固体・液体・気体の国

ヒカルとクォンタは，小型の潜水艇に乗っていて，スクリーンに地図が映っています（**図 8.1**）。窓からの様子を見ると，2 人はいま水中にいるようです。潜水艇の外側に設置された温度計は $303.15\,\mathrm{K}$（$30°\mathrm{C}$），圧力計は $0.1013\,\overset{\mathrm{メガパスカル}}{\mathrm{MPa}}$（1 気圧）を指しています。「今は液体の国にいますね。まずは，東（温度上昇方向）へ行ってみましょう」クォンタは操縦パネルで操作しながら言いました。

蒸発曲線上とその先

「液体（水）の国と気体（水蒸気）の国との国境線（**蒸発曲線**）に着きました」窓から見ると，ぶくぶく水が沸騰していました。「温度計は予想通り $373.15\,\mathrm{K}$（$100°\mathrm{C}$）ですね。この線を越えると気体の国なのですね。圧力が一定のままこの境界線上にいると，加熱してもなぜ温度が一定のままなのですか」ヒカルが温度計と地図を見ながら聞くと，クォンタが答えました。「蒸発曲線上では，液体と気体が共存していて，加熱しても液体が全部気体に変わるまで温度は一定なのです。加えた熱が**気化熱**として，液体を気体にするために使われるからです。加熱により液体分子が量子力学の引力を振り切って，気体分子として自由に飛び回るのです。逆に，冷却され

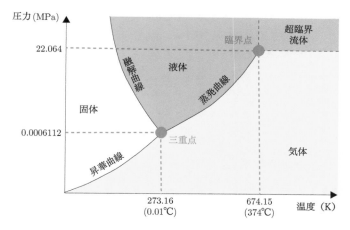

図 8.1　水の状態図

て気体が液体になるときは，**凝縮熱**を放出してやはり温度が一定です。気化熱と凝
縮熱は，**潜熱**と呼ばれ，その値は等しいのです」

　潜水艇は国境線に沿って北東の方向に進みました。「あっ，国境線が切れている」
ヒカルが指さすところに「**臨界点**」と書かれた標識がありました。クォンタが説明
してくれました。「臨界点から先は，液体と気体の区別がつかなくなるのです。その
先の**超臨界流体**は，高い酸化力をもつなど反応性や溶融性が高く，工業的に広く応
用されるようになっています」

三重点へ

　「今度は，蒸発曲線を逆にたどってみましょう」潜水艇は向きを変えて南西の方
向に進みました。潜水艇の右側は液体で左側は気体の国でしたが，やがて前方右側
に固体（氷）の国も見えてきたと思ったら，**三重点**に到達しました。「三重点は，固
体，液体，気体の国境が 1 点で交わっている場所ですね。固体，液体，気体が共存し
ていて，ぶくぶく泡が立っている中に氷のかたまりが浮いてきて潜水艇にぶつかっ
て危ないですね」ヒカルの言葉にクォンタが言いました。「固体の国や気体の国へ
は，この潜水艇では行けないので，旅はここで終わりです」

　「ところで，ヘリウムは，絶対零度付近で圧力（ヘリウム 4 では 25 気圧以上，ヘ
リウム 3 では 34 気圧以上）をかけると固体になります。でも，普通の固体と異な
るので，量子固体と呼ばれています。量子固体のヘリウム原子は，固体中を移動す
るのです。なぜ移動できるのでしょうか」クォンタの突然の問いにヒカルは，ヘリ

ウムが一番軽い貴ガスであることを思い出しました。ヒカルがそう答えると，クォンタは微笑して言いました。「半分正解です。普通の固体は格子点で振動していて温度が下がると振動が小さくなります。ところが，ヘリウムは絶対零度でも振動（**零点振動**）の振幅が大きく，ヘリウム 3 では格子間隔（最近接原子間の距離）の 0.4 倍にもなります。そのためヘリウムは，トンネル効果によりお互いに位置を入れ替えたりして固体中を移動できるのです」

8.1.2 超流動の不思議

2 人は極低温の国に来ています（参考文献 [勝本，長岡]）。「ここでは，超流動の不思議な性質を目にしますよ」とクォンタが言いました。

相転移

見るとガラス管の中の液体が盛んに沸騰しています。「いま，液体ヘリウムを極低温まで冷却中です」クォンタのその声が終わるか終わらないうちに，急に静かになりました。ガラス管の中を覗くと，平らな液面が見えました。「何が起こったのだろう」と驚くヒカルに，クォンタが説明してくれました。「4.2 K で液化した液体ヘリウムが，2.17 K で超流動状態に相転移したのです」

「**相転移**とは，水蒸気が水という液体になったり，水が氷に変化したりすることですね。でもいま，液体ヘリウムはまだ液体のままですが」ヒカルが聞くと，「相転移とは，物質の状態ががらりと一変することです。液体ヘリウムの場合は，沸騰状態から静かな状態に相転移したのです。でも，なぜ液体ヘリウムが静かになったのでしょうか」クォンタに逆に質問されて，ヒカルは考えました。「沸騰して泡ができるということは，熱によって液体が気体になっていること。超流動というからには，流動性がよくなって，泡ができる前に熱が液面まで運ばれるからでは」その考えを言うと，クォンタはその答えをほめながら付け加えました。

「超流動とは，粘性が 0 になることです。この液体ヘリウムのヘリウム原子は ^{4}He でフェルミ粒子が合計 6 個でできていて偶数なので，ボース粒子として振る舞います。元素記号の左肩の数字は質量数，すなわち，陽子数と中性子数の和です。また電子が 2 個あるので，^{4}He のフェルミ粒子数は 6 個です。極低温では，基底状態に凝縮できるのです。超流動は，ボース＝アインシュタイン凝縮の一種なのです。ちなみに，5 個のフェルミ粒子からなる ^{3}He 原子も ^{3}He のクーパー対をつくることによって，0 気圧では約 1 mK で超流動になります」

フィルムフロー現象

「超流動のおもしろい現象が見られますよ」クォンタの視線の先を見ると，液が入ったガラス容器の中にもう1つ小さなガラス容器が入っていました（図 8.2）。小さなガラス容器の中にも液体が入っていて，その液面は大きな容器の液面よりかなり上にあります。

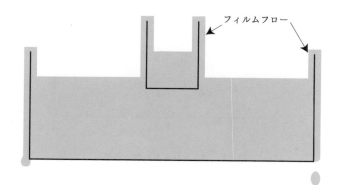

フィルムフロー

図 8.2　液体ヘリウムのフィルムフロー現象

「さて，2つの液面が互いにどうなっていくか，見ていてください」「少しずつ2つの液面の高さの差が小さくなっていくようですね」ヒカルが言うと，クォンタが答えました。「そうなんです。実は液体ヘリウムが容器の壁をよじ登っていって，大きな容器に移動しているのです」

　液体ヘリウムが容器の壁をよじ登る理由を，クォンタが説明してくれました。「粘性0の液体ヘリウムが，容器の壁との間にはたらくファン・デル・ワールス力によって引き上げられ，薄い膜となって，数 m/s の速さで壁をよじ登っていくのです。膜の厚さは，液面近くで 0.1 μm ほどで，上に行くほど少しずつ薄くなります。やがて容器のふちを乗り越えてこぼれ出すのです。2つの容器の液面の高さが同じになったところで，容器間の移動はなくなります。ただ，大きな容器からも液体ヘリウムがこぼれ出すので困ります」

噴水効果

「次の現象はもっとおもしろいですよ」装置（図 8.3）のヒーター（豆電球）のスイッチを入れるようにクォンタに促されて，ヒカルはスイッチを入れました。するとそのとたん，とがった容器の先から液体が噴き出したのです。

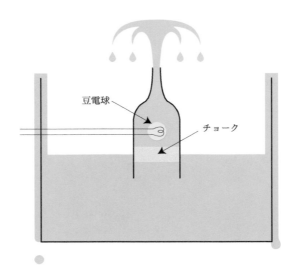

図8.3　液体ヘリウムの噴水現象

　「どうして？」と不思議がるヒカルにクォンタが説明してくれました。「超流動の液体ヘリウムは，常流動の液体ヘリウムの中に約 10％混在しています。容器の下方に詰めてあるチョークは，多孔質だけれど非常に隙間が小さく，常流動の液体ヘリウムは簡単には通り抜けることができません。しかし，超流動液体ヘリウムは容易に通過することができます。チョークの上にあるヒーターをオンにすると，その熱で超流動の液体ヘリウムが常流動の液体ヘリウムに変わるのです。すると，チョークの上の超流動液体ヘリウムの濃度が小さくなります。そのため，チョークの下にある超流動液体ヘリウムが，濃度差をなくすためにチョークの隙間をすいすいと通り抜けて上に流れ込みます。そして勢い余って，噴水となるのです」

粘性が 0 になる理由

　「そもそも，なぜボース＝アインシュタイン凝縮すると粘性が 0 になるのですか？」ヒカルはクォンタに疑問をぶつけました。「温度を下げていくと，相当数のボース粒子が基底状態に落ち着きます。これらのボース粒子は同じ波動関数によって表され，一糸乱れずに行動します。個々の粒子がエネルギー的に励起状態に励起されることはないため，エネルギーを失うことなく移動できます。つまり粘性が 0 になるのです」クォンタはこう説明してさらに続けました。

　「ついでに言うと超伝導も超流動の一種です。ただ，超伝導では，ボース粒子と

して振る舞うのはクーパー対（電子対）であり，クーパー対は電荷（$-2e$）をもっています。電荷をもった粒子が粘性 0 で移動するということは，電気抵抗 0 で電流が流れるということになりますよね」クォンタの説明に，ヒカルは改めて量子現象の不思議さに感じ入りました。

8.2 物質と量子力学

物質の性質も量子力学に支配されています。この節では，マクロな物質の性質について，量子力学的観点から見てみましょう。

8.2.1 気体，液体，固体

気体は，分子が自由に飛び回っている状態です。分子の密度が上がると，互いに量子力学的な力を及ぼし合います（6.4 節参照）。液体は，各分子が移動はできるけれども互いに接近して，力を及ぼし合っている状態です。固体は，各分子がその位置に固定されて振動している状態です。このような状態間の変化は相転移と呼ばれ，その境目では潜熱が放出・吸収されます。

3 つの相と私たちの関係

このような 3 つの相と私たちとは，どういう関係があるのでしょうか。そもそも，物質に固体相があるからこそ，私たちは形を保ち，地面の上を歩けるのです。私たちが地面の上に立っていられるのはなぜでしょうか。ニュートン力学上では，地面から体重と同じ大きさで逆向きの力（抗力）を受けて，2 つの力がつり合っているからですね。

では，抗力はなぜどのように生じるのでしょうか。それは，量子力学的な力がはたらくからです。地面の原子・分子の電子雲が靴の原子・分子の電子雲と押し合って，クーロン斥力のほかに，パウリの排他原理，ハイゼンベルクの不確定性原理などによる力が斥力としてはたらくからなのです。

また，液体相があるから，細胞は活動を続け，血液が酸素や栄養などを運ぶことができます。その酸素も気体だから吸い込めるのです。さらに，洗濯物が乾くのも水が水蒸気になるからであり，汗をかいてからだの温度を保てるのも気化のおかげです。

水の中に棲む魚類などは，水中の酸素をえらで吸収しています。水中に棲む生物

には，気体は不要でしょうか。いえ，そんなことはありません。たとえば，魚類の浮き袋（鰾）では，気体（ガス）を入れて膨らませたりして水中で体重と浮力をつり合わすことができるのです。もしそれができなかったら，魚類は底まで沈んでしまうか水面に浮かんでいるだけになるでしょう。

問題 8.1 常温で水を沸騰させるにはどうしたらよいでしょうか。 ♥

問題 8.2 ドライアイスはなぜ液体にならずに蒸発（気化）するのでしょうか。♥

問題 8.3 1 人前の麺類の茹で時間が 3 分のとき，2 人前を茹でるときの茹で時間は？（ついでながら，吹きこぼれそうなときの処置は？） ♥

問題 8.4 台風は，海上で大量の水蒸気を吸い上げてさらに発達します。どういう機構によって発達するのでしょうか。ヒント：水蒸気は上空で凝結する。 ♥

超臨界流体

　気体と液体の違いは，臨界点を超えた（高温・高圧の）領域では存在しません。その領域の流体は，超臨界流体と呼ばれ，熱運動が激しいため，溶解力や拡散力に優れた流体です（参考文献 [超臨界]）。超臨界流体は，希薄状態から高密度状態まで，連続的に（相転移を伴わずに）密度を変えて溶媒特性を変化させることができます。

　学術的にも産業的にも最も重要な超臨界流体は，二酸化炭素（臨界点が 304.25 K〈31.1°C〉，圧力 7.38 MPa）と水（臨界点が 647.15 K〈374°C〉，圧力 22.064 MPa）です。この 2 つの物質は，生命を含め地球上のすべての物質の生成に関与する重要な溶媒といえます。

8.2.2　金属，半導体，絶縁体

　固体は，導電性から見て，導体（金属），半導体，絶縁体（誘電体）とに分けることができます。その違いは，**エネルギー帯**（エネルギーバンド）によって理解できます（参考文献 [小村]）。原子が 1 個の場合は，エネルギーレベルができます（6.3.1〜6.3.2 節，付録 B.1.2 節参照）。原子が非常にたくさん集まった物質では，エネルギーレベルの線が密集してエネルギー帯になるのです（図 8.4）。

　エネルギー帯には，電子が入ることができる**許容帯**とできない**禁制帯**とがあり，

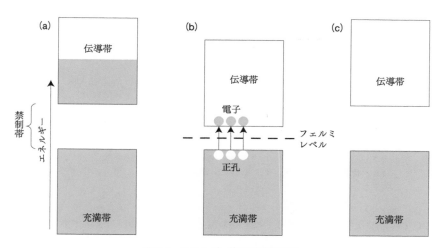

図 8.4 エネルギー帯と電子の配置
(a) 金属, (b) 真正半導体, (c) 絶縁体

それらが交互に存在します。電子はパウリの排他原理によって下から順に詰まっていき，いっぱいになると**充満帯**ができます。閉殻の電子が属する帯は充満帯となり，価電子が属する帯は**価電子帯**と呼ばれます。金属では，価電子帯が途中までしか詰まっていないので，**伝導帯**となります。そのため，伝導帯の電子は簡単に励起され，自由に移動できるのです（自由電子）。すなわち，伝導帯は，空いている高速道路のようなもので，電気や熱を容易に運びます。

真性半導体（不純物を含まない半導体）と**絶縁体**では，価電子帯が詰まっていて，低温では，その上の伝導帯に電子は存在しません。半導体と絶縁体の違いは，その間の禁制帯の広さ（エネルギーギャップの大きさ）によります。エネルギーギャップが，$k_\mathrm{B}T$（熱による励起エネルギー）より十分大きい物質が絶縁体です。ここで，k_B はボルツマン定数で，2019 年 5 月 20 日に次のように定義されました。

$$k_\mathrm{B} \equiv 1.380649 \times 10^{-23}\,\mathrm{J/K} \tag{8.1}$$

また，T は常温の温度（$\sim 300\,\mathrm{K}$）で，$k_\mathrm{B}T$ は約 $0.025\,\mathrm{eV}$ です（eV は電子ボルト，(2.9) 参照）。

金属

金属は，電子配置によって，アルカリ金属，貴金属，2 価金属，3d 遷移金属の 4 種類に分けられます。いずれも価電子帯が伝導帯になっているので，金属は電気や熱

表 8.1 金属の電子配置と元素の例

金属（種類）	外殻の電子配置	元素の例
アルカリ金属	$(ns)^{1\dagger 1}$	Li, Na, K, Rb, Cs
貴金属	$(nd)^{10}((n+1)s)^{1\dagger 2}$	Cu, Ag, Au
2 価金属	$s \to (p, d, f)^{\dagger 3}$	Be, Mg, Ca, Zn, Cd, Sr, Ba
$3d$ 遷移金属	$(3d)^{k\dagger 4}$	Sc, Ti, V, Cr, Mn, Fe, Co, Ni

†1 $n = 2, 3, \cdots, 6$, $(ns)^1$ は (ns) 軌道に 1 個の電子が入っていること
を表す。
†2 $n = 3, 4, 5$
†3 s 軌道の電子の 1 個がすぐ上の軌道へ移動。
†4 $k = 1, 2, \cdots, 8$

の良導体となっています。**表 8.1** に金属の電子配置と元素の例をまとめました（参考文献 [沖]）。

金属は，1 原子当たり 1 個か 2 個の自由電子をもちます。自由電子は容易に動けるので，高い熱伝導性や電気伝導性をもつのです。アルミニウム箔のように滑らかな金属は，金属光沢をもちます。理由は，自由電子が光を反射するためです。金属は，展性や延性の性質をもつので，様々に活用されています。ここで，展性はたたいたりして薄く延ばせること（たとえば金箔のように），延性は引っ張って細く延ばせること（たとえば針金のように）です。

例題 8.1 **金属の展性や延性**

金属はなぜ展性や延性を示すのでしょうか。

解答例 自由電子を放出した金属原子は，正イオンとなって格子状に整然と並んでいます。正イオンは皆同じで，方向性がありません。つまりどの方向にも一様に変形することができます。また，自由電子が自由に移動することにより，移動した正イオンの結合を保ちます。それで，展性や延性を発揮するのです。 ◆

例題 8.2 **金銀銅の色**

金銀銅の色はどうしてあのような色なのでしょうか。

解答例 図 8.5 のような吸収曲線をもつからです。これはバンド理論で理解できます（図 8.6）。金銀銅の元素は周期表の第 11 族として縦に並び，原子番号（Z）

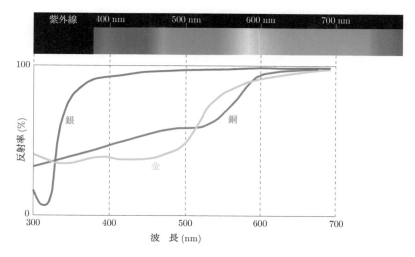

図 8.5　金銀銅の色（反射率曲線）
出典：https://teishoin.net/blog/004503.html を参考に作成

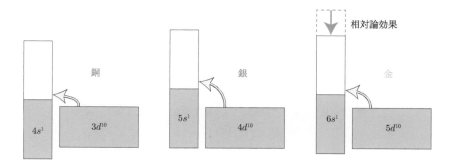

図 8.6　金銀銅のバンド構造
出典：http://hattorigawa.cocolog-nifty.com/blog/2012/04/post-ebf9.html を参考
に作成

は金が 79，銀が 47，銅が 29 となっています（図 6.5）。銅は赤系統の光を反射す
るので銅色に，銀は可視光をほとんどすべて反射するので銀色です。その傾向から
すると，金も可視光をすべて反射するように思えますが，実は Z が大きいため相対
論効果で $6s^1$ のバンドが下がり，緑色より長波長の光を反射して金色に輝くのです
（図 8.6）。　　　　　　　　　　　　　　　　　　　　　　　　　　　　　　◆

問題 8.5 花火では，どのようにいろいろな色を出しているのでしょうか。 ♥

半導体

　半導体の命は，純度，欠陥のない結晶構造，および制御されたドーピング（物質添加）です。半導体に用いられるケイ素（Si）単結晶は，eleven nine（0.99999999999）以上の純度をもちます。

　図 8.7 は，真正半導体の構造とエネルギー帯の模式図です。真正半導体では，禁制帯のエネルギーギャップを越えて少量の電子が伝導体に熱的に励起され，電子と

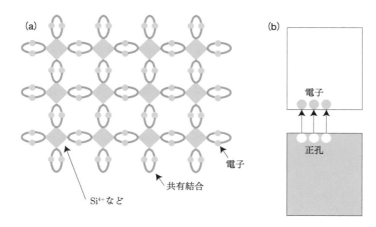

(a)

電子

共有結合

Si^{4+} など

(b)

電子

正孔

図 8.7　真正半導体の模式図： (a) 結晶構造，　(b) エネルギー帯

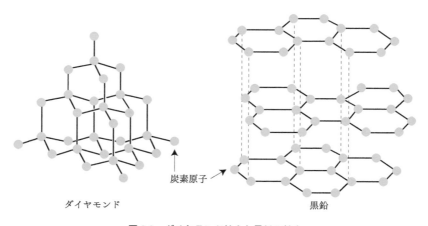

炭素原子

ダイヤモンド

黒鉛

図 8.8　ダイヤモンド結合と黒鉛の結合

正孔がキャリアとして少量の電流や熱を運びます。第14族（図6.5）であるケイ素の単結晶は，ダイヤモンド結合（図8.8左）をしています。ちなみに，ダイヤモンドと黒鉛（図8.8右）は，同じ炭素原子からできているものの，結晶構造の違いにより，性質や価値がまったく異なります。また，第13族と第15族の元素の化合物，たとえばガリウム・ヒ素（GaAs）結晶もダイヤモンド結合です。つまり，1つのケイ素原子には4本の腕があり，個々の腕には2個ずつ合計8個の電子が共有結合しています。図8.7(a)は，その結合を模式的に表した図です。

n型半導体は，第14族の元素に第15族の元素をドープ（添加）したものです。第14族の元素の一部が第15族の元素（**ドナー元素**）に置き換わったサイト（格子点）では，電子が1個余ります。ドナー元素のエネルギーレベルは伝導帯のすぐ下に位置するので，その電子は容易に熱的に励起されて伝導帯に移り，**負電荷のキャリア**（negative charge carriers）になります。図8.9はn型半導体の構造とエネルギー帯の模式図です。

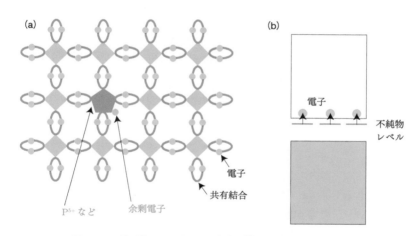

図8.9　n型半導体の模式図：　(a) 結晶構造，　(b) エネルギー帯

p型半導体は，第14族の元素に第13族の元素をドープしたものです。第14族の元素の一部が第13族の元素（**アクセプター元素**）に置き換わったサイトでは，電子が1個不足します。アクセプター元素のエネルギーレベルは価電子帯（充満帯）のすぐ上に位置するので，価電子帯の電子は容易に熱的に励起されてそのエネルギーレベルに移ります。すると，電子が抜けた孔（**正孔**，hole）が価電子帯にでき，**正電荷のキャリア**（positive charge carriers）になります。図8.10はp型半導体の

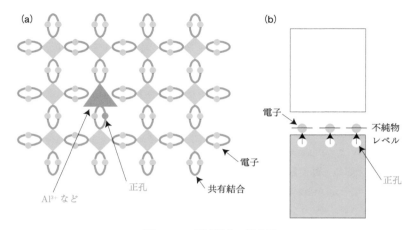

図 8.10　p 型半導体の模式図
(a) 結晶構造，(b) エネルギー帯

構造とエネルギー帯の模式図です。

　n 型と p 型を接続すると，1 方向にしか電流を流さないダイオードとなります。また，npn や pnp の組み合わせで（バイポーラー）トランジスタとなります。半導体を用いてさらにいろいろな電子デバイスが作製され，シリコンウェハ上に微細加工をする技術による ULSI（Ultra Large Scale Integration）など回路の大量生産が行われる時代になりました。

絶縁体

　電気を通さない絶縁体も，絶縁材料などとして重要なはたらきをしています。絶縁体が誘電体とも呼ばれる理由は，電場の中に置かれたときに，電流は流れないけれど，個々の原子の電子雲が偏り，一方の表面に負電荷，もう一方の表面に正電荷が誘起されるからです（誘電分極）。

　導体（金属）も電場中に置かれると，同様に両端に負電荷と正電荷が誘起されます。導体と誘電体（絶縁体）との違いは，電場に垂直に 2 つに分けてみるとわかります（図 8.11）。導体では，片方には負電荷（自由電子）だけ，もう片方には正電荷（金属イオン）だけが残ります（静電分極，図 8.11(a)）。それに対し，誘電体では 2 つとも両側に正負の電荷が生じます（図 8.11(b)）。

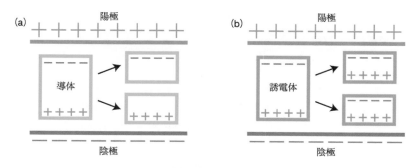

図 8.11 電場中の導体と誘電体を 2 つに割ると
(a) 導体，(b) 誘電体

8.3 マクロの量子現象

　量子力学が身近に見える現象が，マクロの量子現象です。マクロの量子現象の例として，磁性，レーザー，広義のボース＝アインシュタイン凝縮（BEC：Bose-Einstein Condensation）が挙げられます。広義のボース＝アインシュタイン凝縮はさらに，超伝導，超流動，狭義のボース＝アインシュタイン凝縮に分けられます。この節では，これらについて概説します。

8.3.1 磁性

　磁性は，量子現象そのものであるスピンがマクロに現れるので，マクロの量子現象といえます。物質は外部の磁場に対して，反磁性，常磁性などの性質を示します。**表 8.2** に，磁性体の種類，磁化率，特徴などをまとめます（参考文献 [沖，志賀]）。磁化率は，磁場（外部磁場）中に置かれた物質が示す磁場（内部磁場）と外部磁場との比です。反磁性は，磁石的性質をもたない原子が示す性質です。反磁性体の内殻電子に外部磁場を打ち消す方向の渦電流が流れて，逆向きの磁化が生じるのです。強磁性，反強磁性，フェリ磁性は，磁石的性質をもつ原子（原子磁石）によって生じます。

　強磁性体（永久磁石）の性質は，磁石としてはたらく電子スピンに起因します。スピンが揃う強磁性は典型的なマクロの量子現象といえます。陽子や中性子もスピンをもちますが，磁石としての強さは質量に反比例するので，電子スピンが主になる

表 8.2　磁性体の種類と磁化率など

種類	磁化率	特徴	例
反磁性	-10^{-6}	閉殻原子など	貴ガス，貴金属，水
常磁性	$10^{-5} \sim 10^{-3}$	磁化の向きが無秩序	遷移元素イオン
強磁性	正（≦ 1）	平行並列[†1]	Fe, Co, Ni, Gd, Dy
反強磁性	$10^{-5} \sim 10^{-3}$	逆平行等並列[†2]	MnO, MnS, FeO, CoO
フェリ磁性	正（< 1）	逆平行非等並列[†3]	M_2O_3；(M = Mn, Fe, Co, Ni, $\cdots$)

[†1] 大きさと向きが等しい順向きの原子磁石が平行に配列（↑↑ $\cdots$ ↑）
[†2] 大きさの等しい原子磁石が順向きと逆向きに交互に平行配列（↑↓↑↓ $\cdots$ ↑↓）
[†3] 順向きとより小さな逆向きの原子磁石が交互に平行配列（↑↓↑↓ $\cdots$ ↑↓）

のです。p 軌道，d 軌道など軌道角運動量に起因する磁石は，物質中では互いに打ち消し合います。

　鉄族遷移金属では，$3d$ 軌道の不対の電子スピンが図 8.12 のように同じ向きを向いています。これは，スピンが揃った方がエネルギー的に得をするからです。このことは，経験的に発見されたフント（Friedrich H. Hund）の法則であり，量子力学によって説明されました。

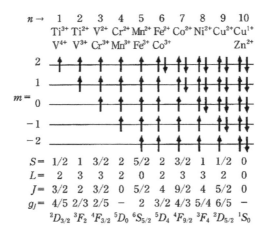

図 8.12　鉄族遷移金属の電子配置とスピンの向き（参考文献 [志賀]）

　物質全体でスピンの向きが揃うと磁石になりますが，強磁性体は，通常はたとえば図 8.13(a) のような磁区をつくっていて，全体として磁石にはなっていません。磁場をかけるとその方向の磁区が拡大して，最終的には全部の向きが揃います。

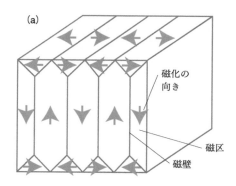

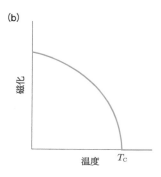

図 8.13　(a) 環状磁区，(b) キュリー温度

　また，温度を上げていくと磁化率は下がっていき，**キュリー温度**[1] T_C で 0 になります（図 8.13(b)，相転移）。T_C 以上の温度では，スピンの向きが熱運動でばらばらになり，常磁性を示すのです。

8.3.2　レーザー

　レーザー（laser：Light Amplification by Stimulated Emission of Radiation）は，位相が揃ったほぼ単一波長のコヒーレントな（大変干渉性のよい）光で，レーザー発振器により発生されます。指向性と収束性に優れた光線で，いろいろな分野で活躍しています。

　レーザーの原理は誘導放射です。1916–7 年にアインシュタインは，誘導放射の確率などを計算しました。誘導放射は，2 つのレベル間のエネルギー差と等しいエネルギーの光が入射すると，励起レベルから電子が基底レベルに戻って入射光と同じ向きに光が放射される現象です。1950 年，カストレル[2] は，光ポンピング法によって反転分布を作製する方法を提案し，数年後に原理を確認しました。反転分布は，上のエネルギーレベルに励起された原子（分子）数の方が下のエネルギーレベルの原子（分子）数より多い状態（「負の温度状態」）で，誘導放射が起こりやすい状態です。熱平衡状態（正の温度）では，上のエネルギーレベルを占める原子数は下のレベルの原子数よりも少ないです。

※1　Pierre Curie，(1859–1906, 仏) 兄のジャックとともに圧電効果などを発見。マリー・キュリーの夫。妻のマリーとともにポロニウム，ラジウムの発見などで 1903 年にノーベル物理学賞を受賞。馬車にひかれて事故死。まだ放射能の人体への悪影響は知られておらず，無防備で扱ってきたため，放射線障害によって健康を害していた。

※2　Alfred Kastler（1902–1984, 仏）光ポンピング法の開発などで 1966 年のノーベル物理学賞受賞。

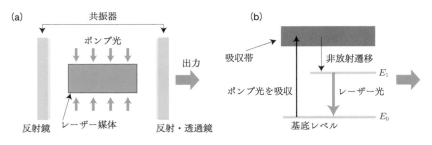

図 8.14　レーザー発振： (a) 概念図，　(b)3 準位モデル

　図 8.14(a) は発振装置の概念図，図 8.14(b) は 3 準位モデル（3 つのエネルギー
レベル〈バンド〉による発振モデル）です。3 準位モデルでは，まずポンプ光で基
底状態の電子を第 2 励起レベル（バンド）に励起すると，非放射遷移で第 1 励起レ
ベルの原子が増えていきます。第 1 励起レベルから基底状態に落ちる際に放射され
た光によって，第 1 励起レベルの別の原子が同じ向きに誘導放射します。これらの
光は 2 つの鏡の間を往復する間にさらに増幅されて，レーザー発振となるのです。

8.3.3　ボース＝アインシュタイン凝縮

　（広義の）ボース＝アインシュタイン凝縮は，ボース粒子が基底状態に集団で落
ち込む（凝縮する）現象です。1924 年にインドのボースが，光子の統計性について
の論文をアインシュタインの意見を求めて送りました。その重要性を認識したアイ
ンシュタインがドイツ語に翻訳して出版のため投稿し，さらに一般化して自身も論
文を書きました。
　超伝導や超流動は，典型的なボース＝アインシュタイン凝縮の例です。希薄気体
で実現する「狭義のボース＝アインシュタイン凝縮」は，1995 年に中性原子 ^{87}Rb
や ^{23}Na を数 μK や数百 nK に冷却して実現されました[3]。図 8.15 は，凝縮前の
広がっていた速度状態（図 8.15 の左）が急激に凝縮し，しばらくして一部の気体が
蒸発した後もその状態を保っている様子です（図 8.15 の中央と右）。

問題 8.6　中性原子がボース粒子になるために，原子核中の中性子の数が満たすべ
き条件は何でしょうか。　　　　　　　　　　　　　　　　　　　　　　　　♥

---

[3]　コーネル（Eric A. Cornell），ケターレ（Wolfgang Ketterle），ワイマン（Carl E. Wieman）
　　の 3 人がこの功績で 2001 年のノーベル物理学賞受賞。

図 8.15　ボース＝アインシュタイン凝縮（気体の速度分布）
左：凝縮直前，中央：凝縮直後，右：凝縮後やや時間経過
出典：NIST/JILA/CV-Boulder

8.3.4　超伝導

　超伝導（超電導）は電気抵抗が完全に 0 になる現象で，磁場を完全にはじく完全反磁性も示します。超伝導は 1911 年，カメルリング・オネス[※4]のチームによって発見されました（参考文献 [井口，長岡]）。

マイスナー＝オクセンフェルト効果

　超伝導の興味深いところは，電気抵抗が 0 になるだけではありません。完全反磁性（超伝導体の中に磁場を侵入させない性質）を示すのです。1933 年に発見されたマイスナー＝オクセンフェルト（Meissner-Ochsenfeld）効果は，超伝導体が磁力線を通さず，磁石に反発して浮上したりする現象です。それは超伝導体表面に超伝導電流が流れて逆向きの磁場をつくることによって起こります（図 8.16）。

問題 8.7　ネオジム（Neodymium）磁石など強力な磁石を，その磁石の直径より少し大きめの内径のアルミパイプを縦にして磁石を落とすと，なかなか落ちてきません。アルミパイプはもちろん磁石にくっつかないのに，何が起こっているのでしょうか。　　　　　　　　　　　　　　　　　　　　　　　　　　　　　　　♥

※4　Heike Kamerlingh Onnes（1853–1926，オランダ）1908 年，世界で初めてヘリウムの液化に成功し，極低温での金属抵抗の温度依存性を調べていて，超伝導現象を発見した。抵抗が 0 になったので，試料の電極がショートしたと考えた話は有名。1913 年のノーベル物理学賞受賞。

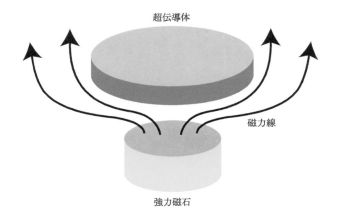

図 8.16　マイスナー＝オクセンフェルト効果

BCS 理論

　超伝導現象の機構は，やっと 1957 年に BCS（Bardeen-Cooper-Schrieffer）理論によって解明されました。2 個の電子の間にはたらく引力によりボース粒子として振る舞うクーパー対（例題 8.3 参照）ができ，クーパー対がボース＝アインシュタイン凝縮することから超伝導現象が説明できたのです。

> ### 例題 8.3　電子がクーパー対をつくることができる理由
> 　なぜ電子がクーパー対をつくることができるのでしょうか。2 個の電子の間に引力がはたらいてクーパー対がつくられるそうですが，負電荷どうしの電子対にはクーロン斥力がはたらいて，引力などはたらかないように思えるのですが。

解答例　金属内の 1 個の自由電子が移動すると，格子状をなす金属陽イオンが電子の負電荷に引き付けられます。そこにできた正電荷に別の自由電子が引き付けられて，2 個の電子の間に引力がはたらくことになります。場の量子論的には，「最初の電子によって金属陽イオンの格子が振動し，放出されたフォノンをもう 1 つの電子が吸収することによってクーパー対となる（そのエネルギー変化は 0 である）」と説明されます。

　電子間の引力は，この格子振動のほかに，周りの電子の分極や電子スピンの揺らぎなどによっても生じます。さらに，電子対間にはたらく力が斥力でも起こる超伝導現象もあるようです。　　　　　　　　　　　　　　　　　　　　　　　　　　　　　　　◆

超伝導の応用

社会での超伝導の応用はなかなか進みませんでした。超伝導の一つの重要な応用は，超伝導コイルに大電流を流して強力な電磁石をつくることでした。しかしながら，電流を大きくしようとすると図 8.17(a) のように，低い磁場（H_c）で常伝導体になってしまうのです（**第 1 種超伝導体**）。H_c は臨界磁場で，$H > H_c$ の磁場で超伝導は破れ，常伝導（電気抵抗がある通常の状態）に相転移するのです。

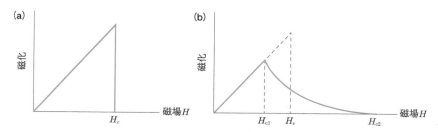

図 8.17　磁化と磁場：　(a) 第 1 種超伝導体，　(b) 第 2 種超伝導体

この状況を変えたのが，**第 2 種超伝導体**の登場です。Nb_3Sn などの合金は，H_{c2} の磁場まで超伝導状態を保つことができるのです（図 8.17(b)）。2 つの臨界磁場 H_{c1} と H_{c2} の間の磁場では，超伝導体の中に磁場を通す渦糸がたくさんできるのです。超伝導体内の渦糸を通る磁束は

$$\phi_0 = \frac{h}{2e} \simeq 2.07 \times 10^{-15}\,\text{Wb} \tag{8.2}$$

に量子化され（**磁束量子**），格子状に並びます。磁束量子は，そのままでは磁場中でローレンツ力によって移動してジュール熱を発生します。そこで，磁束量子を格子欠陥などで固定する**ピン止め技術**が開発され，大電流電磁石の実用化が可能になったのです。

ジョセフソン接合

ジョセフソン接合[※5]は，2 つの超伝導体の間に約 2 nm の厚さの絶縁体（や約 10 nm の厚さの常伝導金属）を挟んだものです。個々の超伝導体はそれぞれ 1 個の位相をもつ波動関数で表されます。ジョセフソン接合を通じてクーパー対が絶縁体をトン

[※5]　Brian D. Josephson（1940–，英）1962 年，大学院生のときに理論的に考察。現在は「精神・物質統合プロジェクト」を推進。江崎玲於奈やジェーバーとともに 1973 年のノーベル物理学賞受賞。

ネル効果によって通り抜けると，2 つの超伝導体の間の位相差をなくして 1 つの波動関数になろうと，電圧がないのに電流が流れます。この電流は磁場などに敏感です。

ジョセフソン接合による**超伝導量子干渉計 SQUID**（Superconducting QUantum Interference Device）が高感度磁場測定器として活躍するなど，応用範囲が広いデバイスが開発されています。SQUID は，グーグルや理研などが開発中の量子コンピュータの量子ビット（qubit）としても活躍しています。

高温超伝導

超伝導転移温度（T_c）は BCS 理論により 20 K あたりが最高と思われ，実験的にも最高値が 23 K でした。1986 年，ベドノルツ（Johannes G. Bednorz）とミューラー（Karl A. Müller）は，ランタン系銅酸化物の T_c が 30 K であることを発見し[※6]，高温超伝導フィーバーを起こしました。酸化物はセラミックスとして知られていますが，「これが超伝導体になるとは！」と世界を驚かせました。材料を混ぜて固め，焼くだけで誰にでも簡単に作製できるのです。

その後常圧下での T_c はぐんぐん上がり，1993 年に $HgBa_2Ca_2Cu_3O_{8+\delta}$ が 135 K を記録して頭打ちになっています。T_c が液体窒素の温度（77 K）を上回る高温超伝導体は，安価な液体窒素で冷却できるので，応用的にも用途が広がります。ただ，酸化物はもろいことなどが応用への障害になっていましたが，つい最近，それを克服した高温超伝導線材が開発されました（文献 [フジクラ]）。

2023 年 7 月 22 日に韓国の研究グループが「常温常圧での超伝導体を発見した」との非常にインパクトの大きい論文を発表し，世界中を興奮の渦に巻き込みました。しかし，合成・追試が世界各地で始まった結果，「その物質 LK-99 は超伝導体ではない」という結論が出ました。LK-99 の急激な抵抗値低下や磁気浮上（マイスナー＝オクセンフェルト効果的振る舞い）は不純物のなせる業とのことです。

8.3.5 超流動

^{4}He 原子はボース粒子であり，2.17 K 以下でボース＝アインシュタイン凝縮を起こし，超流動状態になります。^{3}He 原子はフェルミ粒子なので，約 1 mK でやっと超流動状態になります。^{3}He 原子 2 個がクーパー対となって，ボース＝アインシュタイン凝縮を起こすのです。超流動の興味深い性質については，8.1.2 節の通りです。

超流動現象の産業面への応用例は，残念ながら現在はまだほとんどありません。

※6　2 人はこの功績により 1987 年のノーベル物理学賞受賞。

コラム ❹ 時間結晶

　通常の結晶は，原子や分子が空間的に規則正しく周期的に並んでいる物質です。結晶は，安定していて硬く，見た目にも美しく，宝石としても珍重されてきました。

　相対性理論では，空間と時間は統一的に扱われます。それにヒントを得てウィルチェック[※7]は 2012 年に，時間方向に結晶化した物質，「時間結晶」（time crystal）の存在を予言しました。2017 年にそのような性質をもった最初の物質が発見され，その後，時間結晶が多数見つかってきました。そのような物質は，既存のどの時計よりも高精度な時計という応用の可能性もあって，注目を集めています（参考文献 [ウィルチェック 1，糞]）。

◆ **時間結晶の定義**

　通常の結晶は，離散的な空間並進対称性をもっています。つまり，結晶軸方向に結晶間隔の整数倍だけ平行移動しても不変です。すると時間結晶は，離散的な時間並進対称性をもつ物質といえます。つまり，時間結晶は，振動していて一定の時間の整数倍経ったのちにまた元に戻る物質です。でもその定義では，振り子やばねの運動も時間結晶になってしまいます。

　そこで重要なのが「自発的対称性の破れ」です。液体は，温度を下げていくと結晶化します。それまでの連続的並進対称性が，自発的に（外部からの介入なしに）離散的並進対称性になるのです。このような通常の結晶との類推から，「時間結晶は，連続的時間並進対称性が自発的に破れて離散的時間並進対称性になる物質」と定義されるのです。連続的時間並進対称性の状態とは，「物質の状態が一定（時間的に不変）である」という意味です。

◆ **時間結晶は存在しない？**

　2015 年，渡辺悠樹と押川正毅が「時間結晶は存在しない」という論文を発表しました。時間結晶を量子力学的に定義すると，時間結晶は実現できないという不可能定理を証明したのです。この定理では，平衡状態の時間結晶の存在は否定されます。平衡状態の時間結晶は，外から何ら操作を加えなくても物理的に安定して振動し続ける物質です。

[※7] Frank A. Wilczek（1951–, 米）強い力における漸近的自由の理論で，グロス（David J. Gross），ポリツァー（Hugh David Politzer）とともに 2004 年のノーベル物理学賞受賞。

しかしこの定理は，非平衡状態の時間結晶の存在は否定しません。外力によって駆動され，その周期の整数倍で時間的に振動する時間結晶の存在は許されるのです。そこで，そのような時間結晶（フロケ時間結晶）の存否が研究されるようになりました。フロケ（Floquet）の名は，時間的に振動する外力が存在する系を記述するフロケ理論から来ています。

◆ **フロケ時間結晶の実現**

2017 年，2 つのグループがフロケ時間結晶の実現に成功しました。そのうちの 1 つの実験を紹介します。そのグループは，ダイヤモンドの NV センターを活用しました。ここで，N は窒素（Nitrogen），V は空孔（vacancy）を意味します。NV センターは，隣り合う炭素原子 2 個を窒素原子と空孔で置き換えた構造です。空孔を囲む 3 つの炭素原子と窒素原子とがつくるこの構造は，スピンと負電荷をもつ 1 個の原子のように振る舞います。

磯谷順一のグループは高濃度の NV センターを作製することに成功し，フロケ時間結晶の実現はルーキン（Mikhail Lukin）の研究室で行われました。試料中の 100 万個のスピンは，スピン回転パルスの照射時間に影響を受けずに，パルスの 2 倍または 3 倍の周期で回転したのです。ただし，その回転は環境の影響で数十回しか持続していません。理論的な考察によると，環境の影響をなくしてもダイヤモンドは最終的に発熱してしまうので，寿命は無限ではないと結論されています。

◆ **時間結晶の今後**

時間結晶に関連したものとして，時間準結晶，時間液体，時間ガラスなどが考えられます。時間準結晶は，高い秩序をもつものの周期的なパターンを示さない物質，時間液体は，時間振動する頻度は一定だが周期的ではない物質，時間ガラスは，きちんとしたパターンがあるように見えるが実は小さなずれを示す物質です。研究者たちは，このような物質を探索していて，あるタイプの時間準結晶や時間液体はすでに発見されています。

時間結晶の概念は，宇宙論やブラックホールを新たな視点から見直す機会をもたらすと期待されています。また，実用的側面では，時間結晶は，より完全な時計の実現につながるでしょう。時間結晶は，それ自体が科学的にも興味深い物質であり，物質の理解に大きく貢献するものと思われています。

本章は，まさに量子論を基礎に発展してきた素粒子の世界についてです。「極微の素粒子なんて，私たちの日常とはまったく関係がないのでは？」と思われるかもしれません。しかしながら根源的な意味で，素粒子は私たちの身の回りの世界と密接に関係しているのです。そもそも，この世界は素粒子から構成されています。素粒子のパラメータ（質量など）が少し変わるだけで，この世界とは打って変わった世界になってしまうのです。そういう点にも気を払いながら，素粒子の世界について概説します。初めての読者には新しく聞く単語が飛び交ってハードルが高く感じるかもしれませんが，大筋をつかんでいただければ幸いです。

この章の 9.1 節では，ヒカルと一緒に量子ワールドの素粒子の国で，素粒子の世界における基本粒子の概要をつかんでいただけると幸いです。9.2 節は基本的な 4 つの力と基本粒子（全部で 17 種類）について，9.3 節は粒子の相互作用について概説します。続いて 9.4 節では，1970 年代にほぼ完成した標準模型（The Standard Model，重力以外の力を記述）についてまとめます。最後に 9.5 節で，標準模型を超える理論について述べます。

9.1 量子ワールド（素粒子の国）

きょうは，「素粒子の国」に来ました。クォンタがまず素粒子の国について説明してくれました。「素粒子の世界は，場の量子論によって理解されます。場の量子論では，場が量子化され，存在するのは量子（粒子と呼ぶ）だけなのです」

9.1.1 基本粒子

「まず，素粒子に関しての予備知識を頭に入れておきましょう」クォンタは歩きながら言いました。

基本的な力

「これは，素粒子にはたらく基本的な力についてです」クォンタは，胸のディスプレイに表 9.1 を映し出して言いました。「基本的な力として，4 種類が知られています。電磁力と重力はわかりますね。その 2 つに加えて，原子核の中で陽子や中性子を結びつけている強い力と，ベータ崩壊などを引き起こす弱い力があります。強い力や弱い力は，電磁力や重力と同じく力の名前で，固有名詞です」

表 9.1　基本的な力とその性質

力	強さ[†1]	到達距離	媒介粒子	結合定数	備考
強い力	1	$\sim 10^{-15}$ m	グルーオン	色荷	核力の源
電磁力	$\sim 10^{-2}$	∞	光子	電荷	重力以外の日常の力
弱い力	$\sim 10^{-5}$	$\sim 10^{-17}$ m	$W^{\pm}$, Z^0 ボソン	弱荷	核融合，ベータ崩壊の力
重力	$\sim 10^{-38}$	∞	重力子	（質量）[†2]	万有引力，宇宙で支配的

†1　1 fm（$= 10^{-15}$ m）離れた陽子間にはたらく力で比較。強い力を 1 とした。
†2　重力子は未発見なので結合定数は（質量）とした。

クォークとグルーオン

クォンタが 1 つの部屋へ案内しながら言いました。「ここでは，素粒子の主役，基本粒子について知ることができますよ」クォンタの胸のディスプレイに表 9.2 が映し出されています。「物質を構成する基本粒子はすべてスピンが $\frac{1}{2}\hbar$ のフェルミ粒子で，全部で 12 種類あります。強い力を感じる粒子がクォーク，感じない粒子がレプトンといわれ，それぞれ 6 種類ずつです。表 9.2 で，○はその力を感じる，×はその力を感じない，を表しています」

表 9.2　物質を構成する基本粒子とその性質（スピン $\frac{1}{2}\hbar$）

電荷	クォーク		レプトン	
	$\frac{2}{3}e$	$-\frac{1}{3}e$	0	$-e$
第 1 世代	アップ	ダウン	電子ニュートリノ	電子
第 2 世代	チャーム	ストレンジ	ミューニュートリノ	ミューオン
第 3 世代	トップ	ボトム	タウニュートリノ	タウレプトン
強い力	○	○	×	×
電磁力	○	○	×	○
弱い力	○	○	○	○
重力	○	○	○	○

　その部屋に入ると，無色の大きな球が見えました。「さあ，あの陽子の中を探検してみましょう」クォンタに言われて，一緒に球の中に入ってみると，そこはまばゆい色の世界でした（図 9.1(a)）。いろいろな色の小さなたくさんの点が，またたきながら動き回っています。それを背景にして，3 個の点（星印）が赤・緑・青の 3 色に互いに入れ替わりながら動いているのです[※1]。

 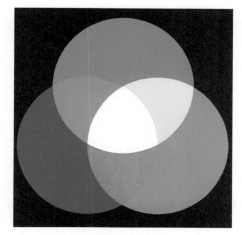

図 9.1　(a) 陽子の中の世界，(b) 光の 3 原色

　ヒカルがうっとりと見入っていると，クォンタが言いました。「赤や緑や青の点は，クォーク（quark）です。光の 3 原色を合わせると無色になりますね（図 9.1(b)）。そして，外から見た陽子は無色だったでしょう。観測される粒子は無色で，クォークは赤，緑，青の**色荷**をもっているとすると，強い力がうまく説明できるのです（9.3.3 節参照）。クォークがもつ色荷には，電荷の正と負の 2 つではなく，赤，緑，青の 3 つの状態があります。ただし，実際にクォークに色がついているわけではありません」

　クォンタは続けました。「1 つのクォークを見ていると，色が変わっていることに気が付きますよね。それは，クォーク間でグルーオン（gluon）が交換されているからです。英語でグルーは糊を意味します。グルーオンは強い力を媒介する粒子で，8

個の色荷[※2]のグルーオンがあります。陽子は基本的に，アップクォーク 2 個とダウンクォーク 1 個の合計 3 個のクォークからできています。陽子を構成するこれらの 3 つのクォークのほかに，クォーク対やグルーオンが陽子の中で生成・消滅・運動を繰り返しています。アップクォークの電荷は $+\frac{2}{3}e$，ダウンクォークの電荷は $-\frac{1}{3}e$ なので，陽子は $+e$ の電荷をもちます。同様に，中性子はアップクォーク 1 個とダウンクォーク 2 個からできていて，電荷は 0 です」

3 世代のクォーク

クォンタはさらに続けました。「アップクォークとダウンクォークは，姉妹関係にあります[※3]。この世界の物質は，ほとんどアップクォークとダウンクォーク，そして電子からできています。でも，ほかに，さらに 2 組クォークの姉妹があるのです。チャームとストレンジの姉妹，トップとボトムの姉妹です。3 組のクォークの姉妹のことを，3 世代のクォークといいます」

3 世代のレプトン

ヒカルとクォンタが次の部屋に入ると，白服の姉妹がいました。そのうちの 1 人が 2 人に近づいてきて言いました。「私は電子（electron, e^-）で，隣は姉の電子ニュートリノ（ν_e）です。姉と私はとてもよく似ていて，姉は中性（電荷が 0）の電子といえます。すなわち，姉は私と同じくスピンが $\frac{1}{2}\hbar$ のフェルミ粒子です。質量は私よりずっと小さいですが，私と対をなす粒子なのです」

「ニュートリノ（neutrino[※4]）にわざわざ『電子』をつけているのは，ほかにもニュートリノがあるからですよね」クォンタが念を押すと，電子はうなずいて言いました。「その通りです。私たちの仲間はレプトン（lepton，軽粒子）と呼ばれ，やはり 3 組の姉妹，つまり 3 世代あります。2 組目は，ほら，あそこのミューオン（μ^-）とミューニュートリノ（ν_μ），3 組目は，あちらのタウレプトン（τ^-）とタウニュートリノ（ν_τ）です。3 世代のクォークとレプトンは，すべてスピンが $\frac{1}{2}\hbar$，つまり，

※2 グルーオンは 3 個の色荷と 3 個の反色荷の組み合わせで 9 個になりそうだが，1 個無色になる（群の 1 つであるリー群の性質。たとえば，https://en.wikipedia.org/wiki/Gluon 参照）。無色だと強い力を感じる粒子の外に出ることができて観測できることになるが，そういうグルーオンは観測されていない。

※3 人類が生物学的に男女に分けられるのと同じように，量子はボース粒子とフェルミ粒子とに大別される（4.4.1 節参照）。本書では，ボース（ボーズ）粒子を男性，フェルミ粒子を女性と考える。理由は，フェルミ粒子にはレプトン数保存則やバリオン数保存則があり（9.3.2 節参照），母から娘へミトコンドリア DNA が次々と受け継がれていくことに対応できると考えて。また，姉妹や兄弟は電荷が大きい順にしてあるので，レプトンではニュートリノが姉になる。

※4 中性子（neutron）と区別するために，フェルミがイタリア語の愛称語尾「ino」をつけて命名。

フェルミ粒子です」

重い粒子が崩壊！

言われてそちらを見ると，2組の姉妹の衣装は，一方は薄いグレー，もう一方は濃いグレーでした。2人がそちらの方を見ていると，突然，濃いグレー組の片方がパッと消えたではありませんか！　ヒカルが驚いていると，電子が言いました。「崩壊したのです。$E = mc^2$ の式をご存じでしょう。質量の大きい粒子はエネルギーの高い状態にあり，一般に不安定なのです。ミューオンは私の質量の約 200 倍，タウレプトンは約 3,500 倍です。崩壊したのはタウレプトンで，平均寿命は 2.9×10^{-13} s です」

「そんなに短いとは！　あっという間もありませんね」ヒカルの言葉に，電子が答えました。「この量子ワールドでは，寿命を長くしてあります。ミューオンの寿命は $2.2\ \mu s$ です。ミューオンは 2 次宇宙線の中にも存在します。1 次宇宙線（宇宙から飛来する陽子などの粒子）が大気の原子核と衝突して 2 次宇宙線が生成されます。生成されたミューオンは，相対論的効果で寿命が延びて地上に降り注いでいますよ」「ミューオンは透過力が強いので，それを用いてクフ王のピラミッドを透視し，つい最近巨大空間を発見したそうですね」クォンタがニュースを思い出しながら言いました。

ニュートリノについて

タウレプトンの崩壊から気を取り直して，ヒカルがニュートリノの性質について尋ねると，電子が説明してくれました。「ニュートリノは，電荷をもたないので電磁力ははたらかないため，弱い力（と重力）しか感じません。それで，地球でも太陽でもほとんど相互作用せずに通り抜けるため，幽霊粒子とも呼ばれています。弱い力を媒介する粒子 $W^{\pm}$ ボソンを介して，荷電レプトンがその姉のニュートリノに変わったり，その逆のプロセスが起きたりするのです」

「ニュートリノが存在するだけで，P 不変性（7.3.3 節参照）が破れていることがわかります。つまり，鏡に映した世界は，私たちの世界とは違うのです。それは，私たちの世界のニュートリノが左巻きだからです。左巻きの粒子とは，$\frac{1}{2}\hbar$ スピンの向きが進行方向と逆向きの粒子のことです。このときスピンは進行方向に対して左回転していると考えます（図 9.2）。図 9.2 のように量子化軸を運動の向きに採ると，ニュートリノのスピンは逆向き（左向きの回転，左巻き）なのです。鏡の中の世界では，ニュートリノが右巻きになりますが，私たちの世界には右巻きニュートリノは存在しないのです」

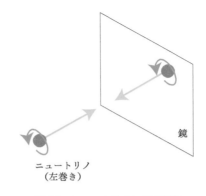

図 9.2　ニュートリノとその鏡映

ニュートリノ（左巻き）の運動の向きは鏡に垂直で（青矢印），左回転している（赤矢印）。鏡に映ったニュートリノは右巻きになって，自然界には存在しない。

力を媒介する粒子

　次の部屋では，そこらじゅう飛び回っているアバター 1 人と，どっかりと腰を下ろしているアバターが 2 人いました。クォンタが，胸のディスプレイに**表 9.3** を映しながら，力を媒介する粒子について説明してくれました。「場の量子論では，場が量子化された結果，粒子しか存在しませんね。粒子が力を及ぼし合う（相互作用する）ということは，力を媒介する粒子などを互いにやりとりするということです」ヒカルは粒子たちが互いに媒介粒子をキャッチボールしている様子を思い浮かべました。

　クォンタがさらに続けました。「電磁場を量子化した粒子が，光子でしたよね。ですから，光子が電磁力を媒介する粒子なのです。いまビュンビュンと光速で飛び回っ

表 9.3　力を媒介する粒子，およびヒッグス粒子

粒子	記号	質量 （注）	スピン ($\hbar$)	電荷 (e)	媒介する 力など	備　考
グルーオン	g	0	1	0	強い力	8 個の色荷
光子	γ	0	1	0	電磁力	電荷と結合
荷電弱ボソン	$W^{\pm}$	～85.7	1	±1	弱い力	電荷，弱荷と結合
中性弱ボソン	Z^0	～97.2	1	0	弱い力	弱荷と結合
ヒッグス粒子	H^0	～134.0	0	0	質量起源	ヒッグス機構
重力子	G	0	2	0	重力	未発見

注：陽子質量を 1 とした。

ている粒子が光子です。光子は中性（電荷 0）の粒子で，電荷をもつ粒子に結合します。つまり，光子は電荷をもつ粒子（荷電粒子）に吸収されたり，荷電粒子から放出されたりするのです」

「先ほど紹介したグルーオンは，強い力（核力）を媒介する粒子で，色荷をもつ粒子に結合します。あそこに腰掛けている重そうな粒子は，W^- ボソンと Z^0 ボソンです。弱い力を媒介する粒子で，弱荷に結合します。弱荷も電荷と同じようなものと思ってください。グルーオン，光子，W^- ボソンとその反粒子である W^+ ボソン，および Z^0 ボソンはスピンが 1，つまり，ボース粒子です。残念ながら，重力の量子論は未完成です」

ヒッグス粒子と質量の生成機構

気が付くとヒカルは，なめらかな丘の頂上にいました。クォンタの声が聞こえました。「ヒカルはいま，ヒッグス粒子（Higgs boson）になっています。丘の頂上は偽の真空と呼ばれます。偽の真空は，真の真空よりエネルギーが高い状態なのです。ヒカルがその頂上にとどまっている限り，基本粒子の質量はすべて 0 になっているのです。つまり，粒子たちは，いまみんな光速で飛び回っています」ヒカルがあたりを見回すと，丘はゆっくり下り坂になっていて，下の方に円形の谷底が見え，その先はまた上り坂になっていました（図 9.3）。ヒカルは，ちょうどメキシコ帽のような形の丘の頂上にいたのです。

図 9.3　ヒッグスの丘

「あっ」と思った瞬間，ヒカルは丘の頂上から滑り始めました。やがて谷底に着くと，クォンタの声が聞こえました。「ヒカルが谷底（真の真空）に落ち着いたこと

で，**自発的対称性の破れ**※5 が起こったことになります。つまり，円形の谷底の 1 ヶ所が選ばれ，ヒッグス粒子が 0 でない値（**真空期待値**）をもったのです。ヒカルが真の真空（エネルギーが一番低い真空）に落ち着いたことで，$W^{\pm}$ ボソン，Z^0 ボソン，クォークやレプトンが質量をもつことになったのです」ヒカルには，その意味がわかりませんでしたが，ヒッグス粒子が質量生成機構のかなめの粒子であることは伝わってきました。

9.1.2 反物質の国

クォンタとヒカルは「反物質の国」の建物に向かって歩いています。「反粒子は，粒子と質量などの量子数の絶対値は等しく，符号が逆の粒子ですよね。そして反物質は反原子から，反原子は反粒子からできているんですよね」ヒカルはクォンタに確かめました。「そうです。反原子は，反原子核の周りに陽電子が雲のように存在しています。また，反原子核は反陽子と反中性子からできています」クォンタはうなずきながら答えました。

なんと，反物質人！

反物質館に入ると，そこに E.T. 姿のアバターがいて，2 人を出迎えたのです。これには案内役のクォンタもびっくり。まったく予期していなかったようです。「あなたはどなたですか。なぜここにいるのですか」クォンタの問いに，そのアバターが答えました。「驚くと思いますが，私は反物質の世界から来ました。私をアンチーと呼んでください。反物質と物質は出会うと対消滅して大爆発を起こしますが，ここはサイバー空間なので，その心配はいりません」

反物質人はどこから？

ヒカルもびっくりして聞きました。「あなたはどこに住んでいるのですか。どこからサイバー空間に入ってきているのですか」「私たちはこの銀河系（天の川銀河）の中の，地球から約 10 光年かなたの場所に住んでいます」アンチーのこの答えにクォンタがすぐ反論しました。「この銀河系に反物質世界があるのなら，物質世界との境界では大爆発が起きているはずでは？」このクォンタの質問に，ヒカルはちょっと不思議に思って「宇宙空間はほとんど真空だから，大丈夫じゃないんですか」と言

※5　自発的に対称性が破れる現象。たとえば，鉛筆を立てると不安定で，やがてどちらかの方向に倒れる。倒れる前は鉛筆の周りの 360° のどの方向にも倒れる可能性があった。素粒子論で自発的対称性の破れの機構の重要性を指摘したのは南部陽一郎（1961 年）。

うと，クォンタは「宇宙空間は，完全な真空ではなく，星間ガスとして 1 cm³ 当たり平均数個の水素原子などが存在しています。ですから，反物質の世界との境界では膨大な量の物質（と反物質）が存在するのです」

アンチーが微笑しながら答えました。「バリアに囲まれているから大丈夫なのです。地球の人々からは私たちは見えません。なぜなら，バリアに入射する光や宇宙線は吸収されますが，その反対側から同じ方向に放射されるからです。ただ，全体の重力だけは消えません。ですから私たちの世界は，あなた方がダークマター（暗黒物質）と呼んでいるものに相当します（11.4.2 節参照）。あなた方は，ビッグバンでは物質と反物質が同じ量だけできたはずなのに，この宇宙には反物質はほとんどないので，『消えた反物質の謎』などといって不思議がっていますよね（11.4.3 節参照）。でもちゃんと反物質の世界もあって，同じ量だけ反物質は存在しているんですよ」

反物質人はどうやって，なぜここへ？

クォンタは聞きたいことがたくさんあって，どれを聞こうか困っているようでした。しばらくの沈黙の後，尋ねました。「10 光年もかなたなので，電磁波は片道 10 年かかるはずなのに，このサイバー空間で瞬時に応答できているのはなぜですか」「それは簡単なことです。ワームホールを通じて瞬時に応答できるのです。光子（電磁波）は，粒子でもあり反粒子でもあるので，問題なく操作できるのです」

「私たちは，地球からの電波などを通じて，地球の文明などを解析しました。いろいろ調べた結果，信頼できる方々がいることがわかりました。それで，サイバー空間の中にこの反物質館を見つけ，あなた方がここに来られることを知って，きょうここで待っていたのです」

残念な結末

その言葉が終わるか終わらないかのうちに，突然ぐらっと揺れたかと思うと，アンチーもクォンタもゆらゆら揺れながら消えてしまいました。ヒカルがはっと我に返ると，VR は切れていました。

後でクォンタに聞くと，「わたしのプログラムになかったもので・・・」とのこと。つまり，クォンタはあまりの不思議さに気が動転して，無意識のうちに VR 世界のスイッチを切ってしまったらしいのです。「もっと反物質の世界について聞きたかったのに，本当に残念！」と 2 人で悔やみました。残念なことに，その後，反物質人は現れませんでした。

131

（この節でのダークマターや「消えた反物質」についての説明などは著者の「単なる思いつき〈ジョーク〉」です。念のため（笑）。）

9.2 基本的な力と基本粒子

9.1.1 節で基本粒子が紹介されたので，ここでは，表などを使って簡潔な説明を心がけます。

9.2.1 基本的な力

力学で習う力には，摩擦力とか抗力とかいろいろな力がありますが，基本的な力は 4 種類です。基本的な力とその性質を，表 9.1 にまとめました。昔から知られている力は，重力と電磁力です。重力と電磁力の強さは，距離の 2 乗に反比例して無限遠まで及びます（長距離力）。なぜ，強い力と弱い力の存在に人類が気が付かなかったのでしょうか。それは，それらの力の及ぶ距離が極端に短い短距離力だからです（表 9.1）。

表 9.1 において結合定数とは，電荷，色荷，弱荷，（質量）のことで，力を媒介する粒子が粒子と結合する強さを表しています。たとえば電荷 $2e$ の粒子には，光子が，電荷 e の粒子への 2 倍の強さで結合するのです。確率はその 2 乗なので，4 倍になります。

例題 9.1 宇宙で重力が支配的な理由

なぜ，4 つの力のうちで一番弱い重力が宇宙で支配的なのでしょうか。

解答例 無限遠まで及ぶ力は，電磁力と重力だけであり，距離の 2 乗に反比例して小さくなります。電磁力のうち電気力には正と負の電荷があり，お互いに引き合って中性（電荷 0）になります。中性の物体には電気力ははたらきません。また，磁気力は鉄などを引き付けて遠くに伝わりにくくなります。こうして電磁力は宇宙のような大規模な系では支配的ではありません。

一方，物質にはたらく重力は万有引力と呼ばれるように引力しかなく打ち消し合うことはないので，宇宙で支配的な力になるのです。 ◆

9.2.2　物質を構成する基本粒子

　物質を構成する基本粒子は，スピン $\frac{1}{2}\hbar$ のフェルミ粒子で，クォークとレプトンとに大別されます。9.1.1 節で紹介したように，それぞれ 3 姉妹（3 世代）6 種類ずつ，合計 12 種類の粒子があります（**表 9.2**）。それぞれ 6 種類ずつの種類の違いを「香り（flavor）」といいます。つまり，レプトンは香りを，クォークは色と香り（色香）をもつのです（もちろん名前だけですが）。

　クォークは軽い順に，up（u, 0.0025），down（d, 0.0051），strange（s, 0.10），charm（c, 1.36），bottom（b, 4.45），top（t, 184.6）と名づけられました。カッコの中の 1 番目は記号，2 番目は質量です。質量は陽子の質量（1.673×10^{-27} kg）を 1 としたときの値です。

例題 9.2　クォークの電荷が $\frac{2}{3}e$ と $-\frac{1}{3}e$ になる理由
　なぜクォークの電荷が $\frac{2}{3}e$ と $-\frac{1}{3}e$ になるのですか。

解答例　電荷 Q とバリオン数 B などの関係を記述する西島（西島和彦）＝ゲルマンの関係式[6] $Q = I_3 + \frac{B}{2}$ から，クォークの電荷 Q は $\frac{2}{3}$ または $-\frac{1}{3}$ となります。ここで I_3 は，$\frac{1}{2}$ スピンの上向き（$+\frac{1}{2}$）と下向き（$-\frac{1}{2}$）のように，アップ型クォーク u, s, t を $+\frac{1}{2}$，ダウン型クォーク d, s, b を $-\frac{1}{2}$ と定義します。バリオン数については，$B=1$ をもつバリオン（9.2.4 節）がクォーク 3 個から構成されるため，クォークのバリオン数は $\frac{1}{3}$ となります。　◆

例題 9.3　陽子の質量とクォークの質量
　陽子はアップクォーク 2 個とダウンクォーク 1 個からできているというのに，クォークの質量を足しても陽子の質量よりずっと小さいのはなぜですか。

解答例　確かにその通りで，よい質問です。まず，クォークの質量は散乱のされやすさ（加速されやすさ）から測定されたものです。陽子の質量の大部分は，2 個のアップクォークと 1 個のダウンクォークを始め，陽子の中でたくさんのクォーク・反クォーク対やグルーオンが高速で動き回っていることに起因すると考えられています。すなわち，陽子質量 m が，それらのエネルギー E と $m = \frac{E}{c^2}$ の関係になっ

---

[6]　Murray Gell-Mann（1929–2019, 米）クォーク模型提唱などで 1969 年のノーベル物理学賞受賞。

ているためと考えられます（参考文献 [ウィルチェック2]）。後に登場する他のバリオンやメソンも通常，クォークの質量の和より重いのは同様な理由からです。 ◆

例題 9.4 陽子と電子が安定である理由

$E = mc^2$ の式は，質量が大きいほどエネルギーが高いということですよね。それなら，電子の 1,800 倍もの質量をもつ陽子はなぜ安定なのですか。そもそも有限の質量をもつ電子はなぜ安定なのですか。

解答例 まず，電子が安定な理由は，電荷をもつ粒子の中で一番軽いからです。電荷保存則が成り立つ限り，崩壊できません。エネルギー保存則から，崩壊で生成される粒子の質量和が親粒子の質量より小さい必要があります。光子やニュートリノは電子よりずっと軽いですが，電荷をもたないので，壊れる先がないのです。

陽子が安定なのは，「バリオン（重粒子）の中で陽子が一番軽い粒子だから」です。陽子や中性子などは，バリオン数をもっていて，バリオンの種族に属します。陽子は，バリオン数保存則によって安定であると考えられています。ただし，電荷保存則は理論的にしっかりした根拠（ゲージ不変性[7]）がありますが，バリオン数保存則は，わずかに破れているかもしれません。それで，陽子崩壊の探索などが行われているのです（9.5.1 節参照）。陽子や原子核の中の中性子そして電子が安定だから，この世界の物質も安定して存在しているのです。 ◆

例題 9.5 3 世代のクォークやレプトンが必要な理由

なぜ 3 世代のクォークやレプトンが必要なのでしょうか。

解答例 3 世代のクォークが必要な 1 つの答えは，CP 非保存を説明するためです。自然界が CP 不変性を破っていることが 1964 年に発見されました。1973 年に提唱された小林＝益川理論[8]では，少なくとも 3 世代，6 種類のクォークがあれば CP 非保存が説明できるのです。

また，クォークとレプトンの世代数が同じであると場の量子論での異常項（7.3.3

---

[7] 方程式が局所ゲージ変換に対して不変であるという性質。局所ゲージ変換は，波動関数の各位置での位相を変化させることに伴う変換。

[8] 小林誠（1944–，日）と益川敏英（1940–2021，日）。当時はまだ，u, d, s の 3 種類のクォークしか知られていなかった。2 人は，小林＝益川理論の功績により，南部陽一郎（自発的対称性の破れの理論）とともに 2008 年のノーベル物理学賞を受賞。

節参照）が消えるのです。3世代までだろうという実験的証拠も得られています。

♦

9.2.3　力を媒介する粒子とヒッグス粒子

　表 9.3 に，力を媒介する粒子（ゲージボソンと総称します）とヒッグス粒子の性質をまとめました。重力の量子化にはまだ成功していませんが，重力子を含めておきました。

　ヒッグス粒子は，ヒッグス機構によって，弱ボソン（$W^{\pm}$, Z^0）に質量を与えた名残の粒子です。クォークやレプトンは，ヒッグス粒子との相互作用によって質量を得て，ヒッグス粒子との結合が強いほど質量が大きくなります。粒子が光速で飛べないのは，「粒子がヒッグス場による摩擦力を受け，そのため粒子が質量をもつため」とよく説明されます。「粒子はもともと質量が 0 なので光速で走っているが，ヒッグス場との相互作用によって上下左右前後に細かくジグザグ運動をしていて，相互作用が強いほどジグザグ運動の頻度が高くなり遅くなる」というイメージです。ただしこれはあくまでもイメージのためで，粒子の質量は運動に無関係な（ローレンツ）不変量です。

9.2.4　バリオンとメソン

　クォーク，反クォーク，およびグルーオンから構成される粒子を**ハドロン**（hadron, 強粒子）と呼びます。ハドロンは強い力を感じる粒子で無色（「色荷」をもたない）の粒子です。ハドロンは，フェルミ粒子である**バリオン**（baryon, 重粒子）とボース粒子である**メソン**（meson, 中間子）とに分けられます。通常，バリオンは 3 個のクォークから，メソンはクォークと反クォークから構成されています（反粒子は通常，記号の上にバー〈横棒〉をつけて表します）。クォークどうしやクォークと反クォークを互いに結び付けているのがグルーオンです。クォークやグルーオンは色荷をもっているのでハドロンの中に閉じ込められていて直接外に取り出すことはできません（クォーク，グルーオンの閉じ込め）。

　たとえば，π メソン（10.2 節参照）は 3 人兄弟で，

$$\pi^+ = u\bar{d}, \quad \pi^0 = \frac{1}{\sqrt{2}}\left(u\bar{u} + d\bar{d}\right), \quad \pi^- = d\bar{u} \tag{9.1}$$

と表されます。メソンも無色の（色荷をもたない）粒子です。たとえば，メソンを構成するクォーク・反クォーク対において，クォークの色荷が赤だったら，反クォー

クの色荷は反赤で，メソンは無色となります。

ハドロンの数は無限個？

　ハドロンの仲間の数は，原理的に無限個あります。理由は，強い力はその名の通り強いため，ハドロンどうしが結合してまた別のハドロンがつくられるためです。

　クォーク模型が提案される以前は，無限個のハドロンを「素粒子」と考えざるを得ませんでした。スピンも大きくて，あっという間に壊れてしまう粒子が素粒子？いえ，スピンや寿命などで粒子を差別してはいけないのです。「素粒子民主主義」という言葉でそれを表していました。やがて，より基本的な粒子であるクォークとグルーオンが発見されて，ハドロンを記述できるようになりました。

9.2.5　反粒子

　これらすべての粒子に反粒子が存在します。反粒子の量子数は，粒子の量子数と絶対値が等しく，符号は逆です。反粒子の記号は，一般に粒子の記号の上にバー（横棒）をつけて表します。たとえば，反陽子は $\bar{p}$，反中性子は $\bar{n}$ などのように。反陽子や反中性子は，バリオン数 $= -1$ をもつと考えます。ただし，電子の反粒子は陽電子といい，e^+ で表します。光子，グルーオン，Z^0 ボソン，ヒッグス粒子の量子数は符号をもたないものばかりなので，反粒子と粒子は同一の粒子（自分自身が反粒子である粒子）です。

9.3　粒子の相互作用

　粒子間で力（近接力）を及ぼし合う相互作用は，粒子が粒子を吸収したり放出したり変換したりして行われます。なぜなら，量子場の理論では，粒子しか存在しないからです。

　素粒子物理学では，粒子が散乱する確率（散乱確率）やその角度分布などを求めたいのですが，そのときに活躍するのが**ファインマン図**[9]（Feynman diagram）です。ファインマン図は，相互作用の様子を一目瞭然にするとともに，個々の図が散乱確率の計算式に対応しているとても便利な図なのです。つまり，ファインマン図

---

[9]　Richard P. Feynman（1918–1988，米）『ファインマン物理学』という教科書や数々のエピソード（「ご冗談でしょう，ファインマンさん」など）でも有名。朝永，シュヴィンガーとともに 1965 年のノーベル物理学賞受賞。

が描けたら，計算式が書けたことになるのです。ファインマン図の描き方は，以前は縦軸を時間に採って，下から上に時間が流れる描き方でしたが，現在では時間軸を横向きに採って，左側が過去で右側が未来とする描き方が主流です。本書でも横向きに時間軸を採ることにします。

まずは，最初に確立された電磁相互作用についてのファインマン図を見てみましょう。

9.3.1　電磁相互作用

図 9.4(a) と (b) は，電子と光子の散乱（コンプトン散乱）の最低次のファインマン図です。電子は 1 本の実線，光子は波線として描かれます。図 9.4 は，電子と光子が過去から来て互いに相互作用し，未来に向かって飛び去っていく様子を表したものです。矢印は，電子が過去から来て未来へ向かっていることを表します。電子と光子は，結合定数 e の強さで結合します（電荷の符号も一応つけています）。

摂動計算

散乱確率の計算などには，摂動計算が用いられます。つまり，まずは最低次の項（結合定数 e のべき乗〈実際には，e^2 を自然定数で割った無次元の数 α (9.2) を用いる〉が一番小さい図）を計算し，必要な精度に応じて高次の項を加えていきます。これは，α（**微細構造定数**）が

$$\alpha \equiv \frac{e^2}{4\pi\varepsilon_0 \hbar c} \simeq \frac{1}{137.036} \tag{9.2}$$

のように 1 よりずっと小さいからです。図 9.4 の散乱確率は α^2 に比例し，次の補正項（より正確に求めるときの高次の項）は α^3 に比例するというように補正項が小さくなることが期待されます。散乱確率は，高次の項を振幅で足したものの絶対値の 2 乗をして求めます。補正項は次の高次の項との干渉項となるので，α^3 に比例することになります。

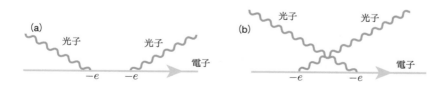

図 9.4　電子と光子の散乱のファインマン図（通常）

　電子と光子が散乱する最低次のファインマン図は，図 9.4(a) と (b) の 2 個が必要です。理由は，電子が光子を吸収・放出（または放出・吸収）している間の状態の 4 元運動量（エネルギーと 3 次元運動量）が，(a) と (b) とで異なるからです。(a) では，電子が先に入射光子を吸収してから光子を放出し，(b) はその逆で，電子が先に光子を放出してから入射光子を吸収しているためです。

反粒子の必然性

　図 9.4(a) と (b) の中には，図 9.5(a′) と (b′) のような図も含まれています。図 9.5 では，電子が途中で折れ曲がって，過去に向かっています。電子の線を引っ張って直線にすれば，図 9.4(a) と (b) に戻ります。ファインマンは，過去に向かう電子を陽電子（電子の反粒子）と解釈しました。このように，反粒子の存在は必然であり，「**反粒子は，時間をさかのぼる粒子**」と解釈できるのです。図 9.4 では 4 元運動量で積分するので，図 9.5 のような寄与も含まれているのです。図 9.5 のように，電子やクォークなどフェルミ粒子は途中で消えずに過去から未来へ続き（レプトン数保存則〈9.3.2 節参照〉やバリオン数保存則〈例題 9.4 参照〉を表す），光子などボース粒子は途中で吸収されたり放出されたりします。

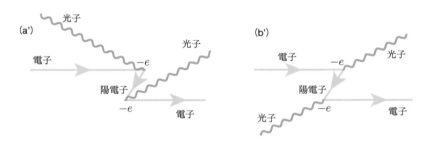

図 9.5　電子と光子の散乱のファインマン図（途中で電子を過去へ）

　つまり，図 9.5(a′) では，電子・陽電子対生成と光子放射がまず起こり，続いて陽電子が入射した電子と対消滅し入射した光子も消滅したと考えます。また，図 9.5(b′) では，まず入射光子が電子・陽電子対を生成し，陽電子が入射した電子と対消滅して光子が放射されたと考えるのです。

無限大とくりこみ理論

　図 9.4 は電子と光子の散乱の最低次の項です。この項に加えて，電子が光子を放出・吸収したり，光子が電子・陽電子対を生成して再び光子に戻る項などの高次の

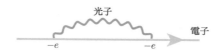

図 9.6　電子の自己エネルギーの最低次のファインマン図

項が存在します。

まずは，電子が1個だけ存在する場合について考えましょう。**図 9.6** は電子の自己エネルギー（粒子自体のエネルギー〈質量〉）の最低次のファインマン図です。なんと，この項の寄与を計算するだけで無限大となるのです。これが，場の量子論の発散の困難でした。

くりこみ理論は 1947 年，朝永振一郎やファインマンたちが開発した理論です。それは，「図 9.6 のような自己エネルギーなどの効果をすべてくりこんだものを，改めて電子の質量，電荷などと定義し直す（再規格化，renormalization）」という方法です。つまり，「**外線（過去からの粒子，または，未来への粒子）への図 9.6 のような摂動の補正項は，電子や光子の物理的な質量，電荷，波動関数にすでにくりこまれているので，考慮する必要はない**」ということです。当初は，無限大を負の無限大で打ち消すという苦し紛れの方法と思われていました。でもよく考えると，くりこまれた物理量（質量や電荷など）を使っているので，補正しようとする項は二重に補正することになってしまうのです（参考文献 [吉田 2]）。ですから，計算時にその補正項は，引いておくのです。そのため，計算には，結局無限大は現れないのです。さらに，たとえ補正項が無限大ではなく有限であっても，くりこみ理論は必要であると考えられるようになりました。

9.3.2　弱い相互作用

中性子（n, neutron）は陽子（p, proton）より重いので，**表 9.4** の反応（ベー

表 9.4　中性子の崩壊と保存則

崩壊	n	$\rightarrow$	p	$+$	e^-	$+$	$\overline{\nu_e}$
質量[†]	1838.7	$>$	1836.2	$+$	1.0	$+$	0
電荷（e）	0	$=$	1	$+$	(-1)	$+$	0
バリオン数	1	$=$	1	$+$	0	$+$	0
電子数	0	$=$	0	$+$	1	$+$	(-1)

† 電子の質量を1とし，電子ニュートリノの質量を無視した。

タ崩壊）で崩壊します（半減期約 10 分）。中性子が陽子より重い理由は d クォークが u クォークより重いからです。でも，なぜそうなのかはわかっていません。もし d クォークと u クォークの質量が等しかったら，陽子の方が中性子より重くなります。クーロン斥力のために余計なエネルギーが必要だからです。

問題 9.1 もし，陽子と中性子の質量が入れ替わっていたとしたら，この世界はどのようになっていたでしょうか。また，中性子が現在の値よりもう少し軽くて，中性子のベータ崩壊が起こらなかったら？　　　　　　　　　　　　　　　　　♥

表 9.4 には，保存則（エネルギー保存則，電荷保存則，バリオン数保存則，レプトン数保存則）も書いてあります。エネルギー保存則を考える際，親粒子は静止していると考えます。親粒子のエネルギーは，質量に光速の 2 乗を掛けたものになります。まず崩壊がエネルギー的に可能であるためには，親粒子の質量が生成粒子の質量の和より大きい必要があります。電子数は，バリオン数と同様なレプトン数の 1 つです。レプトン数は，電子，ミューオン，タウレプトンそれぞれについて反応の前後で保存することが知られています。

このようなベータ崩壊で生成される（反）ニュートリノは，強い力や電磁力を感じないため，測定器には痕跡を残しません。そのため実験では，エネルギー・運動量保存則（と角運動量保存則）が破れているように見え，ミクロの世界ではそのような保存則が破れていると思われていました。1930 年にパウリが，測定器にかからない粒子（フェルミがニュートリノと命名）も生成されているとして，その危機を救ったのです。

中性子の崩壊のファインマン図をクォークで描くと図 9.7 のようになります。弱い力を媒介する $W^{\pm}$ ボソンが交換されていることがわかります。

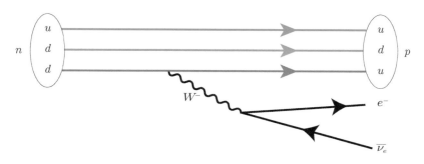

図 9.7　中性子崩壊のクォークレベルでのファインマン図

1960 年代に，弱い力と電磁力は統一的に理解でき[10]，しかも 1971 年にくりこみ可能であることが証明されました[11]。

9.3.3　強い相互作用

バリオンの仲間として間もなく発見されたのが，スピンが $\frac{3}{2}\hbar$ の Δ^{++}, Δ^{+}, Δ^{0}, Δ^{-} の 4 姉妹で，質量は陽子の約 1.3 倍です。これらの粒子は，バリオン数や電荷などを保存して 10^{-23} s で次のように崩壊します。

$$\Delta^{++} \to p + \pi^{+}, \quad \Delta^{+} \to p + \pi^{0}, n + \pi^{+}, \quad \Delta^{0} \to p + \pi^{-}, n + \pi^{0}, \quad \Delta^{-} \to n + \pi^{-} \tag{9.3}$$

色荷の必要性

Δ 粒子 4 姉妹のクォーク構成は，それぞれ uuu, uud, udd, ddd です。このことが，3 個の色荷導入の理由の 1 つになりました。その理由は次の通りです。たとえば，$\frac{3}{2}\hbar$ スピンが上向きの $\Delta^{++}_{\uparrow}$ 粒子は，$\frac{1}{2}\hbar$ スピンが上向きのアップクォーク（$u_{\uparrow}$）3 個から構成されるので，$\Delta^{++}_{\uparrow} = u_{\uparrow} u_{\uparrow} u_{\uparrow}$ と書けます。Δ^{++} 粒子はフェルミ粒子なので，$u_{\uparrow}$ の入れ替えに対して反対称である（$u_{\uparrow}$ の入れ替えで符号を変える）必要があります（4.4.1 節参照）。しかしながら，そのままでは明らかに不可能です。そこで，クォークが 3 色の色荷の 1 つずつをもち，全体として無色になると考えることで，Δ 粒子をはじめ任意のバリオンを反対称にできたのです。バリオンでは，3 つのクォークそれぞれが，赤，緑，青の色荷をもつことで，光の 3 原色のように全体で無色になり，クォークの入れ替えに対して符号が変わるようにできるのです。メソンはクォークと反クォークからなり，色荷と反色荷とで無色となります。色荷を考える強い力の理論を，QED にならって QCD（Quantum ChromoDynamics, 量子色力学）と呼びます。

$\Delta^{++} \to p + \pi^{+}$ の崩壊のクォークでのファインマン図は図 9.8 のように描かれます。コイルのように描かれるのがグルーオンです。

強い力のくりこみ可能性と漸近的自由性

QCD も電弱理論と同じく 1971 年にくりこみ可能であることが証明されました。

---

[10] この功績でグラショウ（Sheldon L. Glashow），ワインバーグ（Steven Weinberg），サラム（Abdus Salam）の 3 人は 1979 年のノーベル物理学賞受賞。

[11] この功績により，トフーフト（Gerardus 't Hooft）とヴェルトマン（Martinus J. G. Veltman）が 1999 年のノーベル物理学賞受賞。

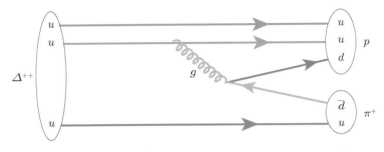

図 9.8 $\Delta^{++} \rightarrow p + \pi^+$ **の崩壊のクォークレベルでのファインマン図**

また，強い力は摂動計算が不可能と思われていましたが，**漸近的自由性**が 1973 年
に発見され，高エネルギー反応では摂動計算が使えることがわかりました[※12]。漸近
的自由性とは，結合定数（色荷）がエネルギーとともに小さくなっていくことです。

格子色力学

摂動計算が使えない低エネルギー領域では，空間を格子状に区切って計算機で計
算する方法（格子色力学，Lattice QCD）が開発されました。格子色力学は，バリ
オンやメソンの質量スペクトルなどを予言するのに活躍しています。

9.4 標準模型（その光と影）

こうして，4 つの基本的な力のうち重力を除く 3 つの力の理論が完成しました（よ
り詳しくはたとえば文献 [渡邊 2]）。この理論が**標準模型**です。模型というと理論で
はないようですが，「実際の実験事実を説明できる理論の枠組みのこと」を意味し
ます。

9.4.1 標準模型のよい点

標準模型は 1970 年代に完成し，唯一未発見だったヒッグス粒子も欧州原子核研
究機構（CERN）の陽子・陽子衝突型加速器である LHC（Large Hadron Collider）
での実験で 2012 年に発見されました。基本粒子の数は，物質を構成するクォーク

[※12] この功績により，グロス（David J. Gross），ポリツァー（Hugh D. Politzer），ウィルツェック
（Frank Wilczek）の 3 人が 2004 年のノーベル物理学賞受賞。

とレプトンがそれぞれ6種類ずつ，力を媒介する粒子が4個，質量を与えるヒッグス粒子が1個で，合計17個で済んでいます。ゲージ不変性（対称性）に基づいた定式化など，理論的にも美しく，予言能力も抜群で，これまで行われてきた実験結果とも矛盾しません。とくに，難しいと思われていた強い力の理論，量子色力学が定式化されたことは素晴らしい成果でした。

9.4.2　標準模型の問題点

このように，素晴らしい標準模型が完成したのですが，標準模型には以下のような問題点が残っています。

1. 4つの力のうち，重力が含まれていない。また，なぜ4つの力が存在するかもわかっていない。電磁力と弱い力は統一的に理解できたが，強い力は独立であり，真の統一理論ではない。
2. 理論的に決まらない（実験的に決める）定数が26個もあり，多すぎる。すなわち，3つの力の結合定数やクォークやレプトンの質量などが予言できない。クォークやレプトンの質量は，ヒッグス機構の結合定数に実験値を使って与えている。しかも，それらの定数は，その値が少しずれただけで生命が誕生できなくなるほど，絶妙な値になっているのである。また，標準模型ではニュートリノの質量は0と仮定していたが，1998年，スーパーカミオカンデ実験などのデータ解析で0でないことが発見された[13]。ただし，ニュートリノの質量は，一番軽い荷電粒子である電子に比べて5～6桁も小さい。その理由も不明（有力な理論は存在）。
3. クォークとレプトンの関係が不明。
4. 世代が3世代しか無さそうだが，なぜ3世代で終わりなのか不明。
5. 電荷が量子化される理由が不明。
6. 標準模型の枠内では，ヒッグス粒子の質量の補正項が非常に大きくなってしまう（階層性問題）。
7. そもそも私たちの世界がなぜ3次元空間であるのか，空間や時間とは何かもわかっていない。

このような標準模型の不満足な点を克服すべく，理論家は標準模型を超える理論の構築に励んでいます。また，実験家は標準模型を精密に検証したり，標準模型を

---

[13] この功績で梶田隆章とマクドナルド（Arthur B. McDonald）が2015年のノーベル物理学賞受賞。

超える理論が予言する粒子などの探索にいそしんでいるのです（物理学では専門化が進み，研究者は理論家と実験家とに大別されます）。

9.5 標準模型を超える理論

標準模型を超える理論は，標準模型が完成する前から研究されてきました。まずは，重力以外の 3 つの力を統一する大統一理論（GUT：Grand Unified Theory）が提唱され，続いて，重力をも記述する超弦理論（Superstring Theory）の研究が深化しています。ここでは，この 2 つの理論の概要を述べます。

9.5.1 大統一理論と核子崩壊

この節では，標準模型を超える理論として，まず大統一理論を概説します。

強い力の結合定数である色荷は，エネルギーとともに小さくなります（漸近的自由性，9.3.3 節参照）。弱い力の弱荷も同様ですが，電磁力の電荷は逆にエネルギーとともに増加します。3 つの結合定数が，あるエネルギー（大統一エネルギー）で一致すると，3 つの力が同じ結合定数で記述できることになります（大統一）。ただ，大統一エネルギーは，現在加速器で実現できる領域の十数桁も上のエネルギーです。この領域を探る数少ない実験が，核子（陽子と中性子）崩壊実験なのです。

大統一理論では，クォークとレプトンが同じ仲間となり，お互いに変化しうることになります。そして，安定と思われている陽子や中性子（原子核中の中性子は安定）も，バリオン数保存則を破って，たとえば次のような崩壊が可能です。

$$p \to e^+ + \pi^0, \quad n \to e^+ + \pi^- \tag{9.4}$$

このような核子崩壊を探そうと 1983 年に建設されたのがカミオカンデ（Kamiokande）です。実験装置は，岐阜県神岡鉱山の山頂から地下 1,000 m につくられた 3,000 トンの水タンクです[14]。nde は nucleon decay experiment の頭文字ですが，後にニュートリノ検出器として成果を挙げたので neutrino detection experiment も意味します。

核子崩壊は未発見で，スーパーカミオカンデ（5 万トンの水タンク）によってそ

---

[14] 1987 年，17 万光年かなたで起こった超新星爆発からのニュートリノをこの装置でキャッチして，実験主導者である小柴昌俊が，太陽ニュートリノ初観測のデービス（Raymond Davis Jr.），X 線天文学の創始者ジャコーニ（Ricardo Giacconi）とともに 2002 年のノーベル物理学賞受賞。

の寿命は 10^{34} 年以上と推定されています。ハイパーカミオカンデ（26 万トンの水タンク）は現在建設中で，2027 年に観測開始予定です。そこで期待されている成果の 1 つが，核子崩壊の発見です。もし，核子崩壊が発見され，その寿命が 10^{35} 年だと測定されたとしましょう。すると，この宇宙は 10^{35} 年後には大半の物質が崩壊してしまっていることになるのです。心配するには及ばない，ずっと先の未来のことですが。

9.5.2 超弦理論

この節では，超弦理論（超ひも理論）について概説します（参考文献 [Newton, 大栗, 橋本, 夏梅, 川合]。超弦理論が扱うエネルギー領域は，プランクエネルギー領域であり，弦（ひも）の長さはプランク長のオーダーです。まず，これらプランクスケールを定義しましょう。

プランクスケール

エネルギー量子化を発見してプランク定数 h を定義したプランクは，換算プランク定数 $\hbar$，万有引力定数 $G_{\mathrm{N}} \simeq 6.673 \times 10^{-11}$ $\mathrm{m}^3/(\mathrm{kg} \cdot \mathrm{s}^2)$，光速 c，および，ボルツマン定数 k_{B} を用いて，プランクエネルギー E_{P}，プランク質量 m_{P}，プランク温度 T_{P}，プランク長 l_{P}，プランク時間 t_{P} を定義しました。これらを総称して，プランクスケールといいます（表 9.5）。

プランクエネルギーは，現在稼働中の最高エネルギー加速器，LHC の $\sim 14\,\mathrm{TeV} = 1.4 \times 10^4\,\mathrm{GeV} = 1.4 \times 10^{13}\,\mathrm{eV}$ の 15 桁上のエネルギー領域であり，人工の加速器を用いた実験で検証することは現時点では不可能です。

表 9.5　プランクスケールの物理量

物理量	記号	定義式	概略値	
エネルギー	E_{P}	$\sqrt{\dfrac{\hbar c^5}{G_{\mathrm{N}}}}$	$1.2 \times 10^{19}\,\mathrm{GeV} \simeq 2.0 \times 10^9\,\mathrm{J}$	
質量	m_{P}	$\sqrt{\dfrac{\hbar c}{G_{\mathrm{N}}}}$	$2.2 \times 10^{-8}\,\mathrm{kg}$	
温度	T_{P}	$\sqrt{\dfrac{\hbar c^5}{G_{\mathrm{N}} k_{\mathrm{B}}^2}}$	$1.4 \times 10^{32}\,\mathrm{K}$	
長さ	l_{P}	$\sqrt{\dfrac{\hbar G_{\mathrm{N}}}{c^3}}$	$1.6 \times 10^{-35}\,\mathrm{m}$	
時間	t_{P}	$\sqrt{\dfrac{\hbar G_{\mathrm{N}}}{c^5}}$	$5.4 \times 10^{-44}\,\mathrm{s}$	

超弦理論の概要

弦理論は，1970 年に南部[※15]たちによって，ハドロンを記述する理論として考え出されました。粒子は点ではなく，1 次元の弦（ひも）の振動であるとする理論です。

しかし，弦理論はボース粒子しか扱えないので，**超対称性**（supersymmetry）を導入して超弦理論（superstring theory）となりました。超対称性では，ボース粒子とフェルミ粒子とが互いにパートナー関係になっているのです。そのために，標準模型の粒子すべてに超対称性粒子（超対称対応粒子）が必要です。すなわち，クォークにはスカラークォーク（squark），レプトンにはスカラーレプトン（slepton），ゲージボソンにはスピン $\frac{1}{2}$ ゲージ粒子（gaugino），ヒッグス粒子にはスピン $\frac{1}{2}$ ヒッグス粒子（higgsino）です。超対称性粒子は未発見なので，質量は重いと考えられています。

弦には閉じた弦（輪ゴムのような弦）と開いた弦（切れた輪ゴムのような弦）とがあり，閉じた弦には，重力子として振る舞う振動があることがわかりました。すなわち，超弦理論は重力を含む真の統一理論（万物の理論，TOE：Theory Of Everything）候補となったのです。点粒子を基本とした量子重力理論では，無限大の困難が解決できませんでしたが，点ではなく弦とすることにより，無限大の問題が回避されたのです。

ただ，超弦理論が矛盾のない理論であるためには，空間が 9 次元（時間 1 次元と合わせて 10 次元時空）であることが必要です。日常の空間は 3 次元なので，6 個の**余剰次元**は小さく丸まっている（**コンパクト化**されている）と考えられました（2 次元の紙を円筒形に丸めてその半径を小さくすると，遠くからは 1 次元に見えます）。この 6 次元の余剰次元は，数学的に「カラビ＝ヤウ（Carabi-Yau）多様体」であると予想されています。

超弦理論は数学的に難しく，しかも扱うエネルギー領域が大統一エネルギーのさらに数桁上のプランクエネルギー領域であり，弦の長さもプランク長（10^{-35} m）のオーダーです。そのため，実験で検証できる予言がなかなか出せずにいました。そんな中，以下に概説するように「ブレーン」，「M 理論」，「AdS/CFT 対応」など画期的なアイデアが出され，興味深い予言ができるようになってきています（11.5.2 節も参照）。また，余剰次元やブレーンのアイデアを活用して，標準模型の困難を解決しようとする試みもなされています（たとえば文献 [橋本，ランドール]）。

※15 南部陽一郎（1921–2015，日，米）量子色力学やヒッグス機構，弦理論などの基礎理論をつくった。2008 年，小林と益川とともにノーベル物理学賞受賞。

ブレーンワールド

超弦理論には，弦だけでなく，0〜9次元の膜（brane）も存在することがわかりました。brane は membrane からの造語です。D ブレーン（D は Dirichlet条件〈固定端条件〉から）は，閉じた弦がたくさん固まったものです。D ブレーンには開いた弦の両端が張り付き，ベケンシュタイン（Jacob D. Bekenstein）とホーキングが独立に提唱したブラックホールのエントロピーなどを説明することができます。エントロピーは，系の乱雑さを表す物理量で，その系がとりうる量子状態の数によって決まる量です。大質量の D ブレーンがブラックホールになり，その表面に張り付いた弦の状態数がエントロピーに対応するのです。

開いた弦の振動により，クォーク，レプトン，光子などの基本粒子が説明できます。「開いた弦は，両端が 3 次元の D ブレーンの超表面に張り付いていて，余剰次元には行けない」とすると，私たちの宇宙が 3 次元空間であることが説明できます。一方，閉じた弦（重力子）は，余剰次元も自由に動けます。そのため，重力が余剰次元にも及ぶので，私たちの宇宙での重力が他の 3 つの力よりずっと弱いことが説明できるのです。このシナリオでは，余剰次元は必ずしもプランク長にまでコンパクト化されていなくてもよいことになります。その場合には，余剰次元の効果が重力の逆 2 乗則からのずれなどによって観測できるかもしれません。その兆候を探そうとする実験が，世界各地で行われています。

M 理論

M 理論は，M が membrane, matrix, mystery, master, mother などを意味する 11 次元時空の理論です。超弦理論では，5 つのタイプの 10 次元時空の理論が知られていました。ウィッテン（Edward Witten）は 1995 年，超弦理論の 5 つの理論と 11 次元時空の超重力理論が M 理論として統一的に理解できると提唱したのです。

そのときに活躍するのが双対性（または，そうたいせい，duality）です。双対性とは，まるで異なるように見える 2 つの理論（または 1 つの理論の異なる領域）が実は等価であることです。以下に説明する AdS/CFT 対応も双対性の例といえます。

AdS/CFT 対応とホログラフィー原理

マルダセナ（Juan M. Maldacena）は 1997 年，マルダセナ予想（AdS/CFT 対応，ゲージ/重力双対）を提唱しました。AdS（Anti de Sitter Space，反ド・ジッ

ター空間[※16]）/CFT（Conformal Field Theory，共形場理論[※17]）対応は，**ホログ
ラフィー原理**の好例ともいえます。ホログラフィーは，2 次元の面に 3 次元の情報
が書き込まれていて，立体的に見える技術です。ホログラフィー原理とは，n 次元
の情報が $n-1$ 次元の面に書き込まれていることを表します。

AdS/CFT 対応では，量子重力場の理論での境界が，空間が 1 次元だけ低い，重
力を含まない量子場の理論と等価である（ホログラフィー原理）というのです。し
かも，重力が弱い量子重力理論が，結合の強い量子場の理論に対応するというので，
素粒子分野だけでなく，原子核物理学や物性物理学分野でも応用され，成果を挙げ
ています。

※ 16　アインシュタイン方程式で負の宇宙定数のみが存在する（負の曲率をもつ）空間。逆にド・ジッター空
　　　間は，正の宇宙定数のみが存在する（正の曲率をもつ）空間。
※ 17　共形変換に不変な量子場の理論。共形変換とは，交差する線分の角度は変えずにスケールを変える変換。

第10章 原子核の世界

この章は，原子の中心に位置していて原子の質量のほとんどを担う原子核について
いてです。原子核はなぜそんなに小さいのか，なぜ放射性元素になるのか，原
子力はどういう仕組みでエネルギーを生成できるのか，本章では，このような
ことについて考察します。

まずは，10.1 節で，「原子核の谷」をヒカルたちと一緒に探検しましょう。
続いて，10.2 節では，核力とそれを媒介するメソン（中間子）について湯川
がどのように考えたのかを振り返ります。10.3 節は，放射性同位元素につい
てです。最後に 10.4 節では，核融合と核分裂について概説します。

10.1 量子ワールド（原子核の国）

ヒカルとクォンタは，リュックを背負って，原子核の国に来ています。「原子核
は，陽子と中性子でできていることはご存じですね。陽子と中性子をあわせて核子
といいます。原子核の質量は，自由な（束縛されていない）陽子や中性子の質量の和
より軽くなっています（質量欠損）。原子核を束縛するエネルギーの分だけ軽くなっ
ているのです。$E = mc^2$ の式の通り，質量とエネルギーは等価だからです。放出
されるエネルギーが原子力エネルギーなのです。きょうは原子核の谷を歩きましょ
う」クォンタは歩きながら説明しています。

「これが，原子核の谷の地図です」図 10.1 を胸のディスプレイに映し出してクォ
ンタは言いました。「北に行くほど，原子番号 Z，すなわち，陽子数が増えていきま
す。また，東に行くほど中性子数 N が増えます。東西方向の石段は，同じ原子番号
で中性子の数が異なる原子核，つまり**同位体**（isotope）です」

次に図 10.2 を画面に映してクォンタは続けました。「谷の深さは，核子 1 個当た
りの束縛エネルギーになっています。つまり，谷が深いほど核子が強く束縛されて
いて，原子核が安定なのです。黒い石段が安定な原子核で，橙色の石段が放射性の
原子核です。放射性原子核（橙色）は不安定な原子核で束縛がゆるく，谷は浅いの

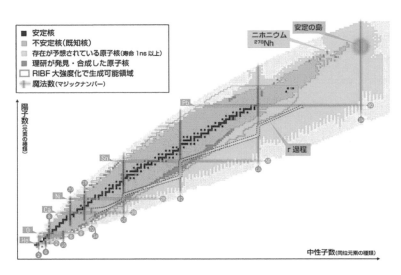

図 10.1　原子核の存在領域
出典：https://www.nishina.riken.jp/research/nucleus.html

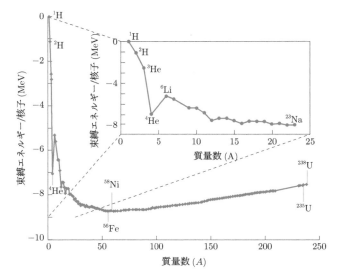

図 10.2　核子当たりの束縛エネルギーの質量数（A）依存性：挿入図は $A = 23$ まで
出典：デジタル版『日本大百科全書（ニッポニカ）』「核融合」の解説；2023 年 7 月 20 日
　　アクセスのデータを参考に作成

です」

^{1}H の石段とその東側の石段

　「さあ，原子核の谷の入り口に来ました」ヒカルとクォンタは，柱状節理状（石柱が並んだ状態）になった谷の入り口に立っています。「いま私たちがいるところはここです」クォンタの画面には図 10.3（図 10.1 の最初の部分を拡大した図）が映し出されました。

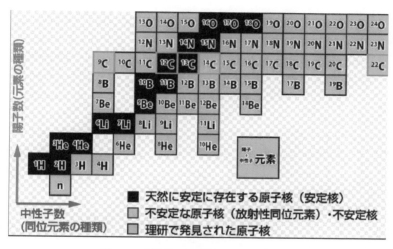

図 10.3　原子核の存在領域（一部拡大図）
出典：https://www.nishina.riken.jp/research/nucleus.html

　2 人が立っている石段の表面には ^{1}H と書いてあります。「元素記号の左上の数字は，**質量数**（陽子数と中性子数の和）です」クォンタが説明すると，ヒカルが言いました。「^{1}H は，水素原子核，つまり陽子（p）ですね。この ^{1}H の石段は，北側と南側に何もないので怖いですね。東側の石段には，^{2}H と書いてあるので重水素原子核（deutron）ですね」ヒカルの言葉にクォンタが答えて言いました。「その通りです。^{2}H は陽子と中性子が束縛された原子核です。その元素は化学的には軽水素（水素）と同じなので，酸素と反応すると重水ができます。重水は飲むとからだに毒だそうですよ」

太陽での核融合

^{2}H の石段に下りました。「太陽の中では，強大な重力のおかげで 2 個の陽子が近づき，トンネル効果によって核融合して ^{2}H ができるのです」クォンタの画面に次の式が映し出されていました。

$$p + p \rightarrow {}^2\mathrm{H} + e^+ + \nu_e \tag{10.1}$$

「量子特有のトンネル効果がないと核融合するには 100 億°C の温度が必要ですが，太陽中心の温度は 1,600 万°C なので，古典物理学では核融合は起きないことになります（参考文献 [Newton22-05]）」「ニュートリノが放出されているから，弱い力がはたらいているのですね」ヒカルが言うと，クォンタが答えました。「その通りです。陽子は正電荷をもっているので，重力によって 2 個の陽子が近づくと互いにクーロン力による反発力を受けます。そのクーロン力のポテンシャル（位置エネルギー）の壁をトンネル効果ですり抜けて，核融合するのです。しかも反応は弱い力によって起こりますから，陽子（水素原子核）はゆっくりゆっくり核融合していくのです。最終的には安定な原子核 ^{4}He（図 10.2 の挿入図参照）が生成されて太陽が輝いているのです。このときの一連の反応を，pp チェーンといいます。太陽では，98.5％のエネルギーが pp チェーンによって生み出されます」画面には次の式が映し出されていました。

$$4p \rightarrow {}^4\mathrm{He} + 2e^+ + 2\nu_e + 24.17\,\mathrm{MeV} \tag{10.2}$$

さらに先へ

さらに東側の石段を見ると，^{3}H と書いてありました。「これがトリチウムですね。福島第一原子力発電所の汚染水で，除き切れない放射性同位元素として有名ですね」ヒカルはニュースを思い出して言いました。「トリチウムの半減期は約 12 年で，次のように崩壊します」クォンタの画面に次の式が映し出されました。

$$^3\mathrm{H} \rightarrow {}^3\mathrm{He} + e^- + \overline{\nu}_e \tag{10.3}$$

「次に私たちが下りようとしている段の ^{3}He が生成されるのですね」ヒカルは，^{3}He が超流動のところで出てきたことを思い出しました（8.1.2 節参照）。

^{4}He の石段とその付近

2 人は ^{3}He の石段に下り，さらにかなり深い ^{4}He に下りました（図 10.2 の挿入図）。「さあ，ここが 1 つの難所ですよ。この北側と東側には石段がないので怖いで

すね。しかも，北東の ^{6}Li は少し高くなっています。その石段に手をかけて斜めに
うまくよじ登ってください」ヒカルはクォンタに下から押し上げてもらい，^{6}Li の
石段に上がってからクォンタを引っ張り上げて，2 人は無事 ^{6}Li そして ^{7}Li に移り
ました。さらに次の難所 ^{9}Be にも何とかうまく渡れました（^{8}Li はかなり高いので
経由できないのです）。「これ以降は，難所はしばらくないですよ」クォンタに案内
されてヒカルはどんどん石段を下りていきました。

谷の一番深い場所

　「ここが原子核の谷で一番深いところです」クォンタの声にヒカルが石段を見る
と $^{58}_{28}$Ni（ニッケル）と書いてありました。クォンタの画面に**図 10.2** が映っていま
した。「元素記号の左下の数字は原子番号です。原子核の安定性に関して，**魔法数**が
あります。陽子や中性子の数が魔法数（2，8，20，28，50，82，126）のとき，原子
核はより固く結びつき，安定なのです。二重魔法数の $^4_2$He，$^{16}_8$O，$^{40}_{20}$Ca，$^{208}_{82}$Pb な
どはとくに安定です」

　「実は，この段の少し前の $^{56}_{26}$Fe（鉄）が，太陽質量の 8 倍以上重い恒星の中で核融
合される最後の原子核になります。$^{56}_{26}$Fe まで合成されて鉄のコアができると，これ
以上重い原子核を合成してもエネルギーを生成できません。むしろ，熱エネルギー
を吸収して鉄の分解反応が起きるのです。すると恒星はどうなるでしょうか？」

　ヒカルはクォンタの問いについて考えてみました。「熱が発生されず，鉄のコア
が分解されるのなら，重力で星がつぶれてしまうのではないだろうか」その考えを
クォンタに言うと，クォンタは微笑んで言いました。「その通りです。そのままつぶ
れてしまうとブラックホールになります。重力で星がつぶれず，**中性子星**という中
性子だけでできたような星ができると，星の表面などから星の内部に落ちていった
物質が中性子星で跳ね返って**超新星爆発**を起こすのです」

　「そのときにニュートリノが放出されるんですね。超新星爆発からのニュートリ
ノを初めて検出することに成功して，小柴昌俊さんが 2002 年のノーベル物理学賞
を受賞されたんですね」ヒカルはニュースを思い出しながら言いました。「そうなん
です。ニュートリノは星の深部で生成されるので，超新星爆発を，光で見えるより
早く観測できるのです。そのため，ニュートリノ観測で超新星爆発の予報もできる
のですよ。でも，1 つの銀河で超新星爆発が起きる頻度は，20〜50 年に 1 回だそう
です」クォンタが付け加えました。

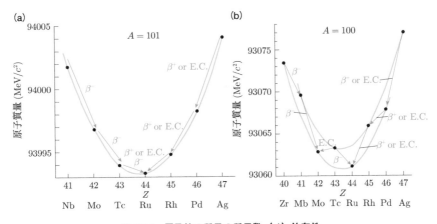

図 10.4　原子核の質量の質量数（A）依存性
(a)A が奇数の核，(b)A が偶数の核
出典：文献［クローズ］を参考に作成

原子核の安定性とベータ崩壊

$^{58}_{28}$Ni から先はなだらかな上り階段となり，$^{101}_{44}$Ru（ルテニウム）の石段まで上がったところで，クォンタが図 10.4(a) を映し出して言いました。「ここでは，原子核のベータ崩壊について説明します。この石段の北西と南東（$A = $ 一定）の方向を見てください。石段の高さが放物線状に高くなっていくでしょう。重い原子核は，より軽い原子核に崩壊しますが，ベータ崩壊では，質量数 A は変わらないのです。原子番号 Z を横軸に，$A = $ 一定 の原子核の質量を縦軸にした図をつくると，図 10.4(a) のように放物線になります。質量の大きい原子核は，質量が一番小さい原子核に向かってベータ崩壊していくのです」

クォンタの説明にヒカルが口をはさみました。「$^{101}_{44}$Ru の原子番号より小さい $Z < 44$ の原子核は，中性子が多すぎるのですね。それで β^- 崩壊，すなわち，中性子が陽子に変わり，電子と反電子ニュートリノを放出して次々に崩壊していきますね。逆に $Z > 44$ の原子核は，陽子が多すぎるのですよね。それで β^+ 崩壊，すなわち，陽子が中性子に変わり，陽電子と電子ニュートリノを放出して次々に崩壊をしていくのですね。ところで，E.C. と書いてあるのは何ですか」クォンタは次の式を映して答えました。

$$e^- + p \rightarrow n + \nu_e \tag{10.4}$$

「E.C. は，電子捕獲（Electron Capture）です。原子では原子核の周りに電子があるので，原子核の近くにある電子を 1 個吸収して，余分な陽子を中性子に変えます」

「なるほど，(10.4) で電子を右辺に移項して陽電子にすると，β^+ 崩壊になりますね」ヒカルは納得しました。

「隣の $^{100}_{44}$Ru の石段に戻って，同様に石段の北西と南東の方向を見てみてください」ヒカルが見てみると，高い段とそれほど高くない段が交互になって高くなっていきます。クォンタが図 10.4(b) を映し出して理由を説明してくれました。「$^{101}_{44}$Ru の段では，A が奇数でした。この段では，$A = 100$ で偶数です。原子核は，2 個の陽子や 2 個の中性子が互いに対になった方が安定で，質量が小さくなります。陽子数と中性子数がともに偶数の原子核（偶々核）の方が，ともに奇数の原子核（奇々核）より質量が小さいので，このように 2 つの放物線が描けます。$^{100}_{42}$Mo（モリブデン）は，2 個のベータ崩壊を同時に起こさなければ $^{100}_{44}$Ru に落ち着けないので長寿命元素です。さあ，また石段を上りましょう」

アルファ崩壊と放射線壊変系列

ヒカルが気が付くと $^{238}_{92}$U（ウラン）の石段にいました。疲れて眠っていたようです。クォンタの姿が見えません。その時です。ピカッと光ったかと思うと，からだが飛ばされました。見ると $^{234}_{90}$Th（トリウム）の石段にいました。「$^{238}_{92}$U がアルファ崩壊をしたのです。半減期が 44.7 億年の $^{238}_{92}$U が，いま崩壊したのです」クォンタの声が聞こえたと思ったら，また光って $^{234}_{91}$Pa（プロトアクチニウム）の段にいました。またまた光ったと思ったら，その段が少し沈みました。「石段が沈んだのはガンマ崩壊したからです」またクォンタの声。そしてまた光が走って $^{234}_{92}$U の段に落ち着いたのです。「$^{238}_{92}$U からアルファ崩壊が 1 回，ベータ崩壊が 2 度起こって $^{234}_{92}$U に来ましたね。ウラン系列はまだ続きますが，$^{234}_{92}$U の半減期は 24.5 万年なので，しばらくはそこにとどまります。お疲れ様でした」ヒカルはこの小旅行で原子核に親近感が湧きました。

問題 10.1 原子量と質量数とはどう違うのですか。また，周期表を見ると原子量が整数ではないのですが，それはなぜですか。　　♥

10.2 核力と中間子

中性子は 1932 年にチャドウィック（James Chadwick）によって発見され[1]，原

※1　チャドウィックは，この功績によって 1935 年のノーベル物理学賞受賞。

子核が陽子と中性子（総称して核子と呼ぶ）からできていることがわかりました。

陽子や中性子はクォークから構成されていますが，原子核の構造などを考えるときには，陽子や中性子の内部構造は考慮しなくて大丈夫です。これは，物質を考えるときに原子の内部構造を考えなくてもよい場合が多いのと同じことです。つまり，自然界は**階層構造**になっていて，どれか 1 つの階層ではほとんどの場合，その下の階層のことは考慮しなくてもよいのです。

中間子の予言

原子核の中では，陽子や中性子が核力（強い力）で結びついています。1934 年，湯川[2] は，核力の場の量子化を考えることによって，中間子（メソン）が存在するはずであると予言しました。湯川は，核子から半径 r での核力の位置エネルギー（ポテンシャルエネルギー）$U(r)$ を

$$U(r) \propto \frac{1}{r} \exp\left(-\frac{r}{r_0}\right), \quad r_0 = \frac{\hbar}{mc} \tag{10.5}$$

と書きました。$\propto$ は比例関係を表す記号で，m はメソンの質量です。

原子核の半径は 1 f m（フェムト）$\equiv 10^{-15}$ m のオーダーですから，核力が及ぶ範囲 r_0 もその程度の距離（近距離力）です（原子核が小さいのは，核子を結びつける核力がこのように短距離力だからです）。核力を媒介する粒子の質量は r_0 の逆数に比例するため，媒介粒子の質量 m は，電子と核子との間の質量をもつことになります（それでメソンは中間子と呼ばれます）。一方，電磁力を媒介する光子や重力を媒介する重力子（未発見）の質量は 0 です。そのため，電磁力や万有引力は，距離の 2 乗に反比例し，力の及ぶ範囲は無限遠（遠距離力）となります（力は，ポテンシャルを距離で微分して得られるので，r^{-2} に比例します）。

メソンは，2 個の陽子，2 個の中性子，そして陽子と中性子の間の力を媒介することから，電荷が $\pm e$ と 0 の 3 種類存在することになります。予言されたメソンを，π^+，π^-，π^0（π メソン）と表記します。

メソンの発見

1936 年，そのような質量をもつ粒子が宇宙線の中に発見されました。しかしながら，その粒子は核力を媒介するにしては，相互作用が弱く，寿命も長過ぎました。理

---

[2]　湯川秀樹（1907–1981，日）最初に学術雑誌に掲載された学術論文が 1949 年のノーベル物理学賞受賞につながった。日本初のノーベル賞受賞は，敗戦で疲弊した国民に勇気と自信を与えた。その後，場の理論の発散を「素領域」によって解決しようとしたがうまくいかなかった。素領域は現在の弦理論につながる考え方であった。

論が混乱する中，坂田[3]たちは，発見された粒子はメソンではなく，メソンが崩壊して生成された粒子であると提唱しました。

$$\pi^- \to \mu^- + \overline{\nu}_\mu, \quad \pi^+ \to \mu^+ + \nu_\mu \tag{10.6}$$

1947 年，ついに $\pi^{\pm}$ メソンが発見されたことで，湯川理論や坂田たちの理論の正しさが証明されたのです。$\pi^{\pm}$ メソンが崩壊して生じた粒子は，ミュー粒子（ミューオン，$\mu^{\pm}$）と名づけられました。著名な物理学者（Willis E. Lamb）が「誰がそんな粒子を注文したんだ」と言ったと伝えられているように，ミューオンはなぜそんな粒子が存在するのかわからない粒子だったのです。

中性の π メソン π^0 は，主に 2 つの光子（γ）に壊れます。

$$\pi^0 \to \gamma + \gamma \tag{10.7}$$

10.3　放射性同位元素（原子核の崩壊）

図 10.1 の大部分の原子核は不安定で，より安定な原子核に崩壊します。原子核の崩壊は，主にアルファ崩壊，ベータ崩壊，ガンマ崩壊に分けられます。ベータ崩壊については，10.1 節に説明があるので，ここでは，アルファ崩壊とガンマ崩壊について述べます。

10.3.1　半減期と平均寿命

放射性同位元素（RI：RadioIsotope）は，半減期の時間が経つと半分の元素が崩壊しています。量子力学では，半減期の数値は計算できますが，1 個の放射性同位元素がいつ壊れるかについてはまったく答えられません。ある時間の経過後に崩壊している確率しか計算できないのです。

問題 10.2　時刻 t と $t + \Delta t$ との間に崩壊する放射性同位元素の数は，時刻 t の放射性同位元素の数と Δt の積に比例すると考えられます。このとき，次式を導きなさい。

$$N(t) = N(0) \exp\left(-\frac{t}{\tau}\right) \tag{10.8}$$

---

[3]　坂田昌一（1911–1970，日）メソンが陽子や中性子などから構成されるとする坂田模型を提案。しかし，さらなる大胆さが足りず，クォーク模型の提唱に至らなかったのは残念。

ただし，時刻 t での放射性同位元素の数を $N(t)$，比例定数を $\frac{1}{\tau}$ とします。 ♥

問題 10.3 (10.8) で，τ は放射性同位元素の平均寿命であることを示しなさい。♥

問題 10.4 放射性同位元素の半減期 T と平均寿命 τ との関係は

$$T = \tau \ln 2 \simeq 0.693\tau \tag{10.9}$$

で与えられることを示しなさい。 ♥

量子ゼノン効果

　量子ゼノン効果は，短時間に測定を繰り返すと放射性同位元素の寿命が延びるという現象です。「ゼノンのパラドックス（Zeno's paradox）」に基づく命名です。ゼノンのパラドックスとは，たとえば「飛んでいる矢は，観測している各瞬間に止まっているので結局止まっているはず」という主張で，極限値に対する理解が乏しかったころのパラドックスです。量子ゼノン効果は，測定をするたびに時間が 0 に戻り，実際に放射性同位元素の寿命が延びるのです。量子ゼノン効果を利用して，量子ビットのデコヒーレンスを防ぐ試みなどが行われているようです。ただし，反量子ゼノン効果の報告もあるので注意が必要です。

10.3.2　アルファ崩壊と崩壊系列

　アルファ粒子はヘリウム原子核（$^4_2\text{He} \equiv \alpha$ 粒子）で，安定粒子です。アルファ崩壊では，重い原子核がアルファ粒子を放出して，より安定な原子核に移ります。

アルファ崩壊とトンネル効果

　アルファ崩壊は，トンネル効果によって起こります。親原子核の中に，安定なアルファ粒子ができたとしましょう。アルファ粒子は，親原子核から逃げ出さないように，強い力による位置エネルギーの壁で閉じ込められています。ガモフ[4] は 1928 年，アルファ崩壊はアルファ粒子がこの壁をトンネル効果によって通り抜ける現象であると気づき，半減期などを計算しました。

---

[4] George Gamow（1904–1968，露，米）ビッグバン宇宙論を 1948 年に提案。『不思議の国のトムキンス』などの著作でも有名。

崩壊系列

質量数 A，原子番号 Z の原子核（元素記号 X とする）を ^A_ZX と書き，アルファ崩壊の結果として元素 Y が生成されるとすると，α 粒子は ^4_2He なので，その反応は次のように書けます。

$$^A_Z\text{X} \rightarrow {}^{A-4}_{Z-2}\text{Y} + \alpha \tag{10.10}$$

生成原子核は，アルファ崩壊，ベータ崩壊，ガンマ崩壊を繰り返して，より安定な原子核に移っていきます。ベータ崩壊とガンマ崩壊では崩壊前後で A が変わらないので，アルファ崩壊は A が $4n$，$4n+1$，$4n+2$，$4n+3$（n は正の整数）の 4 つの系列をつくることがわかります（**表 10.1**）。崩壊生成物のうち $^{220}_{86}\text{Rn}$（ラドン）などは放射性気体であり，吸い込むと内部被曝を起こすので危険です。

表 10.1　崩壊系列

A	系列名	始めの核種	終わりの核種	地球上での存在
$4n$	トリウム	$^{232}_{90}\text{Th}$	$^{208}_{82}\text{Pb}$	地球形成時から
$4n+1$	ネプツニウム	$^{237}_{93}\text{Np}$	$^{209}_{83}\text{Bi}$	天然の核反応で微量に生成
$4n+2$	ウラン	$^{238}_{92}\text{U}$	$^{206}_{82}\text{Pb}$	地球形成時から
$4n+3$	アクチニウム	$^{235}_{92}\text{U}$	$^{207}_{82}\text{Pb}$	地球形成時から

問題 10.5　ラドン温泉はからだによいと思っていましたが危険なのでしょうか。♥

10.3.3　ガンマ崩壊

アルファ崩壊やベータ崩壊の結果生成された原子核などが励起状態にあるとき，ガンマ崩壊，すなわち，ガンマ線（高エネルギー光子）を放出して基底状態に移ります。ガンマ崩壊では，A も Z も変わりません。

10.3.4　放射性同位元素の利用

放射能は，目に見えず，からだにも感じませんが，被曝するとからだに悪影響を及ぼします。しかしながら，放射性同位元素や放射線は，地球規模（例題 10.1 と**表 10.2**）でも，また，日常生活の中でも活躍しています（**表 10.2**，文献 [白書]）。

表 10.2　放射性同位元素の利用

分野	利用形態の例
工業	材料検査，材料加工，非破壊検査，有害物除去
農業	品種改良（照射による突然変異），害虫駆除，滅菌，発芽防止
医療	癌治療，画像診断（PET，シンチグラフィ，核医学検査[†]）
科学	年代測定，構造解析，トレーサーによる物質動態の動的観察

† RI を含む薬品を投与。薬剤の動態や分布の画像化。

例題 10.1　地球内部の熱

　地球中心部は $5,000 \sim 6,000\,\mathrm{K}$ だそうですが，表面から宇宙へ熱が逃げていくので，ついには冷えてしまうのではと心配です。地球内部の熱の起源は何で，熱の収支はどうなっているのでしょうか。

解答例　　主に 2 つの熱源があります。1 つは約 45 億年前，微惑星が地球に大量に降ってきて，地球がマグマオーシャンとなり，重力で断熱圧縮された熱。もう 1 つは，マントルや地殻に含まれる放射性同位元素の崩壊熱です。主な放射性同位元素は $^{238}_{92}\mathrm{U}$，$^{235}_{92}\mathrm{U}$，$^{232}_{90}\mathrm{Th}$，$^{40}_{19}\mathrm{K}$ などです（**表 10.3**，文献 [田近]）。地球は 46 兆ワットの熱を宇宙へ放射していますが，放射性元素の崩壊により 20 兆ワットの熱を生成しています。したがって地球は差し引き 26 兆ワットの熱を失ってゆっくりと冷えていくのです。　　　　　　　　　　　　　　　　　　　　　　◆

表 10.3　地球内部の熱源となっている主な放射性同位元素

放射性 同位元素	崩壊熱 (μW/kg)	半減期 （億年）	濃度 (μg/kg)	崩壊熱 × 濃度 (nW/kg) [†]
$^{238}_{92}\mathrm{U}$	94.6	44.7	30.8	2.91
$^{235}_{92}\mathrm{U}$	569	7.04	0.22	0.125
$^{232}_{90}\mathrm{Th}$	26.4	140	124	3.27
$^{40}_{19}\mathrm{K}$	29.2	12.5	36.9	1.08

† $1\,\mathrm{nW} = 10^{-9}\,\mathrm{W}$

10.4 核融合と核分裂

最後に，エネルギー問題を解決する有力候補，核融合と核分裂について概観します。

10.4.1 核融合

人工的な核融合炉は主に，磁場閉じ込め方式と慣性閉じこめ（レーザー核融合方式）があり，どちらも主に次の反応を用います[※5]。

$$^2\mathrm{H} + {}^3\mathrm{H} \to {}^4\mathrm{He} + n + 2.2 \times 10^{-12}\,\mathrm{J} \tag{10.11}$$

$^2\mathrm{H}$ は D（deutron），$^3\mathrm{H}$ は T（tritium）とも呼ばれるので，(10.11) を DT 反応ともいいます。

磁場閉じ込め方式は，磁場で超高温の重水素と三重水素の混合プラズマを閉じ込め，核融合を起こさせます。国際協力で開発しているフランスのITER（国際熱核融合実験炉）がこの方式です。

レーザー核融合方式は，超高強度のレーザービームを燃料（重水素と三重水素の混合物）に照射して高密度に圧縮するとともに，高温度に加熱して核融合反応を起こさせます。日本では，大阪大学などで開発されています。2022 年 12 月 5 日，米国ローレンス・リヴァモア国立研究所で出力が入力を 1.5 倍上回ったと発表されました。ただし，繰り返しは 1 回/1 日とのことです。また，レーザー光発生などのための総電力も含めると，エネルギー比はまだずっと小さいようです。

どちらもまだ実用化には至っていませんが，着実に実用化に近付いているようです。

10.4.2 核分裂

天然ウランの主成分は $^{238}_{92}\mathrm{U}$ で，$^{235}_{92}\mathrm{U}$ が 0.7％含まれています。原子力発電では燃料として $^{235}_{92}\mathrm{U}$ が 3 〜 5％に濃縮されたものを用います。$^{235}_{92}\mathrm{U}$ は，熱中性子[※6] を吸収すると核分裂を起こし，たとえば次式のように 2 つの原子核と数個の中性子に

[※5] 別の例として，豊富に存在して放射性元素ではないホウ素（$^{11}\mathrm{B}$）と軽水素（$^1\mathrm{H}$）の核融合がある。2023 年 2 月 21 日付の論文で，日米のグループが磁場閉じ込め方式による核融合実験に成功したと報じられた。反応は $^{11}_5\mathrm{B} + {}^1_1\mathrm{H} \to 3\,{}^4_2\mathrm{He}$ で，α 粒子（$^4_2\mathrm{He}$）の生成が確認された（文献 [Magee]）。

[※6] エネルギーの小さい中性子で普通 0.5 eV 以下のものをいう。中性子は周囲の原子核と衝突を繰り返して最終的エネルギーは約 0.025 eV $= 4.0 \times 10^{-21}\,\mathrm{J}$ になる。

分裂してエネルギーを放出します。

$$^{235}_{92}\text{U} + n \rightarrow {}^{95}_{39}\text{Y} + {}^{139}_{53}\text{I} + 2n + 3.2 \times 10^{-11}\,\text{J} \tag{10.12}$$

生成された中性子を制御しながら次々とゆっくり核分裂反応を起こさせ，生成熱によって発電するのが原子力発電です。

例題 10.2　化学反応，核融合，核分裂での生成エネルギー

　核融合，核分裂での生成エネルギーは化学エネルギーのおよそ何倍でしょうか。化学反応の例として (6.10) を用い，材料 1 g 当たりのエネルギーを比較しなさい。

解答例　(10.11) と (10.12) のエネルギーにアボガドロ数を乗じ，それぞれを質量数 5（= 2 + 3）や 235（n は含めない）で割り，さらに (6.10) の値 $\frac{2.84 \times 10^5}{2+16} = 1.58 \times 10^4\,\text{J/g}$ で割って，次式のような値を得ます。

$$\text{核融合}: \frac{2.2 \times 10^{-12} \times 6.02 \times 10^{23}}{5 \times 1.58 \times 10^4} \simeq 1.7 \times 10^7$$

$$\text{核分裂}: \frac{3.2 \times 10^{-11} \times 6.02 \times 10^{23}}{235 \times 1.58 \times 10^4} \simeq 5.2 \times 10^6 \tag{10.13}$$

化学反応に対して，核融合では約 1,700 万倍，核分裂では約 520 万倍となります。◆

第11章 宇宙と量子論

この章では，究極のマクロである宇宙と究極のミクロである量子論との関係について考えます。宇宙の進化は一般相対性理論で記述できますが，とくに初期宇宙やブラックホールの理解には量子論が本質的に重要な役割を果たしています。初期宇宙やブラックホールなどは最先端の研究であり，専門用語が頻発して難しいかもしれません。そういうときは，概要を大づかみにするという気持ちで軽く流して読んでいただければ幸いです。

11.1 節で，クォンタやヒカルと一緒に，初期宇宙への旅とブラックホール観光の旅を楽しんでください。11.2 節では，元素の起源について考えます。私たちが「星の子」であることを納得しましょう。

11.3 節では，宇宙の理解が一般相対性理論と量子力学によって格段に進んだことを述べます。続いて，11.4 節では，ミクロの極限を探る素粒子物理学とマクロの極限である宇宙との密接な関係について考察します。最後に 11.5 節では，未完成ながら研究が進む量子重力理論の現状を概観します。

11.1 量子ワールド（宇宙の国）

クォンタとヒカルは「宇宙の国」へ来ています。

11.1.1 宇宙を過去へたどる旅

2 人は小型の宇宙船の中にいます。クォンタがきょうの冒険について話し始めました。「宇宙の始まりのさらに先はどうなっているのでしょうか。一般相対性理論では，宇宙の過去がついには特異点に達することはご存じですよね」ヒカルは宇宙について聞いたり読んだりしたことを思い出しながら「特異点とは，密度が無限大になってしまって，物理学が破綻することを意味するんですよね」と言うと，クォンタはうなずきながら付け加えました。「特異点を回避するには，量子重力理論が必

要です。量子重力理論の有力候補の 1 つが，**ループ量子重力理論**です。きょうは，宇宙の始まりの前にさらに先の世界があるのか，あるとすればどうしてそうなるのか，ループ量子重力理論が予言する世界に行ってみましょう（参考文献 [ボジョワルド]）」

初期宇宙へ

宇宙船の外には，複雑に絡み合ったループの網の目が，激しく動いてつながりを変えているのが見えます。「ループ量子重力理論では，空間も量子化され，1 次元のループ状の広がりから空間がつくられると考えます。ループは超極微のモノですが，それを VR では『見える化』しています。いま宇宙船は，過去にさかのぼっています。宇宙は，宇宙の始まりに向かってどんどん圧縮され，体積が小さくなっているのです」クォンタの声によく見ると，ループ状のものが少しずつ消えていくのが見えました。「このまま体積が減っていって，特異点に到達してしまうのでは？」ヒカルが不安に駆られていると，船外では，ループの網の目の変化がパッパッとコマ送りのようになってきました。量子化された時間が見えるようになったのだとクォンタが説明してくれました。

特異点の先の宇宙へ

どのくらいその状態が続いたでしょうか。クォンタが興奮気味に叫びました。「見てください。少し前から，ループの網の目がまた増え出しましたね。たった今，特異点を突き抜けて，膨張する宇宙に転じたのです。ちょうど，縮み続けた風船が，裏返しになって大きくなり始めたように」

ヒカルが理解できないという顔をしてクォンタの方を見ると，クォンタが理由を説明してくれました。「時間の量子化により，ループに吸収できるエネルギーに上限ができるのです。ちょうど，プランクが発見したエネルギー量子のように。すると，余分なエネルギーがはじき出され，斥力が生まれたのです」

宇宙の始まり前後

「ここで，時間の向きを過去から未来へと戻して考えてみましょう。そうすると，ループ量子重力理論の予言では，宇宙の始まりの前の宇宙は収縮してきて，ある時点で跳ね返り，新たな宇宙が誕生したということになりますよね（Big Bounce）。でも結局，ループ量子重力理論では，宇宙は収縮・膨張を繰り返すだけで，そもそもの宇宙の始まりについては何も言っていませんね。一方，何もない無から宇宙が生まれたとするヴィレンキン（Alexander Vilenkin）やホーキングたちの説もありま

す。また，超弦理論には，無から生まれた宇宙が 30 〜 50 回宇宙誕生とビッグクランチ（Big Crunch）を繰り返して現在の宇宙になったという説（サイクリック宇宙説）もあります（参考文献 [川合]）。さあ，私たちの世界に戻りましょう」

11.1.2 ブラックホールへの旅

「きょうは，天の川銀河の中心にあるブラックホール，いて座 A* （Sgr A*）観光に行きましょう（参考文献 [二間瀬]）」クォンタの言葉に，ヒカルは 2022 年 5 月のニュースの映像を思い出しました。その「いて座 A*」の直接撮影に成功したという映像です（参考文献 [CNRS]）。クォンタは続けて言いました。「ほとんどの銀河の中心には，太陽質量（2.0×10^{30} kg）の 100 万倍から 100 億倍を超える巨大質量のブラックホールがあることが知られています。私たちの天の川銀河中心に位置するいて座 A* ブラックホールの質量は，太陽質量の約 400 万倍です。とくに，特異点の先がどうなっているのか見てみたいでしょう」クォンタの言葉にヒカルは身震いして言いました。「ブラックホールの地平面の中に入ったら，元の世界には戻れないし，つぶれてしまうと聞いたけれど」クォンタは笑って，でも少し心配そうに答えました。「大丈夫なはずです，VR ですから。でもわたしも今回初めての体験なので……」

いて座 A* ブラックホール

2 人が乗った宇宙船が，暗い宇宙を航行しています。目の前に，まばゆく光るリングに縁どられた丸い真っ暗な天体が見えてきました。真っ暗な部分は真の暗闇で，漆黒の闇そのものです。「あれが天の川銀河の巨大質量ブラックホールいて座 A* ですね」ヒカルが念を押すと，クォンタが答えました。「そうです。ブラックホールはリングの中心に位置し，地平面の半径（シュヴァルツシルト半径※1）は，リングの半径の約 $\frac{1}{5}$ の大きさです。光のリングは重力レンズ効果によって，ブラックホールの向こう側の星々の光が引き延ばされてリング状に見えているのです」

ブラックホールにモノを落とすと

クォンタがボタンを押しながら言いました。「ブラックホールに向けてカプセルを落としてみます。カプセルは 1 秒ごとにビープ信号を送ってきます」カプセルから

※1　Karl Schwarzschild（1873–1916, 独）アインシュタインが一般相対性理論を完成させてすぐに厳密解（ブラックホール解）を発見。いろいろ天才ぶりを発揮していたが，第 1 次世界大戦に参加し，病いを得て没した。

届くビープ信号の間隔は，だんだんゆっくりになっていきました。モニターに映っ
たカプセル像もだんだんゆっくりのスピードになり，色も赤っぽくなってやがて静
止し，そしてゆっくりと消えました。

　「ブラックホールの外部からブラックホールに落ちていくものを見ると，このよ
うに地平面で映像が止まってしまうように見えるのです。ブラックホールを中心に
向かって動いている動く歩道にたとえると，その速さは中心に近いほど速くなり，
ついには光速を超えます。そのスピードが光速に達するのが地平面なので，外から
見ているとそこで光が止まってしまうように見えるのです。でも，モノ（カプセル）
は実際は地平面を越えてブラックホールに落ちていったのです」

地平面からの 10 倍の距離での円軌道へ

　真っ暗な天体はぐんぐん大きくなって視直径（天体の見かけの直径の天球上での
角度）が 10° ぐらいになりました。クォンタが言いました。「いま，いて座 A* ブ
ラックホールの地平面の半径の 10 倍の距離の円軌道に乗っています。満月の視直
径が約 0.5° ですから，月の 20 倍もあるので迫力がありますね。このブラックホー
ルの地平面の半径は，約 1.2×10^7 km です。太陽系でいえば，ブラックホール中心
から地平面までの距離は，太陽から水星軌道の $\frac{1}{5}$ のところになります」

地平面を越えるとどうなるのか

　「これから地平面を越える計画だそうですが，どうなるのでしょうか」ヒカルは
心配そうにクォンタに尋ねます。「一般相対性理論では，特異点に達して私たちは
粉々になって 1 点につぶれてしまいますが，この VR では，別の宇宙か，あるいは，
私たちの宇宙の別の場所に行き着くようです。それは，ブラックホールの地平面通
過の古典的なシナリオの 1 つです。ワームホール（アインシュタイン＝ローゼン橋）
を通って行けるようです（図 11.1）。ループ量子重力理論でも，そのようなことが
起きる可能性があるようです」

　クォンタがさらに付け加えました。「回転しているブラックホールでは，特異点も
リング状になります。そのリング内を無事通過できると，ワームホールの別の出口，
すなわち，別の宇宙に行き着くようです」

地平面を越えて巨大質量ブラックホールの中へ

　「さあ，自由落下モードに切り替えますよ。特異点に達するまでは空虚な空間だ
けで，物質は何もありません」宇宙船は底部をブラックホールに向けて落下し始め
ました。真っ暗な空間がどんどん大きくなり，井戸の底にいるように，反対側の上

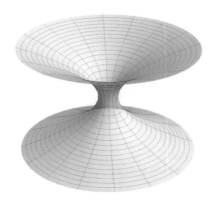

図 11.1　ワームホール（3 次元空間を 2 次元にしてある）
出典：AllenMcC.—投稿者自身による著作物, CC 表示–継承 3.0,
https://commons.wikimedia.org/w/index.php?curid=3864867 による

の方に強烈な明るい光が見えています。「あの光は，銀河系内の星々の光がブラック
ホールの重力によってエネルギーを得て降ってくるのです。もう地平面を越えたけ
れど，何も変なことは感じないでしょう。このブラックホールの質量が超巨大だか
らです」

「そろそろ，潮汐力を感じますね。潮汐力は，からだをスパゲッティのように伸ば
そうとする力です」クォンタが言うので，ヒカルも，足と頭が逆方向に引っ張られ
る気がしてきました。「VR だから，潮汐力は手加減してあるはずなんですが」クォ
ンタはいくぶん心配そうな声を出すので，ヒカルも不安になりました。

いよいよ特異点に近づいてきたようです。宇宙船がギイギイと不気味な音を立て
始めました。ヒカルも，からだが上下に引っ張られる感覚が強くなってきました。
それと同時に，からだが周りから締め付けられるようです。「からだが圧縮される
し，頭と足がちぎれそうだーっ」ヒカルは悲鳴を上げ，意識が薄れていきました。

気が付くと

気が付くと，ヒカルは見慣れた自分の部屋にいました。そばに，ヒカルがかぶっ
ていた帽子（ヘッドセット，VR 通信機）が脱げて，落ちていました。あのときヒ
カルは，あまりの心地悪さに頭を抱えて帽子を脱いでしまったようです。

後でクォンタに聞いてみると，クォンタも同様の状況だったそうです。「あの VR
はリアル過ぎる！　もう少し手加減すべきだー」クォンタもヒカルも意見が一致し
ました。結局，特異点がどうなっているのか，宇宙の別の場所へ行くのか，それと

も別の宇宙へ行けるのかわからないままでしたが，2人ともブラックホールへの冒険はもう懲り懲りでした。

問題 11.1 ブラックホールのシュヴァルツシルト半径は，脱出速度が光速になる領域を表す星の中心からの半径です。質量 M のブラックホールのシュヴァルツシルト半径 r_S は，万有引力定数を G_N，太陽質量を $M_\odot$ として次式で与えられます。

$$r_S = \frac{2G_N M}{c^2} \simeq 3\,\mathrm{km} \times \frac{M}{M_\odot} \tag{11.1}$$

この式を非相対論的古典力学で導き（なぜか，同じ式が得られる），最右辺の式を確かめなさい。 ♥

11.2 元素の起源と宇宙

私たちは，いろいろな元素からできています。元素はどこでつくられたのでしょうか。この節では，元素の起源について見てみましょう（たとえば文献 [科学]）。

軽元素の起源

私たちのからだは炭素の化合物である有機物などからできています。また，酸素がないと生きていけません。ところが，後述のように，宇宙初期に合成された元素の大部分は水素とヘリウムで，リチウムやベリリウムまでが合成されただけでした。それでは，炭素や酸素などはどこでつくられたのでしょうか。その答えは，恒星の中です。炭素や酸素などが合成されたのは，太陽より重い恒星の中での核融合のおかげなのです。

合成された炭素や酸素などの元素は，星の最期である超新星爆発などによって周囲にばらまかれます。そのようなチリが集まって，太陽系がつくられ，私たち生命も生まれたのです。つまり，私たちは「星の子」といえるわけです。

重元素の起源

恒星の中で核融合によって合成される元素は，鉄までです（10.1 節参照）。それでは，鉄より重い元素，金やウランなどはどこでつくられるのでしょうか。ウランまでの大部分の元素は超新星爆発の際の生成で説明できるようですが，金，白金，ストロンチウムなどの重元素は説明できませんでした。これらの重元素の合成には，中性子が周りにあふれている環境が必要なのです。それで「これらの重元素は2つ

の**中性子星**の合体時に合成される」と理論的に予言されました。中性子星は半径約
10 km，質量が太陽質量の 1 ～ 2 倍の星で，ほぼすべて中性子でできた巨大な原子
核のような天体です。

2017 年 8 月 17 日，2 つの重力波検出器が観測 6 例目の重力波（GW170817）を
検出しました。2 つの重力波検出器は，アメリカの LIGO とヨーロッパのVirgoで
す。観測された重力波が 2 つの中性子星の合体で生じた重力波であることが伝わる
と，重力波観測から予測された発生源付近に世界中の望遠鏡が向けられ，多波長（電
波，赤外線，可視光，紫外線，X 線，ガンマ線）での観測が開始されました。する
と，ある銀河の縁あたりが輝き始め（キロノバに分類される天体），多波長観測での
解析の結果，理論の予言通りに，そこで重元素が合成されていることがわかったの
です（参考文献 [田中]）。

水素の起源

私たちのからだの水の割合はどのくらいでしょうか。赤ちゃんは約 75%，大人は
50 ～ 65% だそうです。また，生命の維持に水や水素は重要なはたらきをしていま
す。水素は恒星の中での核融合の主要な燃料でもあります。どのようにつくられた
のでしょうか。

水素など軽い元素（正確には原子核）は，ビッグバン宇宙の最初の 10 分ほどの間
につくられたのです。すなわち，それまで自由に飛び回っていたアップクォークや
ダウンクォークから，まず陽子（水素原子核，存在比が約 73%）や中性子（半減期
が約 10 分）がつくられました。そして，宇宙の**原始原子核合成**によって，陽子と中
性子からヘリウム原子核が質量比で約 25% 生成されたのです。$A = 5$ と $A = 8$ の
安定な原子核が存在しない（**図 10.3**）ため，リチウムやベリリウムは，ほんのわず
かだけしか生成されませんでした。それらの原子核の存在比の予言値が実測値とよ
く一致するため，ビッグバン宇宙論の正しさが認識されるようになったのです。

11.3 一般相対性理論と量子力学に基づく宇宙の理解

この節では，20 世紀以降，宇宙への理解がどのように深化してきたかを振り返り
ます。私たちの宇宙を理解するのに，一般相対性理論に加えて量子力学が本質的に
重要な貢献をしてきたことを見ましょう。

11.3.1 一般相対性理論

アインシュタインは，1915–6 年に一般相対性理論を完成させました。1905 年に発表した特殊相対性理論は，一定の速度（速さと向きが一定）の系しか扱えなかったのですが，10 年間研究を続けてついに加速度系（速度が変化する系）をも扱えるようになったのです。それが一般相対性理論です。

宇宙を記述する一般相対性理論

完成した一般相対性理論は，重力を記述する理論だったのです。これは，アインシュタインが生涯最良の発見と喜んだ「**等価原理**」によります。すなわち，加速度系と重力系は等価であり，区別ができないということです。アインシュタインは，重力が時空（時間と空間）を曲げるということから，幾何学に基づいた**アインシュタイン方程式**を導きました（付録 D.1 節参照）。

重力に支配されている宇宙は，一般相対性理論で記述されるのです。しかも，重力が弱い場合には，アインシュタイン方程式はニュートンの万有引力の式に一致します。まず，ニュートン力学では説明できなかった「水星の**近日点移動**」が一般相対性理論によって説明できて，アインシュタインは一般相対性理論の正しさを確信したのです。水星の近日点移動は，楕円軌道の焦点の 1 つにある太陽を固定点として水星の公転軌道がずれていく効果です。それまで，既知の効果を除いた後の年間 43 秒角ずつの近日点のずれが説明できないでいました。

さらに一般相対性理論の予言である「**重力レンズ効果**」も，1919 年，エディントン（Arthur S. Eddington）たちが行った日食観測で，1.75 秒角だけずれる効果が確かめられました。アインシュタインは，一躍有名になったのです。重力レンズ効果は，重力によって空間が曲がり，したがって光も曲がる効果です。

アインシュタイン方程式への宇宙項の追加

アインシュタインがアインシュタイン方程式を宇宙そのものに適用してみたところ，宇宙が万有引力でつぶれてしまうことに気づきました。宇宙は定常的であるはずだと信じていたアインシュタインは 1917 年，アインシュタイン方程式に「**宇宙項**」を追加しました（付録 D.1 節）。宇宙項は，その比例係数である**宇宙定数**が正の場合には斥力としてはたらき，万有引力とつり合わせることができるのです。ただし，そのつり合いは不安定なものでした。少しでも宇宙定数の値がずれると，宇宙は膨張か収縮のどちらかに転じてしまうのです。

11.3.2　膨張宇宙とビッグバン宇宙論

　ところが，宇宙は膨張していること，さらに，加速膨張をしていることが最近明らかになったのです。宇宙が膨張していることはどのようにしてわかり，宇宙に関する現時点での理解はどうなっているのでしょうか。

ハッブル＝ルメートルの法則

　1920年代後半に発見・提唱されたハッブル＝ルメートルの法則[2][3]は，遠くの銀河ほど速い速度で遠ざかっているという法則です。つまり銀河の後退速度は，地球からの距離に比例して速くなっているのです。この観測結果を確かめたアインシュタインは，膨張宇宙を受け入れ，「美しいアインシュタイン方程式に宇宙項を加えたことは，一生の不覚だった」と後悔したと伝えられています。

　銀河が地球から遠ざかっていることはどのようにしてわかるのでしょうか。それは，赤方偏移の測定によってです。遠くの銀河ほど，銀河からのスペクトル線が本来の位置から赤い方（長波長側）にずれているのです。ちょうど，遠ざかる救急車のピーポーという警報音が低く聞こえるドップラー効果のようにです。このように，宇宙膨張の測定にも量子効果（スペクトル線の存在）が重要な役割を果たしているのです。

例題 11.1　銀河が遠ざかる速さは光速を超えてよい？

　銀河が遠ざかる速さが距離に比例するとすると，遠方では光速を超えますが，相対性理論に矛盾しないのでしょうか。

解答例　相対性理論では物質の速さは光速を超えられません。でも空間の膨張速度は光速を超えてもかまいません。地球から遠ざかる速さが光速を超える距離が，現時点での観測可能な宇宙の果てとなります。ブラックホールのシュヴァルツシルト半径の内側では，光速を超える速さで収縮しています。銀河は空間に乗っていて空間とともに遠ざかるので，宇宙の果て以遠では超光速で遠ざかっているのです。◆

問題 11.2　すべての銀河が地球から遠ざかっているということは，宇宙の中心は地

※2　Edwin P. Hubble（1889–1953, 米）系外銀河の発見，銀河の分類などでも貢献。最初のハッブル定数は 10 倍ほど大きすぎ，宇宙年齢などと矛盾して混乱を引き起こした。

※3　Georges H. J. É. Lemaître（1894–1966, ベルギー）カトリック司祭。1927 年，ハッブルに先立って宇宙膨張則を提唱し，ビッグバン宇宙論の創始者でもある。

球だということなのでしょうか（そうではないとは思いますが）。　　　　♥

ビッグバン宇宙論

　1947 年にガモフらは，後にビッグバン宇宙論と呼ばれる説を提唱しました。宇宙が膨張しているのなら，宇宙を過去にたどると，どんどん高密度で熱い宇宙になると考えたのです。ガモフたちは，その超高密度・超高温の宇宙初期にすべての元素が合成されたのではないかと考えました（原始原子核合成に関しては，林忠四郎の理論的考察〈1950 年〉により，実際に合成されたのは ^{4}He などの軽い原子核までであることがわかりました）。さらにガモフらは，「ビッグバン名残の光（宇宙背景放射）が存在する」と予言しました。宇宙背景放射は，宇宙膨張とともに波長が引き延ばされ，絶対温度約 10 K のプランク分布になっているはずでした。

　宇宙背景放射の予言は長らく忘れ去られていましたが，1965 年にペンジアス（Arno A. Penzias）とウイルソン（Robert W. Wilson）によって偶然発見されました[4]。絶対温度が約 3 K のマイクロ波（宇宙背景放射）が，全天からほぼ同じ強さで観測されたのです（2.3.1 節参照）。すなわち，ビッグバン宇宙論の強力な証拠が見つかったのです。

宇宙背景放射

　宇宙背景放射の波長分布は，その後の人工衛星などによる測定で，絶対温度 2.725 K のプランクの放射公式にぴたりと一致したのです（図 2.7）。図 11.2 は，プランク

図 11.2　宇宙背景放射の全天分布図（プランク衛星）
出典：ESA and the Planck Collaboration

---

[4]　この功績で 2 人は 1978 年のノーベル物理学賞受賞。この思いがけない「ノイズ」を取り除こうとしてアンテナ内の鳩のフンを掃除した努力などは有名。

衛星で測定された宇宙背景放射の温度の全天分布図です。2.725 K の約 10 万分の 1 の温度揺らぎが観測されました。

例題 11.2 　図 11.2 と「宇宙の静止系」

　図 11.2 は，地球の動きに関する補正を行った後の図と聞いたことがあります。どんな補正がなされたのでしょうか。

解答例 　　地球がある方向に向かって 370 km/s のスピードで動いているドップラー効果を補正したのです。地球は太陽の周りを 30 km/s で公転していますが，太陽系は天の川銀河の中心の周りを公転している上，天の川銀河自身が乙女座の銀河団に向かって 600 km/s のスピードで動いているのです。この天の川銀河のスピードは，「宇宙の静止系」に対してのスピードです。「宇宙の静止系」は，宇宙背景放射が 10 万分の 1 の精度で等方的に飛び交う系なのです。　　　　　　　　　　◆

11.3.3　ダークマターとダークエネルギー

　宇宙のエネルギーの大部分を正体不明のダークエネルギー（暗黒エネルギー）とダークマター（暗黒物質）とが占めていることがわかってきました。ダークマターは見えない物質，光らない物質からの命名ですが，ダークエネルギーのダークは正体不明の意味を込めて名づけられました。

　プランク衛星データの解析によると，宇宙のエネルギー密度におけるダークエネルギーとダークマターの割合はそれぞれ 68.3% と 26.8% であり，既知の物質（バリオン）の割合は 4.9% しかないのです。ここで，物質（質量を m とする）のエネルギー密度は光速を c としてそのエネルギー E を $E = mc^2$ の関係式で換算して求めています。また，既知の物質はバリオン（主に陽子と中性子）とレプトン（ほとんど電子）から構成されていますが，レプトンの質量は無視できるため，既知の物質はバリオンと表現されます。メソンは既知の物質の質量に直接は寄与しないため省かれます。

ダークマター

　宇宙には既知の物質の 5.5 倍もの見えない物質ダークマターがあることがわかっています。たとえば，いろいろな銀河において，銀河中心の周りの星やチリの公転速度が，銀河の半径の 10 倍の距離までほぼ一定であることがわかったのです。こ

れは，銀河には光では見えない物質（ダークマター）が満ちていて，星やチリに重力を及ぼしているためと解釈されています。つまり，その遠心力とつり合うだけの引力がはたらいているはずなのに，光で見える天体や物質の総質量による引力では足りないため，ダークマターが必要なのです（太陽系の惑星の公転速度が，太陽から遠い惑星ほどゆっくりであることを思い出してください）。

その他にも，遠くの天体が，中間距離にある銀河によって曲げられる重力レンズ効果の観測などからも，銀河に十分な量のダークマターが存在していることが確実視されています。

ダークエネルギー

宇宙の膨張はやがて減速し，宇宙は収縮に向かうと考えられていました。それは，物質の万有引力が膨張を減速させる方向にはたらくからです。ところが 1998 年，2つのグループが，宇宙が逆に加速膨張していることを発見したのです[5]。現在の加速膨張は 60 ～ 70 億年前に始まったもので，宇宙初期の加速膨張（インフレーション，11.4.2 節）とは異なり，「145 億年で 2 倍になる」というゆっくりした加速膨張です。加速膨張は，正体不明のダークエネルギーの存在を意味します。ダークエネルギーは斥力のはたらきをしていて，現時点では宇宙項（付録 D.1.2 節参照）であると考えても矛盾はありません。

11.4 宇宙と素粒子物理学

このような宇宙の謎の理解に，ミクロの世界を探る素粒子物理学がどう関わっているのでしょうか。素粒子物理学は，量子力学と特殊相対性理論に基づいて発展した学問です。この節では，マクロの極限である宇宙の諸問題が，なぜ素粒子物理学によって説明可能なのか，どのように説明されているのかについて概説します。

11.4.1 ウロボロスの蛇

図 11.3 は「ウロボロスの蛇」と呼ばれ，蛇が自分の尾をくわえている図です。尾がミクロの極限，頭が宇宙を表しています。

---

[5] この功績でパールマッター（Saul Perlmutter），リース（Adam G. Riess），シュミット（Brian P. Schmidt）の 3 人が 2011 年のノーベル物理学賞受賞。

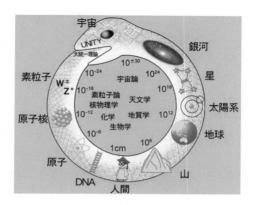

図11.3　ウロボロスの蛇（ⓒKEK）
出典：https://www2.kek.jp/ipns/ja/special/belle2-nicolive/particles-and-universe/

　図11.3は，ものの大きさを桁数（対数）で表しています。図11.3を時計とみなすと，12時あたりが宇宙で，時計回りに，より小さなものになっていきます。すなわちウロボロスの蛇は，マクロの極限とミクロの極限が密接な関連をもっていることを表しているのです。6時あたりが人間の大きさであり，10時あたりがいま素粒子物理学で探っている領域になります。

　なぜ，ミクロを探る素粒子物理学と宇宙とが密接に関係しているのでしょうか。それは素粒子物理学が，高エネルギー物理学ともいわれていることからわかります。素粒子を研究するには，高いエネルギーまで加速できる加速器が必要なのです。そして，宇宙初期が超高エネルギー状態だったからです。初期宇宙を研究するには，高エネルギー状態を研究する素粒子物理学が必要なのです。

11.4.2　インフレーション宇宙と量子揺らぎ

　宇宙は，ビッグバンの前に指数関数的に急激に膨張した（インフレーションを起こした）と考えられています[※6]。宇宙誕生直後の $10^{-44} \sim 10^{-33}$ 秒の間に，インフレーションが 10^{-34} 秒間続いただけで，宇宙の直径が 10^{43} 倍にもなるのです（参考文献 [佐藤勝彦]，数値はモデルによって異なる）。どうしてそのような「突拍子もない」宇宙モデルが考えられ，そしてどのように私たちと関係しているのでしょう

[※6]　「ビッグバン」を宇宙の誕生の瞬間と考えるのではなく，通常の膨張が始まった瞬間と考えるのです。そのビッグバンの前にインフレーションの時期があったとするのが現在主流の考え方です。

か。ここでは，現在の標準的な考えを紹介します（参考文献 [二間瀬，郡]）。

インフレーション宇宙論の必要性

インフレーション宇宙仮説は，素粒子の標準模型のヒッグス機構における「偽の真空」を宇宙に応用して，1980 年に佐藤勝彦とグース（Alan H. Guth）が独立に提唱しました。このインフレーション宇宙仮説では，以下に述べるビッグバン宇宙の平坦性問題と地平線問題を解決し，ビッグバンに必要な莫大なエネルギーも自然に説明できてしまうのです。さらに，銀河などの構造の種となる重力場の揺らぎ（凸凹）をも自然に提供するのです。

宇宙の平坦性問題

現在の宇宙の曲率は，ほとんど 0，つまり平坦です。曲率が正の宇宙では，宇宙に描く三角形の内角の和が 180° より大きくなります。曲率が負の宇宙はその逆です。曲率が正の宇宙（閉じた宇宙）は，やがて膨張が止まって収縮し始めてビッグクランチ（宇宙の終焉）に至ります。逆に，曲率が負の宇宙（開いた宇宙）は，永久に膨張を続けます。曲率が 0 の宇宙（平坦な宇宙）は，やがて宇宙の膨張率は 0 になるのです。

ビッグバン宇宙論では，その初期にわずかに正の曲率をもった宇宙はあっという間につぶれてしまいます。逆に，わずかに負の曲率をもった宇宙は，急激に膨張してしまい，銀河などの構造はできません。

ビッグバンの前に急激な膨張（インフレーション）があって宇宙が急激に引き延ばされ，やがて膨張がゆるやかになれば，宇宙は平坦になって平坦性問題は解決されるのです。

宇宙の一様性問題（地平線問題）

現在観測されている宇宙背景放射は，宇宙が誕生してから 38 万年後の光，つまり 138 億年前の光です（2.3.1 節参照）。38 万年の間に光が進んだ距離（地平線）は，天球上では約 38 万光年の距離に対応します。そのころから現在までに宇宙は約 1,000 倍に膨張したので，天球上において地球からこの地平線の距離を見込む角度は約 1.6° に相当します。それより大きな角度のどの場所も，お互いに影響を及ぼし合わなかったはずなのです。

それなのに，宇宙背景放射の温度は，図 11.2 のように 10 万分の 1 の精度で全天一様なのです。ビッグバンの前にインフレーションによって地平線が著しく引き延ばされれば，一様性問題（地平線問題）も解決されます。つまり，引き延ばされた

後のほぼ一様な領域が，ビッグバンによって私たちの宇宙になったことになるからです。

真空のエネルギーと再加熱

それでは，インフレーションはどのようにして起こったのでしょうか。指数関数的な急激な膨張は，大きな正の値をもつ宇宙定数の宇宙項があると起こります。しかし，それでは膨張は止まりません。そこで，素粒子の標準模型のヒッグス機構にヒントを得たモデルが提案されました。すなわち，真空がエネルギーをもっていると考えるのです。真の真空よりもエネルギーが高い状態の真空を，「偽の真空」といいます。偽の真空は，**負の圧力**をもつことを意味します。風船に外から正の圧力がはたらくと風船はつぶれますが，負の圧力だと逆に膨張します。真空も同様に膨張するのです。しかも指数関数的に。状態が変わらなければ真空のエネルギー密度は一定なので，膨張に比例して真空の全エネルギーも増加していきます。

ヒッグス機構では，真空の量子数をもったヒッグス粒子がポテンシャルエネルギー（位置エネルギー）の中を，偽の真空から真の真空（位置エネルギーが一番低い状態）へ移動します。ヒッグス機構そのものではインフレーションは説明できないので，ヒッグス場の代わりに未知の**インフラトン場**を導入します。インフラトン場はインフレーションを起こす場のことで，その場を量子化して生成される量子がインフラトンと呼ばれます。

ここでは，最近の観測結果をうまく説明するスローロールインフレーションモデルを紹介します。場を量子化した粒子，インフラトンが**図 11.4** のようにほぼ一定のポテンシャルエネルギー上をゆっくり下降していると，ちょうど宇宙項のような

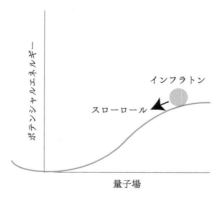

図11.4　スローロールインフレーションモデルのポテンシャルエネルギーとインフラトン

はたらきをして，宇宙は指数関数的に膨張します。インフラトンがポテンシャルエネルギーの底に来ると加速膨張は止まり，偽の真空のエネルギーが解放されて宇宙は再加熱（習慣として「再」をつける）され，ビッグバン宇宙となるのです。たとえば，水蒸気が水になったり水が氷になったりする相転移では，潜熱が発生します。宇宙でもそのような潜熱が再加熱の熱になります。潜熱は，インフラトンのもっていた位置エネルギーや運動エネルギーが他の粒子に移ったものです。

量子揺らぎ（銀河などの構造の種）

　図 11.2 のムラ（温度の揺らぎ）は，後に宇宙の大規模構造（「宇宙の泡構造」）の種になったと考えられます。宇宙の泡構造は，銀河が壁のように連なったり，ほとんど銀河が存在しない空間（void）があったりする構造のことです（図 11.5）。

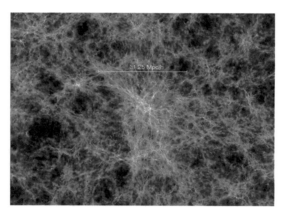

図 11.5　宇宙の大規模構造（銀河の連なり）
出典：NASA

　このムラは，インフラトン場の量子揺らぎ（密度揺らぎ）がインフレーションによって引き延ばされてできたと考えるとうまく説明できるのです。後に銀河を構成することになる物質（銀河構成物質）は重力に引かれて集まって銀河に成長するのですが，そのためには銀河構成物質に重力を及ぼす種が必要です。その種が，インフラトン場の量子揺らぎというわけです。宇宙の大規模構造ができて私たちが存在するのも，もともとは量子揺らぎのおかげというわけです。

ダークマターと量子揺らぎ

実は，ダークマターの存在も，銀河団などの構造の形成に重要な役割を果たしたのです。ダークマターが存在せず，陽子などしか存在しないとすると，宇宙晴れ上がり後のムラの成長が遅すぎるのです。宇宙晴れ上がりの前は，電荷をもつ陽子や電子は高温の光と熱平衡状態にあり，重力ポテンシャルの低いところに集まれないのです。

ダークマターは，光との相互作用がないので，38万年の間に量子揺らぎでつくられた重力ポテンシャルの底に集まることができ，宇宙背景放射で観測される10万分の1のムラを1,000分の1の揺らぎにまで増幅できたのです（参考文献 [野村]）。宇宙が晴れ上がった後には，中性化した水素原子などがより深くなった重力ポテンシャルの底に集まって，宇宙の大規模構造が形成されていったのです。

ダークマターの正体は，いったい何なのでしょうか。ダークマターは未解明で，その候補は，見えない天体，および，中性（電荷0の）素粒子の2つに大別されます。

天体ダークマター候補

天体候補は **MACHO**（MAssive Compact Halo Objects，macho は筋肉質の意味）と総称されます。バリオンからなる小さな天体（白色矮星，褐色矮星，中性子星）や恒星質量のブラックホールなどが考えられます。しかしながら現在では，宇宙の中のバリオンの割合が少ないはずと見積もられているので，ダークマターが天体である可能性は低いと考えられています。その制限が及ばない候補天体としてボソン星が提唱されています。その名の通りダークマター候補のボソン（たとえばアクシオンなど）がボース＝アインシュタイン凝縮して太陽質量の数百万倍までの質量をもつ天体です。光を吸収しないので透明でブラックホールのようです。ただ，光速を超える境界，地平面をもちません。ブラックホールの存在が長い間疑問視されてきて，今は存在が確実視されているように，ボソン星が存在するかもしれません。

粒子ダークマター候補

粒子候補は，宇宙初期に粒子のもったスピードから，亜光速で飛び回る「熱い」（hot）ダークマターと非相対論的スピードの「冷たい」（cold）ダークマターの2種類に分けられます。熱いダークマターは光速に近い速さで飛び回るので，宇宙の大きな構造から先につくられること（トップダウンシナリオ）になりますが，シミュレーション結果が観測結果に合いません。ニュートリノは以前ダークマター候補の1つでしたが，熱いダークマターであることと，質量の総量が小さすぎることから

候補から外れました。冷たいダークマターでは，逆に銀河から先につくられるというボトムアップシナリオで，観測結果もそのシナリオに合っています。そこで現在では，ダークマターは冷たいと考えられているのです。

粒子候補は，**WIMPs**（Weakly Interacting Massive Particles，wimp は弱虫の意味）とアクシオン（axion）が有力候補です。

冷たい WIMP の有力候補は，超対称性粒子として予言されるニュートラリーノ（neutralino）です。ニュートラリーノは，中性（電荷 0）の超対称フェルミ粒子のうちで最も軽い，したがって安定な粒子のことです。冷たくて相互作用も弱く，質量も重いので本命の候補と思われていて，いろいろな方法で探索が行われてきました。超対称性粒子は現時点では未発見ですが，超対称性を根底の仮定として構築されている超弦理論（9.5.2 節参照）などでは必ず存在するはずの粒子です。

次はアクシオンについてです。強い力を記述する量子色力学には，CP 不変性を破る項があることが知られています。強い力は CP を保存するので，1977 年にその項を自然に消す機構が提案されました。アクシオンは，その機構の帰結として存在が予言された粒子です。アクシオンの質量は，これまでの探索結果から，電子質量の 1 億分の 1 以下が許されています。そのため，ダークマターとなるには大量のアクシオンが必要なのですが，その可能性は理論的に否定されてはいません。

世界各地でダークマター粒子探索が精力的に行われていますが，いまだに発見には至っていません。

ダークエネルギーの候補

宇宙項もダークエネルギーの有力候補の 1 つで，現在の観測値に矛盾しません。アインシュタインが導入を後悔した宇宙項は，結局必要だったのかもしれません。宇宙項の場合は，永遠に加速膨張が続き，やがてはビッグリップ（Big Rip）に至ります。ビッグリップでは，膨張が激しすぎて原子や原子核もばらばらに引き裂かれてしまうのです。

量子論的候補の 1 つは，クインテッセンス（quintessence，第 5 の元素）と呼ばれるスカラー場による真空のエネルギーです。第 5 の元素とは，古代ギリシャの 4 元素（空気，火，水，土）に続く宇宙に流れるエネルギーの 1 つという意味を込めての命名です。

ダークエネルギーの候補，および，それと宇宙初期のインフレーションとの関係も，依然として謎のままです。

11.4.3　物質宇宙と消えた反物質

　私たちの宇宙は，反物質ではなく物質でできています。ビッグバンでは CPT 定理の帰結として，粒子と反粒子とが対になってそれぞれ同じ数だけ生成されたはずです。粒子と反粒子は出会うと対消滅してしまうので，現在のような物質世界になるためには，反粒子 100 億個に対し，粒子が（100 億＋ 1）個あったことが要求されます。つまり 100 億個の粒子と反粒子は対消滅して光子対などになり，（100 億＋ 1）分の 1 のほんのわずかな粒子（物質）が残ったのです。「100 億個に 1 個」の数値は，光子と物質量の存在比から計算された値です。

　そのためには必然的に宇宙での CP 対称性（不変性）の破れが必要ですが，残念ながら小林＝益川理論の CP の破れでは説明できません。新たな CP 不変性の破れと物質宇宙生成の機構が提唱されていますが，確証されるには至っていません。

11.4.4　ブラックホールの蒸発と情報パラドックス

　1974 年にホーキングは，ブラックホールが真っ暗ではなく，放射（ホーキング放射）して，やがては蒸発してしまうことを発見しました。ただし，ブラックホールが蒸発するまでの時間は，長い長い年月です（(11.3) 参照）。

ホーキング放射

　ブラックホール蒸発の予言は，ブラックホール（一般相対性理論）に量子力学を適用した結果得られたものです。どのように量子力学を適用したのでしょうか。真空を非常に短い時間で見ると，粒子と反粒子が絶えず生成しては消えています。ブラックホールの地平面付近で粒子と反粒子が対生成して，片方がブラックホールに落ち込んだとすると，もう一方の粒子はブラックホールから遠方へ抜け出すことが可能になります。とくに光子の場合は，粒子と反粒子が同一であり，残った光子はブラックホールから放射されたように見えます。ただし，ブラックホールの強力な重力によって赤方偏移し，長波長の光になります。すなわち，光も外に出られず真っ暗な天体と思われていたブラックホールが，放射をするというのです。ブラックホールが放射をするということは，ブラックホールが温度をもつことになります。質量 M のブラックホールの温度 T_{BH} は質量に反比例し，次式で与えられます。

$$T_{\mathrm{BH}} = \frac{\hbar c^3}{8\pi k_{\mathrm{B}} G_{\mathrm{N}} M} \simeq 6 \times 10^{-8} \frac{M_\odot}{M} \ \mathrm{K} \tag{11.2}$$

生成された対はもともとエネルギーが 0 の真空から生じた物質・反物質の対なの

で，片方が正のエネルギーを持ち出せば，負のエネルギーをもつもう一方を飲み込んだブラックホールは，その質量が減少したことになります。周囲に飲み込む物質がなくなったブラックホールは，そのようにして長い長い年月の末に最後は蒸発して消滅するのです。その寿命 τ_{BH} は質量の 3 乗に比例し，次式のようになります。

$$\tau_{BH} \simeq 10^{67} \left(\frac{M}{M_\odot} \right)^3 \text{年} \tag{11.3}$$

情報パラドックス

1984 年，ホーキングは「ブラックホールに落ち込んだ情報は失われる」と主張しました（ブラックホール情報パラドックス）。これは量子論にとって大問題でした。量子論では，情報は失われることはないからです。本を燃やしても，原理的には煙などすべての情報から元の情報を復元できるはずです。ホーキングはどうしてそのような結論に達し，どのようにしてそのパラドックスが解かれたのでしょうか。

1971 年，ホイーラー（John A. Wheeler）は，ブラックホールに落ち込んだ物質がその情報をほとんど残さないことを，「ブラックホールの無毛定理」と表現しました。ブラックホールには 3 本の毛しかないと言ったのです。すなわち，ブラックホールを特徴づける量子数は，質量，角運動量（自転の勢い），電荷の 3 つしかないというのです。ブラックホールは上記のようにやがて蒸発して消滅しますが，ホーキング放射は熱放射なので情報はほとんどもっていません。したがって，落ち込んだものの情報は失われるという結論になるのです。

このパラドックスは 1997 年になってやっと解かれたと思われています。そのカギが，マルダセナが提唱した AdS/CFT 対応（ホログラフィー理論の一種）です（9.5.2 節参照）。ブラックホールの外の観測者から見れば，ブラックホールに落ち込んだものは地平面で止まっているように見えます。すなわち，ブラックホールに落ち込んだものの情報がすべて地平面に保存されていると考えるのです。AdS/CFT対応の文脈では，3 次元のブラックホールがもつ情報量と，その境界の地平面上の情報量とが一致することが示されるのです。ホーキング放射がその情報を保持しているので，原理的には情報が失われていないというのです。ただし，AdS/CFT 対応の正しさが証明されていないことなどから，現在も議論が続いているようです。

11.4.5　タイムトラベルと量子論

SF でおなじみのタイムマシンは実現可能でしょうか。実は，一般相対性理論ではその存在を禁止していないのです。未来へのタイムトラベル（浦島効果，「双子の

パラドックス」）は問題なく可能です。双子の一方が宇宙旅行から帰ってきたらもう一方は老人になっていた，というのは現実に起こりえて，パラドックスではありません。亜光速の宇宙船に乗って宇宙旅行して帰ってくるか，または，中性子星表面やブラックホール近傍など重力の強い場所に滞在して戻ってくると，地球上の未来に行けるのです（重力の強い場所では，一般相対性理論により時間がゆっくり流れるからです）。

問題 11.3 宇宙船の中の時計は地球の時計に対して遅れるけれど，相対性原理により宇宙船の時計に対しては地球の時計が遅れるのですよね。するとやはり，双子のパラドックスはパラドックスとしか思えません。どうして宇宙船の人の方が若いのですか。 ♥

過去へ行くタイムマシンのつくり方

それでは過去へ行くタイムマシンの製作は可能なのでしょうか？ 1988 年，タイムマシンのつくり方に関するソーン[7]たちによる論文が，著名な科学雑誌に載って話題を呼びました。高度文明では，ワームホールをタイムマシンに改造することが可能であるというのです。ワームホールの一方の入り口の時間を，上記 2 つのどちらかの方法で遅らせるのです。その入り口から入って別の出口から出ると，入り口と同じ時刻の過去へ行けるのです。この方法では，入り口の時刻以前の過去へは戻れません。

過去へ戻るタイムトラベルがいくつもの矛盾を生むことはよく知られています。たとえば，自分が生まれる前の過去に戻って（誤って）両親（または一方）を死なせてしまったとしたら自分は生まれていないのでしょうか？（多世界解釈では，別の世界の過去に戻るので矛盾はないと言われたりしますが，すると自分は誰の子なのでしょうか？）

過去へ行くタイムマシンは不可能？

ここに量子論が登場します。ホーキングは，1991 年の京都での国際会議で「時間順序保護仮説」を提唱しました。過去へ戻るタイムマシンをつくることは，量子力学によって禁止されるだろうという仮説です。時間が遅れている入り口から入った量子揺らぎがワームホールを通じて過去へ戻り，ワームホールを何度も往復してエ

※7 Kip S. Thorne（1940–，米）重力波初検出の功績によりバリッシュ，ワイスとともに 2017 年のノーベル物理学賞受賞。ホーキングとの親交と賭け（ブラックホールの存否，ブラックホールでの情報喪失の正否など）でも有名。

ネルギーが増幅される結果，ワームホールが壊れてしまうだろうというのです。この仮説の正否に決着をつけるためにも，量子重力理論の完成が必要です。

11.5 量子重力理論

宇宙の最初期やブラックホールの理解には，量子論と一般相対性理論とを融合させた量子重力理論の完成が必要です。量子重力理論は，プランクエネルギーとプランク長の領域の理論であると考えられています。現在のところ，量子重力理論の完成には程遠い状況のようです。

この節では，量子重力理論の必要性について考えた後，その有力候補である超弦理論とループ量子重力理論を比較します。続いてループ量子重力理論の現状を概観します（超弦理論については，9.5.2 節参照）。最後に，量子重力に関する実験について述べます。

11.5.1 量子重力理論の必要性

この節では，改めてなぜ量子重力理論が必要なのかを考えます。

特異点定理

1965 年，ペンローズ[8]は，「エネルギー密度が非負」など妥当と思われる仮定の元に，ブラックホールに関する特異点定理を証明しました。そして 1970 年，ホーキングとペンローズは，ビッグバン宇宙論における特異点定理を証明したのです。ここで特異点とは，密度が無限大になってしまう点です。特異点定理は，一般相対性理論に従う限り，特異点の存在は避けられないことを意味します。特異点が存在すると，物理学が破綻してしまうので，一般相対性理論は正しくないことになります。そこで，量子重力理論の完成が必要になるのです。

初期宇宙やブラックホールの理解

これまで述べたように，ビッグバンの前にインフレーションがあったと仮定することで，宇宙初期の様子がかなりわかってきました（11.4.2 節参照）。しかしなが

※8 Roger Penrose（1931–，英）一般相対性理論によるブラックホール形成の理論で 2020 年のノーベル物理学賞受賞。ペンローズ図形などでも有名。

ら，インフレーションの機構，宇宙誕生の瞬間や特異点の謎に迫るためには，量子重力理論は欠かせません。

　ブラックホールの蒸発の理論は，一般相対性理論に量子力学を巧みに適用して得られ，その正しさが認められてきました。それでもブラックホールの本質を理解するためには，量子重力理論の完成が必須です。

11.5.2　超弦理論とループ量子重力理論

　量子重力理論の有力候補は，超弦理論（9.5.2節参照）とループ量子重力理論です（参考文献 [吉田 2]）。超弦理論は，主として量子論（素粒子論）の研究者，ループ量子重力理論は一般相対性理論の研究者が多いという棲み分けができているようです。両理論とも数学的に難しく，厳密解を求めることは非常に困難です。また，扱うエネルギー領域が実験で実現できる領域よりはるかに高いので，実験的に検証可能な予言も少ないのが現状です。しかしながら，ブラックホールや宇宙初期などについての予言が出始めています。

超弦理論とループ量子重力理論の比較

　表 11.1 に，この 2 つの理論を比較しました（参考文献 [竹内 2]）。ループ量子重力理論の強みは，背景時空を必要とせず，空間が量子化されることです。その結果，時間も量子化されることになります。一方，超弦理論の強みは，必然的に素粒子の標準模型を含んでいて万物の理論となりうることです。

　ブラックホールのエントロピー（無秩序さを表す物理量）に関しては両理論とも，ベッケンシュタインとホーキングによる半量子論的予言に一致する結果を出しています。

表 11.1　超弦理論とループ量子重力理論

理論候補	超弦理論	ループ量子重力理論
アプローチ	素粒子論的見地から	一般相対論的見地から
背景時空	仮定する（連続的）	不要（時空が離散的）
空間の次元	$9 \sim 10$ 次元	3 次元
構成要素	弦（ひも）とブレーン	スピンネットワーク
発散の除去	点から弦へ	空間をループで量子化
宇宙への予言	多宇宙（$> 10^{500}$?）	宇宙は繰り返す
共通の予言	ブラックホールのエントロピー，特異点除去など	

11.5.3 ループ量子重力理論

　一般相対性理論では，重力は空間の歪みによって生じます。空間を量子化する第一歩は，空間を格子状に区切ることです（格子ゲージ理論がその典型例です）。しかし，格子状に区切ると一様等方性が失われます。そこで，ある格子点を始点として他の格子点を通ってまた元に戻るループを考えることにします。すると，ループはゲージ不変量（ゲージ変換に対して不変な量）となり，その難点を除去してくれるのです。

ループ量子重力理論の提唱

　アシュテカ（Abhay V. Ashtekar）が 1986 年に，ループ変数（ループ上で定義される変数）を用いて重力を量子化する方法を提唱しました。ループ量子重力理論は，1990 年にスモーリン（Lee Smolin）とロヴェッリ（Carlo Rovelli）が，その理論をさらに発展させて定式化した理論です。

　ループの量子状態は「微分同相変換不変性」（なめらかな座標変換に対しての不変性）を満たすため，空間とは独立な存在となっています。すなわち，「長さ」がループ状態の量子論的な励起で生み出されるので，背景としての空間を必要としないのです。つまり，ループが空間を生み出すのです。

ループ量子重力理論の概要

　ループ量子重力理論では，2 次元面 S の面積が，励起状態のループが S と交差する交点の数に比例します。その比例係数は，定数 $\times l_P^2$ です。すなわち，面積がプランク長 l_P の 2 乗の定数倍に量子化されるのです。体積も同様に量子化されます。

　複数のループは，スピンネットワークを形成します。このときのスピンは，自己角運動量のスピンそのものではなく，扱う係数がスピンの場合と同様な関係式をもつことからの単なる名称です。

11.5.4 量子重力理論の実験的検証

　超弦理論やループ量子重力理論など量子重力理論は実験的に検証できるのでしょうか。実はいろいろな観点から実験・観測が行われています（参考文献 [オデンワルド]）。ここでは，3 つの例を挙げます。

ガンマ線バーストと光速不変の原理の破れ

ガンマ線バースト（GRB：Gamma-Ray Burst）は，宇宙論的距離の天体から偶発的に放射される高エネルギーガンマ線で，人工衛星によって観測されています。ガンマ線が量子化時空の揺らぎの中を通過すると，波長が短いガンマ線ほど揺らぎの存在を「屈折率の増加」として感じ，到達時間が遅くなったり，拡散したりすると考えられます。すなわち，量子化時空の証拠が，「光速不変の原理の破れ」として観測されると期待されるのです。ただし難点は，ガンマ線バーストの放出機構などがまだほとんど未解明であることです。すなわち，もしガンマ線の到達時間のエネルギー依存性が観測されたとしても，放射機構が原因かもしれないのです。

フェルミガンマ線バースト衛星からのデータ解析結果は，どうなっているでしょうか。2008年9月16日の3番目の事象（GRB080916C）は，それまで観測された中で最高エネルギーのGRBでした。122億光年かなたからの最高エネルギーガンマ線は，低エネルギーガンマ線より16秒も遅れて到着したのです。しかし，発生過程の違いの可能性を否定できず，量子化時空の証拠を証明するには至っていません。

レーザー干渉計による観測

量子化時空の揺らぎは，レーザー干渉計に静的な背景空間とは異なるノイズを発生させると期待されます。2015年に米国のフェルミ国立加速器研究所のホーガン（Craig Hogan）が量子化時空の揺らぎの存在を否定する結果を発表しました。しかし，機器自体の動作原理の問題ではないかとの批判を浴びています。

量子重力による量子もつれの観測

そもそも重力は，量子力学的な振る舞いを示すのでしょうか。2017年，2つのグループが独立にそれを実験で確認する方法を提唱しました（たとえば文献 [Zhou]）。重力が量子もつれを起こすことを確認できれば，重力が量子的に振る舞うことを実証できたことになるというのです。提案された実験の実行は現時点では困難と思われますが，実験技術の進歩によって数年の後には可能になるだろうとのことです。

コラム ❺ マルチバース

ユニバース（universe）は，私たちの宇宙が唯一無二であるとの認識からの言葉です。ところが，いま，宇宙は無数にあるという「マルチバース」（multiverse）が真剣に考えられているのです（参考文献 [野村，須藤]）。どうしてそういう結

論になるのでしょうか。また，量子論と関係があるのでしょうか。

◆ 真空のエネルギーの値

私たちの宇宙は，いろいろな微妙なバランスの上に成り立っていることが知られています。ほんのちょっと物理定数が異なると生物がまったく生まれないか，または住めない世界になってしまうのです。その 1 つの例が真空のエネルギーです。

1998 年，宇宙が加速膨張していることが発見されました。これは真空が正のエネルギーをもっていることを意味します。ところが，量子力学で真空のエネルギーを見積もってみると，なんと，実際の真空のエネルギーの 10^{120} 倍も大きいのです。120 倍ではなく，120 桁倍なのです。真空のエネルギーが量子力学の予言の 10^{-120} 倍も小さいことは，マルチバースという仮説によって素直に理解できるというのです。

◆ マルチバースの考え

マルチバースの考えは，1980 年代に「永久インフレーション」の帰結として提唱されました。永久インフレーションとは何でしょうか。ビッグバンの前に，宇宙はインフレーションによって指数関数的膨張をしたことは，いまや定説となっています。インフレーションは，真空のエネルギーが正のときに起こります。そのエネルギーより低い正のエネルギーの真空状態が，ポテンシャルの壁を隔てて存在するとしましょう。すると，このインフレーションを起こしている宇宙（親宇宙）から，トンネル効果によってその宇宙（子宇宙）に移ることができます。すなわち，インフレーション中の親宇宙の中に，よりゆっくりインフレーションする子宇宙（泡宇宙）が生まれます。これはちょうど水が沸騰するときのように，親宇宙の中の至るところで，無数の泡宇宙が生じることを意味します。親宇宙も子宇宙も永久にインフレーションを起こしているので，永久インフレーションというのです。

◆ 超弦理論の真空

超弦理論では，余剰次元のコンパクト化の自由度のため，準安定な真空状態が少なくとも 10^{500} 個もあるといいます。この 10^{500} 個以上の準安定な真空状態をランドスケープといいます。宇宙がこの準安定な真空状態の 1 つにあったとしましょう。この宇宙が正の真空エネルギーをもっているとすると，指数

関数的に膨張します。やがてトンネル効果によって，よりエネルギーの低い真空状態に移ると，よりゆるやかな加速膨張の宇宙が生まれます。これは無限に繰り返されるので，泡のように多宇宙（マルチバース）が生まれているというのです。その中の1つがいまの私たちの宇宙であり，非常に小さな正の真空エネルギーをもつ宇宙というわけです。

◆ **自然定数の絶妙なバランスの理由**

　天動説では，地球は宇宙の中心でした。地動説になり，太陽も天の川銀河の周りを回り，天の川銀河も無数にある銀河の1つと認識されるようになりました。そしていま，私たちは「私たちの宇宙が，無数の宇宙（マルチバース）の1つに過ぎないのではないか」と真剣に考えるに至っているのです。

　非常に小さな正の真空エネルギーをもつ宇宙は不思議だけれど，そういうことを認識できる文明をもった生物は，結局宇宙は無数にある（マルチバース）と考えるのです。無数の宇宙のそれぞれでは，自然法則，自然定数もまちまちでしょう。そして，たまたまその中の1つの宇宙が，物理定数が絶妙にバランスがとれていて，生物が生まれる環境が整っていたというわけです。その中に生まれた高等生物が，その絶妙なバランスを不思議がっているだけという描像です。

　人間原理という言葉があります。「宇宙がこのようになっているのは，人類が存在できるようにできているから」という考えです。私たちの宇宙が小さい真空のエネルギーをもっているのも，人間原理の帰結といえるのでしょう。でも，何か議論をはぐらかされたような，少なくとも科学的ではないような気持ちが残らないでしょうか。

第12章 量子生物学

ミクロの素粒子の世界からマクロの極限の宇宙まで見てきました。この章は，近年著しい進展を遂げ，注目を集めている量子生物学についてです。

物理学や化学ならいざ知らず，生物学に「量子」が直接的に関係しているとは，ほとんど誰も考えていませんでした。生物も，もちろん原子や分子からできていて，原子や分子に量子力学がはたらいていることは誰もが認めるところです。

ところが，近年，「量子生物学」が注目を浴びているのです。すなわち，「直接的な量子現象が，生物にとって本質的に重要なはたらきをしている」という証拠が次々と出始めているのです（参考文献 [アル＝カリーリ，ヴェドラル]）。生物が巧妙に活用していると思われる直接的な量子現象とは，量子コヒーレンス，量子ランダムウォーク，量子もつれ，量子うなりなどです。

まず 12.1 節で，ヒカルと一緒にヨーロッパコマドリの磁気受容能力を探究しましょう。続いて 12.2 節では，量子生物学の例として，動物と植物（または細菌など）の場合を考えます。12.2.1 節は，ヨーロッパコマドリの渡りに果たしている磁気受容体と量子もつれとの関連についてです。また， 12.2.2 節では，光合成を驚くほど高効率にしている量子効果について紹介します。

12.1 量子ワールド（量子生物学の国）

「きょうは，ヒカルに量子生物学の国の一端を体験してもらいますよ。ヒカルには，ヨーロッパコマドリの特殊能力を身につけていただきます」クォンタに促されて，ヒカルは不安を覚えながら部屋に入りました（参考文献 [ヴェドラル，ホア]）。

円筒状の部屋の中で

部屋は円筒状で，壁・床・天井が真っ白であり，目印になるようなものは一切ありませんでした。ヒカルは，部屋の中央に置かれた回転イスに腰掛けるように言わ

れました。念のためとのことで，目隠しをされたのち，回転イスと一緒にくるくる回されました。目隠しを取ってクォンタが言いました。「北の方角を指さしてください」ヨーロッパコマドリの特殊能力を身につけたヒカルには，何の問題もなく北の方角がわかったのです。

北と南

「素晴らしいです。ヒカルは地球磁場を検知できる**磁気受容**能力を獲得しているのです。その磁気受容体がどんな種類のものかを，これから実験してみたいのです。この部屋は，地球の磁場を消したり，いろいろな磁場を発生させたりすることができます。いまの実験では，地球磁場をそのままにしていました。まずは，磁場を変えてみましょう」

ヒカルは目隠しされ回転を施されたあと，再び北を指さすように言われ，前回と同様に北だと思う方向を指さしました。「やはりそのように指さしますよね。実はいま，磁場のN極とS極だけを入れ替えたのです。するとヒカルは，今回は南を指さしたのです」ヒカルがびっくりすると，クォンタが教えてくれました。「ヨーロッパコマドリの磁気受容体は，方位磁石とは異なり，伏角を検知するタイプのもの（**伏角コンパス**）なのです。伏角とは，地球磁場の方向が地面（水平面）に対してなす角度のことで，赤道では0°（地面に平行），両磁極では90°（地面に垂直）になるのです」

目隠ししたままだと

次は，ヒカルの磁気受容体がどこにあるのかの実験でした。磁極を元に戻し，目隠しとイスの回転のあと，今度は目隠しされたまま北を指さすように言われました。なんと，今度はヒカルには方角の見当がまったくつかないのです。「見えないと方角がわからないのですね」クォンタが目隠しを外しながら言いました。そうなのです。目隠しを外すと，何の問題もなく方角がわかりました。つまり，ヨーロッパコマドリの磁気受容体は，眼に存在することがわかったのです。

量子現象である証拠

ヒカルが磁気受容能力を不思議がっていると，クォンタが言いました。「最後の実験ですよ。これまでの実験では，磁気受容体が古典的なものか，それとも量子効果が必要なのかについてはわかりませんよね。そこで，地球磁場をそのままにして，微弱な回転磁場を加え，その周波数を少しずつ高くしていきます。方角がわからなくなったときに手を挙げてください」しばらくしてヒカルが手を挙げ，そしてまた

しばらくして下ろしました。「計算通り 1.3 MHz（1 秒間に 130 万回の振動数）付近で方向感覚が失われましたね」クォンタが説明してくれました。「古典的な磁気受容体では，そんな振動数の微弱な回転磁場が追加されただけで方向感覚を失うということはありえません。このことが，ヨーロッパコマドリの磁気受容能力が量子効果による決定的な証拠なのです」ヒカルは，ヨーロッパコマドリのもつ不思議な能力に感心しました。

12.2 生物の量子現象

ここでは，量子生物学としてほぼ確立された例を 2 つ紹介します。12.1 節でも触れましたが，まず，動物の量子現象としてヨーロッパコマドリの磁気受容能力において，続いて，植物や細菌などでの高効率な光合成において，どのように量子効果がはたらいているのかを見ます。

12.2.1 ヨーロッパコマドリの磁気受容能力

ヨーロッパコマドリ（図 12.1）は，ほとんどは留鳥ですが，寒い地域のものは秋には北欧から地中海や北アフリカまで 3,000 km 以上の渡りをします。春になるとまた北欧の同じ地域に戻ってきます（参考文献 [アル＝カリーリ，ヴェドラル，ホア]）。

図 12.1 ヨーロッパコマドリ
出典：Wikinature, CC 表示–継承 3.0,
https://commons.wikimedia.org/w/index.php?curid=1993083 による

ヨーロッパコマドリの磁気受容能力
ヨーロッパコマドリ（以下コマドリという）は，優れた暗視能力と方向感覚をもっ

ていることが知られています。地球磁場（大きさ $24 \sim 66 \mu \overset{\text{テスラ}}{\text{T}}$）を利用する生物の磁気受容能力には，いろいろな種類があります。よく知られている磁気受容の1つは，方位磁石タイプで，体内の磁鉄鉱が地球磁場に反応します。しかし，コマドリからは磁鉄鉱は検出されませんでした。そこで，コマドリの方向感覚は伏角コンパスによると考えられ，1972年に実験でも確かめられました。

量子もつれと磁気受容体

　ここでは，伏角コンパスについて紹介します。「伏角コンパスには，量子もつれが本質的な役割を果たしているのでは？」というアイデアは，1978年にシュルテン（Klaus Schulten）によって提唱されました。残念ながらその論文は，長らく無視されました。なぜなら，地球磁場のような弱い磁場が，コマドリに方角を教えるほどの化学的信号を出すとは考えられなかったのです。しかしながら，コマドリの磁気受容が古典的な現象では説明困難なことは，12.1節のような回転磁場の実験で確認されていました。

　1996年になって，ショウジョウバエの網膜に色素たんぱく質の一種であるクリプトクロム（眼の網膜内にあるたんぱく質）が発見されました。2000年の論文でシュルテンたちは，まさにその物質がコマドリの伏角コンパスの受容体であると提唱しました。クリプトクロムには，FAD（Flavin Adenine Dinucleotide）分子とTrp（Tryptophan，アミノ酸の一種）が含まれています（**図 12.2**）。

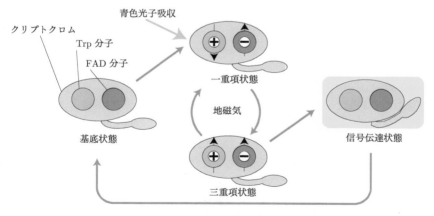

図 12.2　伏角コンパスの機構（文献 [ホア] の図を参考に作成）

基底状態では，クリプトクロムの尾が伸びていて，FAD と Trp は電気的に中性で

193

す。クリプトクロムが青色光子を吸収すると，Trp の電子が 1 個 FAD に移り，ラジカル対（正負のイオン対）になります。そして，スピン一重項（スピンが互いに逆向きの状態）と三重項（スピンが同じ向きの状態）の間を数ミリ秒間だけ数百万回/秒の速さで往復します（量子もつれ状態）。

このとき，地磁気の伏角がスピン状態に影響を与え，一重項状態と三重項状態の割合を変えるのです。一重項状態と三重項状態のどちらも化学反応を経て，クリプトクロムの尾が本体に近づいて信号伝達状態になり，脳に信号が送られます。一重項状態と三重項状態の割合により地磁気の向きが感知できると考えられます。この現象は，2022 年の論文でも確認されています（参考文献 [Timmer]）。

クリプトクロム型の磁気受容体は，ニワトリやショウジョウバエのほかにワモンゴキブリ，さらには植物の種でも見つかっています。このようにして，伏角コンパスの受容体が量子効果によることが広く受け入れられてきたのです。

12.2.2　光合成での量子現象

ここでは，光合成での量子現象について見てみます（参考文献 [アル＝カリーリ，ヴェドラル]）。2007 年 4 月のニューヨークタイムズに「植物は量子計算をしている（らしい）」との記事が載りました。「植物の光合成に量子現象が本質的に重要な役割を果たしている」という論文が科学雑誌に掲載されたからです。植物や細菌などの光合成は，人工的には実現できないほど高効率（ほぼ 100％）であることが長い間謎でした。この論文の主張は「光合成の高効率が直接的な量子現象によって支えられている」というものでした。

光合成の第 1 段階

光合成の第 1 段階は，アンテナとしてはたらくクロロフィル分子のマグネシウム原子が光子を吸収して，高エネルギー電子が生成されることから始まります。その結果，マグネシウム原子は正イオンとなりますが，その状態をマグネシウム原子に正孔（ホール）が生じたとみなします。すると，光子の吸収によって，高エネルギーの励起子（高エネルギー電子と正孔の対）ができたことになります。

この励起子が次々とクロロフィル分子を渡り歩いて反応中心まで到達すると，光合成が開始されます。問題は，常温では熱運動のため，反応中心まで到達する前に励起子が対消滅して熱に変わってしまうことです。

反応中心への到達

ところが，実際の光合成では，反応中心への到達はほぼ100%の高効率なのです（文献 [ヴェドラル]）。そこで量子ウォーク（同時にランダムに複数のルートを進む量子的振る舞い）の登場です。すなわち，励起子は波として振る舞い，複数のクロロフィル分子を同時に渡り歩いて反応中心に到達するというのです。

その証拠は量子うなりの発見です。研究チームは，fs（10^{-15} 秒）オーダーの超短時間レーザーパルスを光合成複合体に照射して応答を解析し，量子うなりを発見したのです。光合成複合体からの応答は，50 ～ 60 fs の周期で上下していました。これは，励起子が量子ウォークをしているのではないかと解釈されています。

色つきノイズと量子コヒーレンス

ただ，この実験が 77 K（-196°C）という極低温で行われたことが問題になりました。しかし間もなく，量子うなりは常温，そしてさらに生物の生存可能な限界温度でも起きていることが明らかになったのです。このような，常温以上の温度での量子コヒーレント状態は，通常はすぐに壊れてしまうはずです。なぜこのような温度で量子コヒーレンスが保たれるのでしょうか。

常温では，必然的に分子ノイズ（分子のランダムな振動）があふれています。「その分子ノイズを，生物がうまく利用しているから」らしいことがわかってきました。ホワイトノイズではなく，特定の振動数の分子ノイズ（色つきノイズ）が量子コヒーレンスを保つのに本質的な役割を果たしているらしいことがわかったのです（ただし，異論もあるようです）。

問題 12.1 光合成は光を吸収して二酸化炭素と水から糖（$C_6H_{12}O_6$）と酸素を生成する反応です。その反応式を書きなさい。　　　　　　　　　　　　　　　♥

第13章 量子論・量子実験の進展と展望

量子論・量子力学の基本的な数学体系が確立されてから，もうじき100年になろうとしています。これまで見たように，量子力学は多大な成果を収めてきて，今後もさらに本質的に重要な役割を演じることが期待されています。

ところが量子力学の解釈問題については，大学などではほとんど触れられていないようです。世界の大部分の研究者や技術者は，その背後の哲学などに深く立ち入らず量子力学を利用・応用することにいそしんできました。しかしながら，量子の本質に迫ろうとする，または，標準解釈とされるコペンハーゲン解釈（正統派解釈）の矛盾を是正しようとする理論の努力も，少なからずなされてきました。また，量子実験では，技術の進歩と実験家の創意工夫により，不可能と思われていた思考実験が実際に行われ，量子の不思議な振る舞いを白日のもとにさらすような実験結果が報告されています。この章では，そのような量子理論および量子実験のいまについて述べます（参考文献 [グリーンスタイン]）。

まず，13.1節では，ヒカルとともに，5.1.2節で紹介した爆弾良品選別実験で実際に何が起こっていると考えられるかの1つの案を，VR技術で「見える化」して見てみます。続いて13.2節では，改めてコペンハーゲン解釈の意義と問題点について考えた後，それに代わる量子理論の候補について概説します。13.3節では，量子の不思議満載の量子実験を紹介します。現在進行形で進展している量子論・量子実験の理解は難しいかもしれませんが，「量子論のいま」について雰囲気をつかんでいただければ幸いです。最後に13.4節は，量子論のまとめと展望です。

13.1 量子ワールド（量子VRの国）

「きょうは，エリツァー＝ヴァイドマンの思考実験（爆弾良品選別実験）について，量子の振る舞いをVR技術で見てみましょう。量子は，観測すると1つの状態

に収縮して，その不思議な振る舞い（重ね合わせ状態など）は観測できませんよね。VR 技術はそれを『見える化』できるのです」クォンタの説明を聞いて，ヒカルの心が躍りました。

「5.1 節では，マッハ＝ツェンダー干渉計（図 13.1）で，良品の爆弾を選別できることを見ましたね。1 個の光子がトリガーに当たっただけで爆発してしまう爆弾の良品を，無事に選別できるのでした。ただし，かなりの割合で良品が爆発してしまうのですが」クォンタは続けました。「実際，どのようになっていて，それが可能なのでしょうか。VR 技術で再現してみましょう」

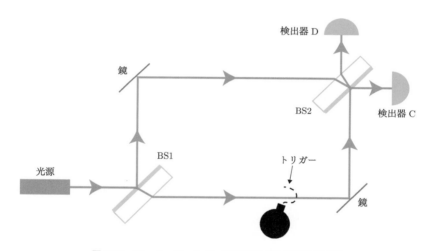

図 13.1　マッハ＝ツェンダー干渉計による爆弾良品選別

爆弾良品選別の VR 実験開始

「さあ，1 個の光子が BS1（第 1 のビームスプリッター）に向けて発射されましたよ。本当は真っ暗闇で，しかも光子は光速で飛んでいますが，様子が見えるようにして，超スローモーションにもしてあります」なるほど，光子は光る粒として BS1 に向かって移動しています。

「あっ，BS1 に入射した。あっ，反射と透過の 2 つの粒に分かれた」ヒカルは興奮して叫びました。2 つの光の粒が，2 つの別々の光路を進んでいきます。「あっ，透過した方の光の粒が爆弾のトリガーに衝突する！」と見る間に，爆発が起こってまばゆい光が満ち，何も見えなくなりました。

爆弾良品選別の VR 実験 2 度目

「爆発してしまいましたね。でも，爆発の威力も十分小さくしてありますから，ご心配なく。さあ，もう一度初めに戻りましょう」クォンタの声に我に返ると，また1 個の光る粒が BS1 に向かっているのが見えました。先ほどと同じく，2 つの粒に分かれて 2 つの別々の光路を進んでいきます。

「あっ，透過した方の光の粒が爆弾のトリガーに衝突する！」とヒカルは思わず目をつぶろうとしました。「目をつぶらないでしっかり見ていてください」クォンタの声に目を凝らすと，なんと，光る粒がトリガーに当たったのに，爆弾は爆発しません。そして，光る粒は消えてしまったのです。

一方，反射した光の粒は，鏡で反射され，BS2 に向かって進みました。そして，BS2 で反射されて検出器 D が光ったのです。「こうして残った光の粒は，50%の確率で検出器 C か D に検出されるのです。検出器 C で検出された場合は，爆弾が不良品でトリガーがついていなかった場合かもしれません。でも，検出器 D で検出された場合は，確かに爆弾は良品であることがわかり，良品として選別ができたことになります。この方法では良品の $\frac{3}{4}$ が爆発してしまいますね。さらに高効率にする方法がツァイリンガーによって考案・実証されています（文献 [ブルース] の第 9 章参照）」

爆弾良品選別の VR 実験についての仮定

クォンタは続けて言いました。「この VR 技術では，1 個の光子が BS1 で 2 個の光子の重ね合わせ状態になってそれぞれの光子が見えると仮定しました。重ね合わせ状態の 1 個の光子は，50%の確率で遮蔽物（トリガー）と衝突すると考えると実験結果を説明できます。重ね合わせ状態の 1 個の光子が爆弾のトリガーに衝突したのに消えてしまったのも，そのように考えれば納得できます。爆弾がトリガーのない不良品だった場合は，2 つの光子は BS2 で干渉して必ず検出器 C で検出されます」

「なるほど」ヒカルには，クォンタの説明がイメージとして理解できました。「ただし，正しい描像かどうかはわかりません。誰も観測できない量子の世界が，実際にはどうなっているのか，まったくわからないのです。光の粒が BS1 で 2 つに分かれて見えるところ以降は単に VR 制作者（著者）の思い付きであることだけは忘れないでください」クォンタはヒカルに，しつこいほど念を押しました。

　この節では，量子論が確立された1920年代後半から現代までの歩みを概観します。まず13.2.1節で，標準的なコペンハーゲン解釈とその問題点について復習します。続いて13.2.2節以降では，それに代わる主な理論（解釈）の概要を紹介します。ここで取り上げるのは，ド・ブロイ＝ボーム理論，多世界解釈，波動関数の自発的収縮理論，量子情報理論，弱い測定の理論です。この節の最後にこれらの理論を比較・検討します。

13.2.1　コペンハーゲン解釈とその問題点

　量子論・量子力学の数学的基礎は，1920年代に完成しました（1.3節参照）。量子力学のコペンハーゲン解釈は，アインシュタインやシュレーディンガーたちの疑念にもかかわらず，大多数の研究者の支持を集めてきました（3.2.3節参照）。量子論の背後の実態がどうなっているのかなどがわからないままでも，計算が可能で予言もできたからです。しかも，それらの予言に反する実験事実は何1つ見つかっていないのです。

　観測可能な量だけで理論（行列力学）をつくったハイゼンベルクたちの考え方（**実証主義**）は，その時点では正しい考え方だったのでしょう。「計算すべきことは山ほどある。哲学的問題にとらわれずに計算しなさい」と若い人たちを指導したボーアたちは賢明だったと思われます。

改めてコペンハーゲン解釈とは

　何をコペンハーゲン解釈と呼ぶかについては人によってかなりの違いがあるようですが，フォン・ノイマンが著書『量子力学の数学的基礎』（1932年）に示した考えが標準的なものと見られています。

1. 系は，古典系（観測装置とそれを観測する者）と量子系とに分けられる。
2. 観測していないときの量子系の状態は，シュレーディンガー方程式（場の量子論では，場の方程式）に従って時間発展する。
3. 観測によって波動関数が収縮し，重ね合わせ状態だった複数の状態の中の1つの状態が測定値として得られる（他の状態は消える）。
4. 測定値は，ボルンによる波動関数の確率解釈（「1つの終状態への波動関数の

射影の絶対値の 2 乗が，その状態を観測する確率である」）に基づいて予言でき
る（すなわち，決定論的ではない）。

コペンハーゲン解釈の問題点

「観測していないときの量子系の状態がどうなっているかについて考えたり，観
測によって波動関数がなぜどのようにして収縮するのかという問題（**観測問題**）を
考えるのは意味がなく，時間の無駄である」（実証主義）という考え方もコペンハー
ゲン解釈に含まれると一般には考えられています。コペンハーゲン解釈を一言でい
うと「黙って計算しろ」となるとマーミンは書いています（文献 [Mermin]）。

コペンハーゲン解釈の問題点を鋭く指摘したのが「シュレーディンガーの猫」の
パラドックスでした（5.3.1 節参照）。このパラドックスは，ミクロの量子的世界と
マクロの古典的世界との違いについて，2 つの疑問点・問題点を指摘しています。1
つは，なぜマクロの世界で重ね合わせの原理が消失するのかです（明らかにマクロ
の世界では，モノが複数の場所に重ね合わせ状態で存在したりすることはありませ
ん）。もう 1 つは，ミクロとマクロの境目はどこにあるのかという問いです。さらに
もう 1 つ挙げるとすると，「猫の生死が確定するのはいつか？」という問題がありま
す。フォン・ノイマンは「猫の姿を人間の精神がとらえた瞬間」に波動関数の収縮
が起きるとしました。

以下で，研究者たちがこれらの問題にどのように迫ってきたのかについて紹介し
ます（参考文献 [白井]）。

13.2.2　ド・ブロイ＝ボーム理論

ド・ブロイ＝ボーム理論とは，ド・ブロイのパイロット波理論，およびボームの量
子ポテンシャル理論のことです（たとえば文献 [大崎，森川]）。ド・ブロイ＝ボーム
理論では，パイロット波や量子ポテンシャルによって粒子がガイドされます。すな
わち，量子の本質は粒子であり，見えない波によって運ばれるというイメージです。

ド・ブロイ＝ボーム理論では，コペンハーゲン解釈とは異なり，個々の粒子の軌
道が描けます。たとえば電子による二重スリット実験において，個々の電子は一方
のスリットしか通過せず，多数重ねると全体として干渉縞ができるのです（たとえ
ば文献 [スチュアート,林,大崎]）。また，二重スリット通過後の軌跡は正中線を越え
ません。正中線とは，スリットの中央を通りスリット板に垂直な線（面）です。

しかしながら，不確定性原理によって初期状態（位置や運動量の初期値など）が
正確には決まらないため，私たちには個々の軌道の詳細はわかりません。すなわち，

ド・ブロイ＝ボーム理論は「初期状態を隠れた変数とする，隠れた変数の理論である」といえます（文献 [大崎]）。ド・ブロイ＝ボーム理論は，本質的には決定論的です。コペンハーゲン解釈での問題（粒子性と波動性の二重性，波動関数の収縮，シュレーディンガーの猫のパラドックスなど）は生じません。

ド・ブロイ＝ボーム理論は，結局はコペンハーゲン解釈に代わる**ボーム解釈**という位置づけなのです。というのは，シュレーディンガー方程式を解くことは同じで，結果もほとんど同じ[※1]で，しかもその結果は確率的にしか得られないためです。

この理論は本質的に非局所的であり，それが最大の難点であると思われて，長い間無視されてきました。しかしながら現在では，EPR 相関の存在で明らかなように，非局所性は量子現象の重要な一部となっています。それで，ド・ブロイ＝ボーム理論は注目を集めるようになったのです（参考文献 [アルバート]）。ただし，今のところ，ド・ブロイ＝ボーム理論は非相対論的であり，その相対論化にはまだ成功していません（ド・ブロイ＝ボーム理論は，単に非相対論領域での有効理論と考えればよいのかもしれません）。

パイロット波理論と量子ポテンシャル理論

ド・ブロイは，1924 年にパイロット波理論を思い付きました。1927 年，第 5 回ソルベイ会議でその理論を説明したところ，パウリにその理論が非弾性散乱を説明できないことなどを強く批判され，また，1 粒子しか扱えないことから，その理論の追究を諦めてしまいました。さらに 1932 年，フォン・ノイマンは著書「量子力学の数学的基礎」の中で，隠れた変数の理論は不可能であると「証明した」のです。

ボームは，1952 年にフォン・ノイマンの証明をつぶさに調べてその仮定に不完全さを見つけ，ド・ブロイのパイロット波理論と同様なアイデアを独立に得て数学的に定式化しました。粒子は，ド・ブロイのパイロット波の代わりに ψ 場（波動関数）によって導かれます。ψ 場は，確率振幅（R）と位相部分（S）とからなります（R と S の両方とも実関数です）。その ψ 場をシュレーディンガー方程式に代入すると，R と S の方程式が得られます。得られた運動方程式は，ニュートンの運動方程式に量子ポテンシャルを加えた式になっているのです。

ボーム理論では，粒子の運動は次のようになります（文献 [林]）。粒子の存在により量子ポテンシャルが生成され，周りの空間を歪めてパイロット波のように粒子を導きます。二重スリットでは，粒子は片方のスリットを通る軌跡を描きますが，多

※1　二重スリット通過後の軌跡は正中線を越えないなど，まったく同じではない例も指摘されていますが，まだ実験で検証されていません。しかし弱測定の結果（図 13.2〈208 ページ〉）はそれを実証しているように見えます（弱測定に関しては 13.2.6 節と 13.3.5 節参照）。

数の軌跡を重ねると干渉模様が現れるのです。また，トンネル効果については，「粒子が通常のポテンシャルを，量子ポテンシャルによる加速とポテンシャルの低減によって通り抜ける」という描像で説明できます（文献[大崎]）。

個々の粒子の位置や運動量を知るには，全空間でのその時刻の ψ 場を瞬時に知る必要があります。そのため，この理論は必然的に**非局所性理論**なのです。また，2個以上の粒子を扱うときの量子ポテンシャルは非常に複雑になります。さらに，他の粒子の状態が個々の粒子に瞬時に影響するという非局所性もあらわになります。結局同じ結果を与えるのなら，普通にシュレーディンガー方程式を解いた方がずっと楽ということになるのです。

例題 13.1 ド・ブロイ＝ボーム理論とシュレーディンガーの猫

シュレーディンガーの猫のパラドックスを，ド・ブロイ＝ボーム理論はどう扱うのでしょうか。

解答例 ド・ブロイ＝ボーム理論では，放射性物質が崩壊し，それを検出器が観測して毒ビンが割れた時点で，観測とは無関係に猫は死にます。したがって，パラドックスにはなりません。しかしながら，人類は隠れた変数を知りえないため，猫の生死は箱の中を見るまでわからないのです。 ◆

13.2.3 多世界解釈

量子力学では，波動関数はシュレーディンガー方程式に従って，決定論的に時間発展します。コペンハーゲン解釈では，観測によって波動関数の収縮が起きて1つの状態が選ばれ，他の状態が消えると考えます。一方，多世界解釈では，観測などによってデコヒーレンス（重ね合わせ状態が壊れる現象）が生じ，波動関数の収縮の代わりに複数の世界に分岐すると考えます。すなわち，他の状態は消えず，別の世界（パラレルワールド）になるのです。多世界解釈も研究者によって考えが異なりますが，ここでは主流と思われる考えを説明します（たとえば文献[和田]）。

エヴェレットによる提唱

オリジナルの考えは，1957年，ブラックホールなどの研究で名高いホイーラー研究室にいたエヴェレット3世（Hugh Everett III）の博士論文として提出されました。ホイーラー研究室では宇宙の研究が行われていて，宇宙の波動関数という観点

をもつと，（宇宙の外からの）観測者はいないことになります。当時はコペンハーゲン解釈が広く受け入れられていた時代のため，この考えはほとんど顧みられませんでした。エヴェレットは博士号取得前から物理学研究の世界に見切りをつけて，ペンタゴンで働いていたのです。

多世界解釈とその後

多世界解釈という名前は，同じくホイーラー研究室出身のデウィット（Bryce De-Witt）が命名し，世に広めました。多世界解釈では，波動関数は実在すると考え，「重ね合わせ状態も，異なる世界の重ね合わせである」と考えます。多世界解釈の信奉者となったドイチュは，1985 年にこのような考えから量子コンピュータのアルゴリズムを考えました。量子ビット（qubit）が n 個あって，それぞれを重ね合わせ状態にすると，2^n 個の状態（多世界）ができます。計算に当たっては，それぞれの世界が干渉し合って計算しているので超高速性が実現すると考えるのです。計算終了後に結果を観測すると，それらの多世界は，デコヒーレンスによって観測者も一緒に分岐し，別々の互いに観測できない 2^n 個の世界に分かれます。「それぞれの世界での観測者は，その世界でその世界の計算結果を目にする」と考えるのです。2^n 個の結果の中から「欲しい結果」だけが観測されるように，その確率を 1 に近づけるための方策が量子アルゴリズムなのです。

ドイチュはオクスフォード大学に籍を置いて多世界解釈を深化させているので，そこでの学派の多世界解釈をオクスフォード解釈と称している人もいます。

例題 13.2　**量子もつれ状態の観測での非局所性と多世界解釈**

スピン 0 の粒子がスピン $\frac{1}{2}\hbar$ の 2 個の粒子に崩壊した場合についてです。標準解釈には，一方の粒子のスピンの向きを観測した瞬間にもう一方の粒子のスピンの向きがわかってしまうという「非局所性」が存在します。2 個の粒子がどんなに遠く離れていてもです。多世界解釈ではこの非局所性をどのように説明しますか。

解答例　多世界解釈では，スピン 0 の粒子の崩壊と同時に無数の世界が生成されると考えるのです。その 1 つ 1 つの世界では，ある方向に 2 つの生成粒子のスピンが互いに逆向きになっているのです。量子もつれ状態（EPR 相関状態）は，初めからそのような世界が重ね合わさっていて，測定によって観測者も一緒に多世界に分岐したと考えます。

片方の粒子のスピンを測定して右向きとわかったとすると，多世界解釈では，観

測者は単にそのような世界にいたことを知っただけと考えるのです。その世界では
もう一方の粒子のスピンは初めから逆向き（左向き）に決まっているので，非局所
性の気持ち悪さも存在しないのです。ただし，この説明は，はじめから各スピンの
向きが決まっていることになってベルの定理（5.4.2 節とコラム 3 参照）に矛盾する
と思われるかもしれません。でもスピンがあらゆる方向に向いている世界が初めか
ら存在すると考えれば矛盾はないのかもしれません。　　　　　　　　　　◆

　多世界解釈は，解釈自身は素直で単純とも思えます。しかしながら，観測者も含
めた無数の少しずつ異なる互いに観測不可能な世界が存在することになり，それが
時々刻々増えていくことになります。オッカムの剃刀という観点からは，仮定（観
測できない世界）が多すぎて，仮定が受け入れがたい気もします。オッカムの剃刀
は，14 世紀の哲学者・神学者のオッカム（William of Ockham）が唱えて有名に
なった指針で，「あることの説明に，必要以上に多くの仮定をするべきでない」とい
う主張です。

　多世界解釈は，とくに量子宇宙論研究者の支持を集めています。量子論を宇宙に
適用するとき，宇宙の外にいる観測者を設定できないからです。

13.2.4　波動関数の自発的収縮理論

　コペンハーゲン解釈の問題点の 1 つは，シュレーディンガー方程式とは無関係に，
波動関数の収縮が起きることです。波動関数の収縮を理論に組み込んだ試みとして，
GRW 理論とペンローズの理論を紹介します（参考文献 [Bassi]）。

GRW 理論

　1986 年，ギラルディ（Giancarlo Ghirardi），リミニ（Alberto Rimini），ヴェー
ベル（Tullio Weber）の 3 人（GRW）は，波動関数がランダムに自発的に収縮する
要素をシュレーディンガー方程式に組み入れました。波動関数は，時間とともに空
間的に広がった状態になっていきますが，GRW 理論では，そのような広がった波
動関数にランダムに演算子が掛かり，収縮が起きるとするのです。測定も，測定装
置の多数（$\simeq 10^{24}$ 個）の原子との相互作用で収縮が起きると考えます。その結果，
波動関数はある位置（状態）以外ではほとんど 0 となります。

　波動関数が収縮した結果が通常の結果（コペンハーゲン解釈の結果）と矛盾しな
いために，その位置（状態）が選ばれる確率は波動関数の絶対値の 2 乗に比例する
ようになっています。また，この収束は，個々の粒子にとっては希で，重ね合わせ
状態は保たれていますが，考える粒子数が多いほど収束が速く起こるようになって

います（猫など巨大な数の粒子からなる状態の収縮は瞬時に起きるので，シュレーディンガーの猫はパラドックスにはなりません）。

こうして，測定や観測者とは無関係に波動関数の収縮が起きる理論がつくられました。しかも，ミクロの世界（少数の量子）からマクロの世界（多数の量子）まで統一的に扱うことができるのです。GRW 理論には，2 つのパラメータ（もしこの理論が正しければ，2 つの自然定数）が必要です。さらに，GRW 理論を改良した QMUPL (Quantum Mechanics with Universal Position Localization) 理論では，1 つの自然定数で済んでいます。

ただし，理論の相対論化には成功していません。相対論化をはばむ最大の理由は，自発的収縮が瞬時（超光速）に起こってしまうことで，それを容易には回避できないためです（ボーム理論の相対論化の困難も同じ理由からといえます）。

重力による波動関数収縮理論

GRW 理論や QMUPL 理論では，波動関数の収縮は自発的（ランダムな確率的）に起こります。1987 年，ディオシ（Lajos Diósi）やペンローズはそれぞれ独立に，波動関数の収縮の原因を量子重力に求めました。粒子の重ね合わせ状態は時空に歪みを生じ，状態を維持するためには重力エネルギーが必要で，そのエネルギーが大きいほど不安定になり，重ね合わせ状態が壊れて波動関数が収縮すると考えるのです。

13.2.5　量子情報理論

量子情報科学の発展によって，量子力学と情報との深いつながりが明らかになり，「情報の原理が量子力学の新たな原理になるのでは」という期待が高まっています（参考文献 [木村]）。

量子情報科学の研究者の中には，「波動関数の収縮は謎の振る舞いではなく，単に確率分布が更新されただけである」と考える人もいます（参考文献 [堀田]）。その場合は波動関数が物理的実体ではなくて確率振幅の波に過ぎず，単に「確率分布の集合を 1 つの数式で表したもの」と考えるのです（確率振幅の絶対値の 2 乗が確率になるので，「振幅」をつけます）。

量子力学のわかりにくさの根源と情報の原理

量子力学はなぜわかりにくいのでしょうか。確かに，量子現象は日常の常識から大きく異なっていて，大変不思議で理解に苦しみます。しかし根本の問題は，量子力学の教科書にいきなり演算子が出てくるなど，抽象的な（物理的原理が不明な）数

学から始まっているからといえるでしょう（数学体系はきっちりしているので，計算・予言が可能で，しかもその予言はことごとく実験結果に合致しているのです）。

　量子力学の数学がもし情報の原理から導かれたとしたら，わかりにくさも改善されるのではないでしょうか。その期待が，量子情報科学の発展で現実味を帯びてきたのです。

情報因果律の原理と量子力学

　1970 年代に情報と量子力学との関係に最初に着目したのは，ホイーラーでした。そのスローガンは「It From Bit」でしたが，現在では「It From Qubit」になっています。「Qubit」は量子ビットのことで，「It」は時空を表します。

　2009 年，パヴロフスキー（Marcin Pawlowski）たちが，「情報因果律の原理」を非局所的な系に適用することによって，ベルの不等式における量子力学での最大値（$2\sqrt{2}$）を導くことができることを発見しました（ベルは，「隠れた局所的な変数の理論では，不等式は 2 を超えない」という定理を証明したのです〈コラム 3 参照〉）。情報因果律の原理とは，「遠隔地についての知りうる情報は，そこから伝送されてきた情報量を超えることはない」という当たり前とも思える原理です。この原理は，量子もつれ状態に対しても成り立つことがいえるのです。

純粋化可能の原理と量子力学

　さらに，2010 年にダリアーノ（Maulo D'Ariano）たちは，まったく別の情報原理から量子力学の数学原理の基本的枠組みを導出することに成功しました。基本となる情報原理は**「純粋化可能の原理」**です。まず，純粋状態とは，すでに最大限の情報を得ている状態です。たとえば，箱の中のコインが表なのか裏なのかがわかっている状態を純粋状態といいます。純粋化可能の原理とは，「見ている範囲を広げると，あらゆる状態を純粋状態にすることができる」という不思議な原理です。

　純粋化可能の原理は，古典的な状態，つまり箱の中のコインの表と裏の混合状態には成り立ちません。しかしながら，量子力学の混合状態なら成り立つのです。箱の中の電子スピンが混合状態である場合（たとえば上向きと下向きのスピンの確率が 50％ずつの状態）を考えましょう。考慮する系の範囲を，電子，箱，部屋，家，…　のように広げていくと，やがてどこかでその全体が純粋状態になってしまうという原理です。すなわち，量子力学は純粋化が可能な世界なのです。

　量子情報科学のさらなる研究によって，「量子力学の教科書が，誰でも納得できる物理原理（情報原理）から書き直される日が来る」と期待されているのです。

Q ビズム

Q ビズム（QBism）は，量子論と**ベイズ統計**を融合して，量子論のパラドックスなどを解消・軽減しようとするモデルで，ここでは量子情報理論の一分野とみなします（参考文献 [フォン・ベイヤー]）。ベイズ統計は，約 200 年前に生まれた分野で，確率を「主観的信念」としてとらえます（ベイズ確率は，この点で，通常用いられる頻度確率とは異なっています）。ベイズ統計はまた，新たな情報による確率の更新を，数学的に定式化された規則に基づいて行います。

Q ビズムは，認識論的コペンハーゲン解釈（または，現代版コペンハーゲン解釈）とも称されます（参考文献 [和田]）。Q ビズムでは，波動関数は数学的な道具に過ぎないと考えます。波動関数を主観的な信念であると解釈し，ベイズ統計の規則によって波動関数を改定していくのです。Q ビズムによれば，「波動関数の収縮は，観測者が主観的確率の割り当てを新たな情報に基づいて突発的・非連続的に更新しただけ」なのです。EPR 相関も，Q ビズムでは単なる認識上の変化であり，遠方に瞬時に情報が伝わったわけではありません。

Q ビズムは，2002 年 1 月に発表されたケイヴズ（Carlton M. Caves），フックス（Christopher A. Fuchs），シャック（Rüdiger Schack）の 3 人の論文を始めとします。フックスは，ボルンの規則を，波動関数を持ち出さずに確率論の言葉でほぼ完全に書き直せることを示しました。つまり，確率だけを用いて実験結果を予言できることが示されたのです。現時点での Q ビズムの目標は「Q ビズムが，新たな確固たる前提の上に量子力学を再構築すること」のようです。

13.2.6　弱い測定の理論

量子の世界では，重ね合わせ状態にある量子系は測定をしたとたんに 1 つの状態に収縮してしまいます。たとえば二重スリット実験で，どちらのスリットを通ったかを測定すると干渉縞は消えてしまいます。

1988 年アハラノフ（Yakir Aharonov）たちは，「弱い測定」なら重ね合わせ状態を壊さずに途中の情報（経路の情報など）が得られると考えました（参考文献 [アハラノフ]）。たとえば，二重スリット実験での弱い測定では，片方のスリットの位置を少しだけ上方にずらして実験します（または，一方のスリットの後にガラス板を垂直から下端を空けて少し傾けて置きます）。すると，そちらのスリットを通った光子の位置は，上方に少しずれます。そのうえで，多数回測定するのです（参考文献 [細谷曉夫]）。

測定は弱いので，たくさんの事象を集めて平均をとる必要があります。その際，いつも定まった始状態から始めて弱い測定を行い，特定の終状態になる事象だけを集めて平均値（**弱値**）を求めます。たとえば，二重スリット実験で弱測定によって得られた電子の軌跡は，図 13.2 のようになり，ボーム理論の計算結果と似ているように見えます。この結果から，個々の電子は結局一方のスリットしか通っていないのに，多数集めると干渉縞ができてくると結論してよいのでしょうか。

弱い測定の理論では，「負の確率」などが予言されました。アハラノフは，弱い測定の結果を，過去から現在までを記述する量子状態に加えて，未来から現在までを記述する量子状態を追加して導いています。最終状態を決めていることから，そのような量子状態も考えることになるのでしょう。アハラノフは，その考えを一般化して，私たちの世界もそのように未来が決まっていると考えているようです。

別の実験による検証については，13.3.5 節で述べます。

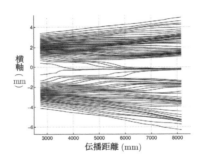

図 13.2　二重スリットでの電子の軌跡
弱測定による実験結果（文献 [Kocsis]）

13.2.7　その他の解釈

他にもたくさんの諸解釈が提唱されてきました。ここでは，そのうちの 2 つ，アンサンブル解釈と確率過程量子論を紹介します（詳細はその他の解釈も含めて，文献 [白井] などを参照のこと）。

アンサンブル解釈（統計解釈，ミニマリスト解釈ともいわれる）は，「波動関数は，個別の系ではなく系の統計集団を記述する」という解釈です。アンサンブル解釈は 1936 年にアインシュタインによって考案され，様々な形に発展しました。しかし，現在はほとんど支持されていないようです。なぜなら，ベルの定理（ベルの不等式の破れ，5.4.2 節とコラム 3 参照）によって否定されたからです。すなわち，少なく

ともアインシュタインの解釈では，系は測定前に値をもっているとして，そのアンサンブル（統計集団）を考えているからです（ただし，非局所性の導入によりこの問題は解決できるようです）。

次は，確率過程量子論についてです。1966 年にネルソン（Edward Nelson）は，ブラウン運動のような確率過程論の考えからシュレーディンガー方程式が導出できることを示しました。長澤正雄は 2012 年，並木美喜雄などによる確率過程量子論の研究を発展させて，波動関数の収縮がなく，数学的には量子論と矛盾しない理論をつくりました（文献 [長澤]）。長澤理論は，ボーム理論にブラウン運動のような確率過程を加えた理論といえます。たとえば電子による二重スリット実験の軌跡は，図13.2（左）のようなまっすぐな軌跡が細かくジグザグ揺れている軌跡になります。すなわち，粒子の軌道はボーム理論のように確定しますが，確率過程により軌道が揺らいでいるのです。原子核の周りの電子の軌跡が描けるなど大変興味深い理論ですが，その予言が実験結果と矛盾している面があるようです。

13.2.8　量子論の進展：まとめ

表 13.1 に量子論の主な理論・解釈の特徴や違いなどをまとめました。コペンハーゲン解釈を，短く標準解釈と表記します。標準解釈を置き換えるに足りる理論はまだ存在しないようです。量子情報理論と弱い測定の理論は，他と比較しにくいので表 13.1 から除外しました。量子情報理論の研究者の中には量子論を情報原理から理解し直そうという研究目標を掲げる人もいること，弱い測定の理論の方は重ね合わせ状態を探る実験方法の提案だからということが理由です。

これまでのすべての理論は，確率解釈を避けられません。多世界解釈では，世界が単に分岐していくだけといっていますが，観測者がその 1 つの世界に自分を認識する確率は結局は波動関数の絶対値の 2 乗で与えられるのです。ボーム理論は決定論的な性格をもってはいるものの不確定性原理にはばまれて，結局は確率解釈になっています。それで，表 13.1 の決定論的の項に△を入れました。その他の○や×についても異論があると思いますが，あえてどちらかを選択しました。

多世界解釈では，波動関数は実在の量子状態を示しています。多世界解釈には，波動関数とその時間発展があるだけで，物理学も哲学も修正する必要はありません。多世界解釈は確率論的ではなく決定論的であると主張する文献もありますが，測定前にどの世界に分岐するのかの予言ができない以上，決定論的とはいえないのではないでしょうか。

隠れた変数理論であるボーム理論，非線形力学を組み込んだ自発的収束理論，多

表 13.1　主な量子理論の比較

理論・解釈	標準解釈	ボーム理論	多世界解釈	自発的収縮理論
特徴	実証主義	隠れた変数	世界が分岐	自発的収縮
波動関数収縮	あり	なし	なし	自発的
決定論的？	×	△	×	×
確率的解釈？	○	○	○	○
観測者必要？	○	×	×	×
実在的？	×	○	○	○
非局所性？	×	○	×	○
相対論化？	○	未完	○	未完
標準との差の検証	（標準）	可能？	差なし	可能？
よい点	計算明解	粒子波乗り	解釈明快	量子・古典統一†
弱点	収縮の理解	複数粒子複雑	世界の数 ∞	相対論化
物理修正必要？	×	○	×	○
哲学修正必要？	○	×	×	×

† 古典力学で重ね合わせ状態がないことを自然に説明。

世界解釈，および量子情報理論では，コペンハーゲン解釈の波動関数の収縮の問題は存在しません。

　表 13.1 下段は，量子論についての代表的な解釈や新理論を比較し，物理学や哲学の修正が必要かどうかなどで分類したものです（参考文献 [アナンサスワーミー]）。現在のところ，物理学と哲学の両方を修正しなければならない理論はありません。

　コペンハーゲン解釈と量子ベイズ主義（表 13.1 から省いた）は，哲学を変えます。なぜなら，これらの解釈が観測者の存在から独立していないからです。この場合，波動関数の収縮は物理学の範囲で起きると考えます。

　ボーム理論や自発的収束理論は，物理学を変えています。ボーム理論は初期条件（隠れた変数）を入力し，自発的収束理論は波動関数の時間発展を止めて収束を起こす新しい力学を加えるからです。自発的収束理論の実験的検証は盛んに行われてきて実験技術も進歩しているので，近い将来に理論の正否が検証されるかもしれません。

13.3　量子実験の進展

技術の進歩と実験家のたゆまぬ工夫と努力により，次々と興味深い実験が行われ

てきました（たとえば文献 [佐藤文隆]）。1 個ずつの電子による二重スリット実験は，2 つのグループが一番乗りを主張しています。1974 年のイタリアのグループと，1989 年の日本のグループ（外村彰たち）です（論点は，本当に 1 個ずつかどうかという問題のようです）。一方，1 個ずつの光子による二重スリット実験は，1985 年にアスペたちが最初に成功しました。

13.3.1　ベルの不等式の破れの検証実験

　1964 年のベルの不等式の論文に触発されて，クラウザーたちの実験を始めとする 7 つの実験が 1970 年代に行われましたが，難しい実験で抜け穴をふさぐことができずしかもお互いに矛盾する結果を得て量子力学の正否ははっきりしませんでした。決定的な結果を出したのは，1981–2 年のアスペたちの実験です。アスペは，偏光が EPR 相関（量子もつれ）状態にある可視光領域の光子対の高輝度光源（放射源）を開発しました。図 13.3 は実験の模式図です。量子もつれ状態の 2 光子がそれぞれ左右の方向に飛び始めた後に 2 つの偏光の向きをランダムに変えて，ベルの不等式（を実験しやすいように改良した CHSH 不等式）の破れを高精度で検証しました。実験結果は，ベルの不等式（より正確には CHSH 不等式）が破れていることを明確に示したのです。

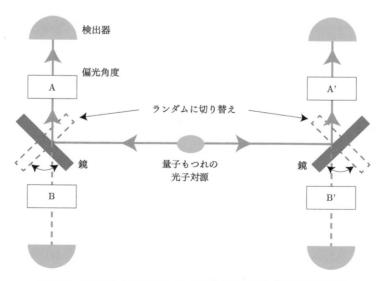

図 13.3　アスペたちによる「ベルの不等式の正否検証実験」の模式図

アスペたちの実験にも抜け穴があると指摘されていましたが，残った抜け穴は 2015 年の 4 つの実験でほぼ完全に塞がれました（5.4.2 節参照）。これらの実験にも，人工的にランダムに偏光の角度を変えるところが人為的であるとの批判が残りました。そこでツァイリンガーたちは 2018 年，77.8 億光年かなたのクエーサー（活動銀河核）からの光を用いて乱数を生成し，その乱数によって偏光角度を変えるダメ押しの実験も行いました。

これらの実験から，アインシュタインが信奉した局所実在論は間違いで，現行の量子力学が正しいということがほとんど疑問の余地なく実証されたのです（コラム 3 参照）。ただし，「マニアックとも見える抜け道」はしぶとく残っているようです。

問題 13.1 なぜ偏光の向きをランダムに変えて測定するのでしょうか。　　♥

13.3.2 量子遅延選択実験

理論的に興味深い「思考実験」（技術的に実現困難と思われていた実験）がいろいろ提案されてきました。実験家のたゆまぬ努力・創意工夫と技術の進歩によって，たとえば光子 1 個ずつによる実験などが現実のものになり，それらの思考実験を実際に検証することができるようになってきたのです。

量子遅延選択実験の提案

1970 年代末ごろから，ホイーラーは量子遅延選択実験を推奨しました。マッハ＝ツェンダー干渉計による実験（図 13.1）において，BS2 の挿入を遅らせて，単一光子が最初のビームスプリッター BS1 に入射したのちに挿入するという実験です。

例題 13.3 **ホイーラーの量子遅延選択実験の推奨の理由**
どういう理由でホイーラーは量子遅延選択実験を推奨したのでしょうか。

解答例 「粒子的振る舞い」と「波動的振る舞い」を，光子がいつ決定するのかという疑問からです。マッハ＝ツェンダー干渉計による実験において，BS2 が挿入されていない場合は，検出器 C か D のどちらか一方が光子を観測し，どちらの経路を通ったのかがわかります。すなわち，光子は粒子的振る舞いをして，透過か反射かのどちらかの経路を選んだことになります。一方，BS2 が存在する場合には，干渉が起こり，検出器 C のみに光子が観測されます。つまり，両方の経路の重ね合

わせ状態となり，光子が波動的振る舞いをしたことになるのです。

　もし光子が BS1 に入射する前には BS2 が置かれていなかったとすると，光子は粒子的に振る舞って，反射か透過かのどちらかの経路に進むのではないかと推測したわけです。その場合，光子が BS1 に入射後に BS2 を挿入すると，干渉は起こらず，検出器 C と D に 50％の確率で観測されるはずです。　　　　　　　　　　◆

量子遅延選択実験とその結果

　光子が BS1 入射後に BS2 を挿入するためには，挿入のための十分な時間を確保する必要があります。そのためには，それぞれの経路の長さを 50 m ほどにする必要がありました。それを実現するためには，小さな光源の開発が必要だったのです。それまでの光源は大きかっため，集光レンズも大きかったのです。経路を 10 倍にするために必要なレンズは，大きくなりすぎて実現不可能でした。

　2005 年に，アスペたちはやっとその実験を行えるようになりました。実験結果はどうだったでしょうか。なんと，BS2 を挿入するタイミングが BS1 に入射する前であろうが後であろうが関係なく，BS2 があると干渉を起こし，C のみに光子が観測されたのです。**表 13.2** は，主な理論によるこの現象の説明です（参考文献 [ベッカー]）。Q ビズム（量子ベイズ主義）はコペンハーゲン解釈と同じ考えなので，同じ説明になります。

表 13.2　主な量子理論による量子遅延選択実験の説明

解釈・理論	説明
標準	観測結果がすべてであり，理由は不問（実証主義）
ボーム	ガイド波が分岐（・干渉），波乗りした粒子が検出される
多世界	各経路を通る 2 つの世界に分岐（・干渉）後，1 つだけの世界が選択される
自発的収束	粒子が各経路通過の重ね合わせ状態になり（干渉して），検出器で収縮する

13.3.3　量子情報消去実験

　実験技術の進歩により，量子論の本質を探るいろいろなアイデアが実験可能になりました。1 つは量子情報消去実験（量子消しゴム実験）です。

手軽な情報消去実験

　レーザーポインター，シャープペンシルの芯（ホチキスの針がよりよいそうです），

および偏光板数枚でできる手軽な情報消去実験を紹介します（たとえば文献 [量子物理学班]）。まずは，シャープペンシルの芯を立ててレーザーポインターで照射すると，壁に干渉縞が見えることを確認してください。

　次にシャープペンシルの芯の両側に偏光板を取り付けます。偏光板の向きを，一方（たとえば左側）は縦方向，もう一方（右側）は横方向にしてレーザーを照射すると，干渉縞は消えます。ところが，シャープペンシルの芯と壁との間に偏光板を 45° にして置くと，干渉縞は復活するのです。つまり，偏光の情報（多数の光線の中の個々の光子がどちら側を通ったかの情報）が消去され，干渉が復活したのです（ただし，1 個 1 個の光子を送っての量子情報消去実験ではありません）。

量子情報消去実験 (1)

　1 光子実験に戻ります。二重スリット実験において，どちらのスリットを通ったのかを測定すると干渉縞が消えました。もしどちらのスリットを通ったのかの情報を消去したら，干渉縞はどうなるでしょうか。

　図 13.4 は，まさに量子情報消去実験のセットアップになっています。図 13.4 の光源 S からの光は，二重スリット通過後，量子もつれの光子対生成物質に当たりま

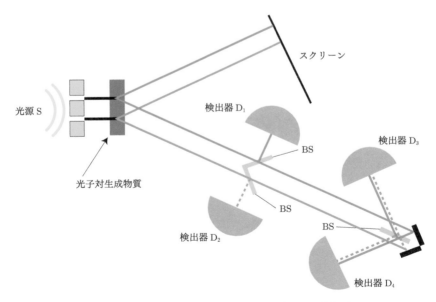

図 13.4　量子情報消去実験の模式図，BS はビームスプリッター
出典：文献 [Bracken] を参考に作成

す（上のスリットからの量子もつれ光子対は赤の線，下のスリットからの量子もつれ光子対は緑の線で表してあります）。生成された量子もつれ状態の光子対の一方は，スクリーンで検出されます（ここでのスクリーンは，光子の到着時刻と位置をデータとして記憶し，必要なデータを表示する装置とします）。もう一方の光子は，半透明の鏡（BS）で反射されて検出器 D_1 や D_2 で検出されるか，あるいは透過して鏡で反射された後，半透明の鏡（BS）で反射・透過して検出器 D_3 や D_4 で検出されます。

　下に飛んだ光子を無視してスクリーンに向かった光子だけを観測すると，やがて干渉縞が見えてきます。ちょうど二重スリット実験になっていることがわかります。

　検出器 D_1 または D_2 で光子が検出された場合は，上下どちらのスリットから来た光子かがわかります。このような事象を集めると，予想通りスクリーンには干渉縞はできません。さて，検出器 D_3 または D_4 で光子が検出された場合はどうでしょうか。この場合は，上下どちらのスリットからの光子なのかの情報が消去されたため，干渉縞が生じるのです。

量子情報消去実験 (2)

　さらにいろいろ興味深い「心を揺さぶる」量子情報消去実験が行われています。そのうちの 1 つを紹介します（文献 [Kim]）。

　図 13.5 の SPDC（Spontaneous Parametric Down-Conversion）からは，レーザー照射により 100 万個に 1 対の割合で量子もつれの光子対が生成されます。図 13.5(a) では，光子対をそのまま BS（Beam Splitter）に導き，2 個の検出器の同時計測数を数えます。2 つの経路差を少しずつ変化させると，ある経路差で同時計測数が 0 になります。このとき，2 個の光子は干渉して両方とも一方の検出器に行って検出され，もう一方の検出器には光子は行かないのです。

　次は，この装置を使っての量子情報消去実験です。生成された光子対の偏光は，同じ方向に向いていて揃っています。その一方の経路の光子の偏光を 90° 回転させると，干渉は起こりません。

　興味深いのは，図 13.5(b) の設定です。つまり，BS の後，それぞれの検出器の前で，偏光を 45° 回転させるとどうなるでしょうか。なんと，干渉が復活するのです！　BS では干渉が起きなかったはずなのに，BS 透過・反射の後，検出器に達する前に偏光の違いを消去すると干渉が起きるとは！　何とも不思議ですが，干渉復活のカギは，重ね合わせの原理と思われます。縦偏光，横偏光は 2 つの 45° 偏光の重ね合わせとして表されます。BS で 45° 偏光が干渉し，その部分が 45° 偏光で選択されたのだと考えられます。

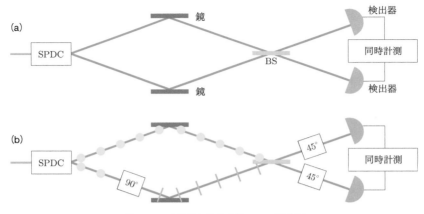

図 13.5　量子情報消去実験 (2) の模式図

このような深く考えさせる実験結果が次々と報告されているのです。

13.3.4　量子遅延消去実験

　興味深いのは，図 13.4 の実験で，光子対の一方の光子がスクリーンで観測された後しばらく経ってからもう一方の光子が観測されているにもかかわらず，上記のような結果が得られていることです。その遅延時間がもっとずっと長くなったらどうなるでしょうか。

　図 13.6 は，その量子遅延消去実験の模式図です。実験はカナリア諸島の 2 つの島を使って行われた，大変困難で挑戦的な実験です[※2]。用いられた量子もつれの光子対は互いに逆の偏光状態，すなわち，片方が水平偏光ならもう片方は垂直偏光になっています。

　図 13.6（左）は，ラパルマ島の山頂において，量子もつれの一方の光子（信号光子）をマッハ＝ツェンダー干渉計で観測します。PBS は，光子の偏光が水平方向か垂直方向かによって，透過（右上への経路）または反射（左下への経路）を決定するビームスプリッターです。もう一方の光子（探査光子）の偏光の向きを決定すれば，どちらの経路を通ったかがわかり，BS での干渉はなくなるはずです。

　探査光子の検出は，144 km 離れたテネリフェ島の山頂付近で，図 13.6（右）の装置を用いて行われました。その検出は，ラパルマ島での測定がとっくに終わって

※ 2　ツァイリンガーは，このような画期的で困難な実験を次々と考案し成功させた。

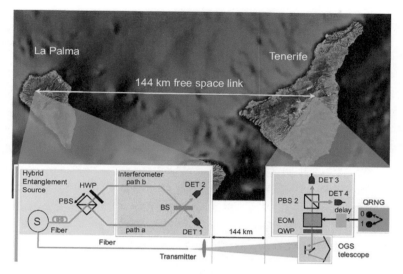

図 13.6　量子遅延消去実験の模式図
出典：文献 [Ma]

略語は以下の通り。PBS：Polarization Beam Splitter, HWP：Half-Wavelength Plate,
EOM：Electro-Optic Modulator, OGS：Optical Ground Station, QRNG：Quantum
Random Number Generator.

いる 0.48 ms 後のことです。探査光子の偏光の向きの情報を消去するか否かの決定
は，乱数発生器を用いて行われました。すなわち，乱数発生器の値が 0 の場合は偏
光はそのまま残され，ラパルマ島での経路の情報が保存されます。探査光子は，水
平偏光の場合は DET 3 で，垂直偏光の場合は DET 4 で検出されます。

　乱数発生器の値が 1 の場合は，探査光子の偏光は 45° 回転させられ，水平偏光と
垂直偏光の重ね合わせ状態となり，DET 3 と DET 4 に 50%の確率で検出されま
す。この場合は，信号光子の経路の情報は消去されます。

　結果は，経路の情報が消去された事象を集めると干渉が起き，どちらの経路を
通ったかがわかる事象では干渉が起きないというものでした。信号光子が DET 1
か DET 2 かで検出されてから 0.48 ms も経ってから，経路の情報を維持するか消
去するかの決定をランダムに行ったにもかかわらずです。量子現象の不思議さにた
だただ感心せずにはいられません。

　実験は，月のない空気が澄んだ夜中に行われなければなりませんでした。しかも
たった 1 個ずつの光子を検出するのですから，制御された実験室ではない場所での，

大変な苦労と細心の注意が払われた実験でした。

13.3.5 弱い測定の実験

弱い測定についてのアハラノフらの予言を検証した実験の 1 つを紹介します。

ハーディの思考実験

　その実験は，1992 年にハーディ（Lucien Hardy）が提案した思考実験を具体化したものです（参考文献 [井元]）。実験では，図 13.7 のように，2 組のマッハ＝ツェンダー干渉計を用います。個々のマッハ＝ツェンダー干渉計では，干渉して図 13.7 のC+，C− だけが検出されることを思い出してください（C は干渉が Constructive,D は Destructive の意味です）。

　ハーディの思考実験では，一方に陽電子を，もう一方に電子を 1 個ずつ同時に入射します。陽電子と電子とが交差点で出会うと対消滅します。ここで，電子と陽電子が出会う交差点は最初の 1 点のみで，2 回目の交差点は立体交差とします。出会わないときはどうなるのでしょうか。実は，量子力学に基づく計算では，「D+ と D−が同時に検出する確率は $\frac{1}{16}$ である」と予言するのです。

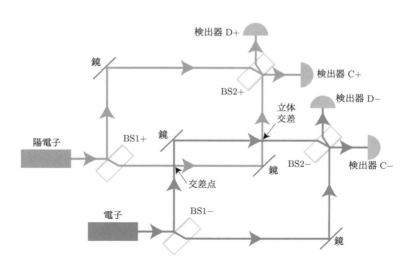

図 13.7　ハーディの思考実験の模式図
出典：文献 [井元] を参考に作成

弱い測定についての理論の予言

表 13.3 は，D+ と D− で同時に検出された場合についての，経路のシナリオおよび弱い測定の理論での予言値です。

表 13.3　弱い測定の理論によって予言された確率の値（D+ と D− で同時に検出）

経路の シナリオ	交差点を通ったか		予言された 確率
	陽電子	電子	
1	○	○	0
2	×	×	−1
3	×	○	1
4	○	×	1

弱い測定の実験とその結果

電子と陽電子とを用いての実験は難しいのです。なぜなら，波長が揃った（等しい運動量の）電子と陽電子を同時に入射する必要があるからです。波長が揃った2光子は用意できます。2光子で電子と陽電子の対消滅を再現するには，マンデル（Leonard Mandel）の干渉を用います。すなわち，交差点で出会った2光子はマンデルの干渉により同じ方向に揃って飛ぶようになるので，そのような事象を除去するのです。

弱い測定を行うには，まず2光子を水平方向に偏光させます。強い測定では，片方の経路の途中に 90° 回転させる偏光回転子を入れます。弱い測定では，水平から小さな角度だけ偏光させる偏光回転子を入れます。

結果は，理論の予想通りでした。測定を弱めていく（偏光を変える角度を小さくしていく）と，確率の値は表 13.3 の予言値に近づくことが実証されたのです。負の確率とは何でしょうか。この実験での「確率」は，弱い測定の後に，ある特定の事象（ここでは D+ と D− が同時に検出する事象）のみを事後選択したときの確率です。そのことが，このような「異常な値」を生む原因と思われます。

弱い測定がどういう意味をもち，どのような役に立つのかは，まだよくわかっていないのが現状のようで，これからの進展が楽しみです。

13.4　まとめと展望

　この節では，まずこれまで述べたことをまとめた後，量子の今後について展望します。

13.4.1　量子論・量子力学：まとめ

　第 1 章から第 12 章まで，量子論・量子力学と私たちの世界との関係について見てきました。第 13 章では量子論のその後の発展を見ました。この節ではそれらをまとめます。

量子論・量子力学とこの世界

　この世界があるのは，量子・量子論・量子力学のおかげといっても言い過ぎではないでしょう。宇宙の誕生から銀河団の形成，恒星の一生まで，量子力学なしには理解できません。しかも，量子が量子らしくはたらかなければ，私たちも生まれなかったでしょう。私たちは「星の子」であり，宇宙で生成された元素で構成されているのです。さらに第 12 章では，生命現象でも量子が直接的・本質的に重要な役割を果たしているという証拠が次々と出されてきています。そもそも，スマホや家電製品なども量子力学の応用製品として進化してきたのです。

量子論の現状

　この第 13 章では，量子論・量子力学の確立から 100 年近く経ったいま，量子論の根底にはいまもってコペンハーゲン解釈が重要な地位を占めていることを見ました。コペンハーゲン解釈は，科学上および文明上での成果を挙げていく上では非常に有効でしたが，その反面，量子の本質に迫る努力を削ぐ役割も果たしていました。

　単発的にド・ブロイ＝ボーム理論（1952 年）やエヴェレットの多世界解釈（1957 年）が提唱されましたが，これらの理論はコペンハーゲン解釈の権威の下に冷遇されてきました。1964 年にベルがベルの不等式の論文を控えめに発表すると，徐々にその重要性が認められ，その実験的検証の努力が行われるとともに，量子論・量子力学の根源を見直す動きも活発になってきました。さらにいろいろな興味深い理論の提案や実験結果があるようですが，それらについて紹介できなかったことをお詫びします。

　しかしながら一言で現状をまとめると，現時点ではコペンハーゲン解釈に代わる

決定的な理論はなく，模索が続いている状況のようです。コペンハーゲン解釈での波動関数の収縮の問題は，量子情報理論の一部の研究者には存在しません。ただ，冷遇された多世界解釈は，無限の多世界の存在を認めてしまえば，量子論の一番素直で矛盾のない解釈であり，とくに量子コンピュータ研究者や量子宇宙論研究者の間に賛同者の数が増えつつあるようです。

13.4.2　量子の今後の展望

　なぜいま「量子」が注目されているのでしょうか。その直接の契機は，2019 年 10 月 23 日，グーグルグループによる「量子超越性」実証の発表のインパクトでしょうか。53 量子ビットの小さなチップ（1 cm × 1 cm）による量子コンピュータが，当時最速のスーパーコンピュータをはるかにしのぐ計算速度を達成したというニュースでした。

量子コンピュータと暗号

　量子コンピュータに注目してみると，1994 年のショア（Peter W. Shor）の論文が世界に衝撃を与えたことが大きかったことでしょう。私たちが普段気にもとめずに使っているインターネットに RSA（Rivest-Shamir-Adleman）暗号などが使用されていること，そして，その暗号が量子コンピュータによって短時間で解読されてしまうことがわかったのです。

　しかしながら，量子コンピュータの完成はまだまだずっと先と思われていました。ところが，2011 年「カナダのスタートアップ企業，D-Wave 社が量子コンピュータの販売を開始した」というニュースが流れました。やがて，D-Wave 社の量子コンピュータは最適化問題に特化した「量子アニーリング方式コンピュータ」であることが判明しました。そして IBM，グーグルなど名だたる企業が本腰を入れて，万能型の「量子ゲート方式コンピュータ」を開発していることがわかってきたのです。

　欧米に遅れを取っていたように見えた日本も，2022 年 4 月に策定された政府戦略の「量子未来社会ビジョン」で整備が進められてきた超伝導量子コンピュータ国産初号機（理化学研究所，64 量子ビット）が完成し，2023 年 3 月末にクラウド公開されたところです。

量子暗号

　企業だけでなく，アメリカ，中国，イギリス，フランス，イタリア，オーストラリアなどの国々も，国力をかけて量子コンピュータ自身の開発や量子コンピュータに

解読されない暗号の開発に力を注ぐようになったのです。中でも，量子暗号は原理的に解読・盗聴不可能な暗号として，とくに中国が力を入れて開発しています。残念ながら真の平和を実現するのがいまだ難しい現代では，解読・盗聴不可能な暗号も，「国の命運を左右する重要な開発項目である」と位置づけられているのです。

AI の進歩

AI（人工知能，Artificial Intelligence）の進歩も，半導体そして計算機の格段の進歩の延長線上にあります。いま話題の生成 AI も含めて，AI は，ディープラーニングによって驚異的な能力を身に付けてきています。しかしながら，人間にはなぜそのような判断が出てくるのかの過程がブラックボックス的でまだ理解できていないようです。

AI の知能が全人類の知能を超える年（技術的特異点）が 2045 年であるというカーツワイル（Ray Kurzweil）の予測もあります。人類が AI とどのようにうまく賢く付き合っていくかが問われています。

13.4.3 量子の世界（終わりに）

本書では，量子の世界を概観してきました。量子の振る舞いは，日常の経験とはあまりにもかけ離れています。波と確定したと思われていた光が紛れもなく粒子性を示し（第 2 章），粒子としか思えない電子が波動性を示すのです（第 3 章）。それどころか，複数の位置や状態を同時にとれる分身の術（重ね合わせの原理）や不確定性原理，複数の量子の非局所的な相関（EPR 相関）やトンネル効果など，量子は多才です（第 5 章）。量子の世界と私たちの身の回りの世界との境界はどこにあるのか，どのようにしてその境界が決まるのか，などについての理解も進みつつあります。

本書を書かせていただくにあたっていろいろ調べているうちに，私は改めて量子の世界のおもしろさ，奥深さ，研究者の創意工夫・努力などに魅了されました。それが少しでも読者の皆様に伝わったら大変幸いに思います。

付録 A 黒体放射の理論

産業革命以後の 19 世紀後半に，鉄鋼の需要が高まり，良質な鉄を生産するために溶鉱炉の温度の制御が求められていました。高温の物体（黒体：理想的な放射体）からの放射（光）を解析して温度を知りたいという要望から，放射公式を求める努力がなされていたのです。放射公式は，黒体からの放射強度の波長（または振動数）依存性を与える式です。熱平衡状態を扱っているので，放射公式は絶対温度 T だけに依存する関数となります。実験値にぴったり合う放射公式を見つける過程で，量子の扉が開かれました。

この付録では，放射公式について概説します。A.1 節では，提案された黒体放射の公式を列挙します。A.2 節で，プランクの放射公式を導きます。

A.1 黒体放射の式

まず，放射強度と温度の関係を与えるシュテファン＝ボルツマンの法則が発見されました。その後，黒体からの放射の振動数依存性の式，ヴィーンの放射公式とレイリー＝ジーンズの放射公式が提案されました。

ヴィーンの放射公式は振動数が高い（波長が短い）領域で，また，レイリー＝ジーンズ放射公式は振動数が低い（波長が長い）領域で実験値を再現しましたが，その反対の領域では実験値から大きくずれてしまいました。

1900 年にプランクは，実験値によく合うプランクの放射公式を発見し，理論的にその式を導くことにも成功しました。その導出にあたって必要だった仮定が，量子化されたエネルギーだったのです。

A.1.1 シュテファン＝ボルツマンの法則

1879 年にシュテファン（Joseph Stefan）は既存の実験データを整理して，放射強度 I が絶対温度 T の 4 乗に比例することを発見し，1884 年にボルツマンがその

関係式を理論的に導出しました。

$$I = \sigma T^4, \quad \sigma = \frac{2\pi^5 k_{\mathrm{B}}^4}{15 c^2 h^3} \simeq 5.670 \times 10^{-8}\,\mathrm{W/(m^2 \cdot K^4)} \tag{A.1}$$

ここで σ は**シュテファン＝ボルツマン定数**と呼ばれ，後にプランクの放射公式から (A.1) の式が導かれました。c は光速 (2.3)，h はプランク定数 (2.5)，k_{B} はボルツマン定数 (8.1) です。

A.1.2 ヴィーンの放射公式と変位則

1896 年にヴィーンが提唱した放射公式，振動数 ν と $\nu + d\nu$ の間のエネルギー密度は

$$\frac{du_{\mathrm{W}}(\nu)}{d\nu} = \frac{C_1 \nu^3}{c^4} \exp\left(-\frac{C_2 \nu}{cT}\right) \tag{A.2}$$

です。ここで，C_1 と C_2 は定数です。(A.2) は，高振動数（短波長）領域をうまくフィットしましたが，その逆の領域では実験データを下回ることがわかりました。

問題 A.1　ヴィーンの放射公式 (A.2) を，波長 λ と $\lambda + d\lambda$ の間のエネルギー密度に直すと

$$\frac{du_{\mathrm{W}}(\lambda)}{d\lambda} = \frac{C_1}{c\lambda^5} \exp\left(-\frac{C_2}{\lambda T}\right) \tag{A.3}$$

が得られることを示しなさい。ヒント：(2.1) の関係式を用いる。　　♥

ヴィーンの変位則

ヴィーンが発見した変位則は，黒体からの波長分布のピーク $\lambda_{ピーク}$ が絶対温度に反比例するという規則性でした。

$$\lambda_{ピーク} = \frac{C_2}{5} \frac{1}{T} \tag{A.4}$$

温度が高いほど，黒体からの光の波長が短くなることがわかります。

問題 A.2　ヴィーンの放射公式の波長分布 (A.3) から (A.4) を導きなさい。　　♥

A.1.3 レイリー＝ジーンズの放射公式

1900 年にレイリーは，光の波の性質とエネルギー等分配の法則に基づいて放射公

式を導きました。ジーンズ（James H. Jeans）が 1905 年にその式の誤りなどを修正したのが次式です。

$$\frac{du_{\mathrm{RJ}}(\nu)}{d\nu} = \frac{8\pi\nu^2 k_{\mathrm{B}}T}{c^3} \tag{A.5}$$

(A.5) は，低振動数（長波長）領域では実験値とよく合いますが，振動数が高くなるとともに発散する困難があります。

A.1.4　プランクの放射公式

1900 年 10 月にプランクは，実験値によく合う式を見つけました。プランクの放射公式，すなわち，振動数 ν と $\nu + d\nu$ の間のエネルギー密度 $\frac{du(\nu)}{d\nu}$ は，次式で与えられます。

$$\frac{du(\nu)}{d\nu} = \frac{8\pi h\nu^3}{c^3} \frac{1}{\exp\left(\frac{h\nu}{k_{\mathrm{B}}T}\right) - 1} \tag{A.6}$$

問題 A.3　プランクの放射公式 (A.6) は，振動数 ν が大きい極限（短波長極限）ではヴィーンの式 (A.2) に，小さい極限（長波長極限）ではレイリー＝ジーンズの放射公式（A.5）に一致することを示しなさい。　　　　　　　　　　　♥

A.2　プランクの放射公式の導出

ここでは，少し現代的にプランクの放射公式を導きます（参考文献 [砂川]）。

A.2.1　振動子の平均エネルギー

黒体の薄い壁の原子が振動数 ν で振動しているとき，そのエネルギーは量子化され，

$$E_n = \left(n + \frac{1}{2}\right)h\nu, \quad n = 0, 1, 2, \cdots \tag{A.7}$$

と表されます。$n = 0$ は，量子揺らぎによる零点エネルギーです。

振動子がエネルギー E_n の状態にある確率 P_n は，統計力学により

$$P_n = \frac{\exp\left(-\frac{E_n}{k_{\mathrm{B}}T}\right)}{\sum_j \exp\left(-\frac{E_j}{k_{\mathrm{B}}T}\right)} \tag{A.8}$$

となります。(A.7) を (A.8) に代入して，分母の和を計算すると

$$P_n = \frac{\exp\left(-n\frac{h\nu}{k_{\mathrm{B}}T}\right)}{1 - \exp\left(-\frac{h\nu}{k_{\mathrm{B}}T}\right)} \tag{A.9}$$

が得られます。

量子数 n の状態にある振動子の平均数 $\bar{n}$ は

$$\bar{n} = \sum_{j=0}^{\infty} jP_j = \frac{\sum_{j=0}^{\infty} j\exp\left(-j\frac{h\nu}{k_{\mathrm{B}}T}\right)}{1 - \exp\left(-\frac{h\nu}{kT}\right)} = \frac{1}{\exp\left(\frac{h\nu}{k_{\mathrm{B}}T}\right) - 1} \tag{A.10}$$

となり，振動子の平均エネルギー $\bar{\varepsilon}$ は

$$\bar{\varepsilon} = \bar{n}h\nu = \frac{h\nu}{\exp\left(\frac{h\nu}{k_{\mathrm{B}}T}\right) - 1} \tag{A.11}$$

となります。

プランクは，振動子と電磁波は平衡状態にあるので，それらの平均エネルギーは等しいとしました。

A.2.2　電磁波の数

電磁波の振動数分布を求めるには，電磁波の数を求める必要があります。黒体が 1 辺の長さが L の立方体の箱であるとして，その中で電磁波が定常波をつくっているとします。x 方向の定常波 $E_x(x,t)$ は，次のように表されます。

$$E_x(x,t) = E_0(t)\sin(k_x x) \tag{A.12}$$

電磁波が固定端条件 $E_x(0,t) = E_x(L,t) = 0$ を満たすとすると，

$$k_x = \frac{n_x\pi}{L}, \quad n_x = 1,2,3,\cdots \tag{A.13}$$

となります。y,z 方向でも同様の式が成り立ちます。

問題 A.4　(A.13) で，なぜ $n_x < 0$ の整数は排除されるのでしょうか。　♥

波数が k と $k+dk$ の間にあり，方向が微小立体角 $d\Omega$ にある定常波の数は，(A.13) より以下のようになります。

$$dn_x dn_y dn_z = n^2 dn d\Omega = \left(\frac{L}{\pi}\right)^3 k^2 dk d\Omega \tag{A.14}$$

(A.14) を立体角で積分すると，n_x，n_y，n_z は正なので，全立体角 4π の $\frac{1}{8}$ 倍となり，電磁波には 2 つの偏光が許されるので 2 倍して π となります。波数が k と $k + dk$ の間にある電磁波の数 dN は，$k = \frac{2\pi\nu}{c}$ なので，

$$dN = \pi n^2 dn = \frac{L^3}{\pi^2} k^2 dk = \frac{L^3}{\pi^2} \left(\frac{2\pi}{c} \right)^3 \nu^2 d\nu = L^3 \frac{8\pi}{c^3} \nu^2 d\nu \tag{A.15}$$

となります。電磁波の数 (A.15) を L^3 で割って電磁波の平均エネルギー (A.11) を掛けると，プランクの放射公式 (A.6) が得られます。

問題 A.5　エネルギー量子化の仮説によって，波動的立場から導かれたレイリー＝ジーンズの放射公式の発散の困難が回避されることを，定性的に説明しなさい。♥

付録 B ボーアの原子模型とシュレーディンガー方程式

- この付録では，ボーアによる原子の半古典的なエネルギーレベルの式（前期量子論）を，シュレーディンガー方程式の発見によって量子力学として導くことができるようになったことを見ます。
- まず B.1 節では，ボーアによる原子の半古典的な式がどのように導出されたのか，続いて B.2 節では，シュレーディンガー方程式がどのように定式化されるのかを見ます。最後に B.3 節では，原子や分子のシュレーディンガー方程式を書き下し，その波動関数の求め方について考察します。

B.1 ボーアの原子模型

　ボーアは 1913 年，電子が陽子の周りを円運動すると仮定し，古典力学の力のつり合いの式が成り立つとして，水素原子における電子の安定円軌道半径やエネルギーレベルなどを求めました。

B.1.1 ボーア半径の導出

　n 番目の安定円軌道について考えます。電子の質量を m，速さを v_n とし，円の半径を r_n とすると，遠心力とクーロン引力がつり合う式は

$$\frac{mv_n^2}{r_n} = \frac{1}{4\pi\varepsilon_0}\frac{e^2}{r_n^2} \tag{B.1}$$

となります。ε_0 は真空の誘電率です。

　また，運動量 $p_n = mv_n$ は，ド・ブロイの式 (3.3) を代入して

$$p_n = mv_n = \frac{h}{\lambda_n} \tag{B.2}$$

で与えられます。

問題 B.1 量子条件 (6.3) と (B.1)，(B.2) から半径 r_n(6.4) を導きなさい。　♥

問題 B.2 円運動の速さ v_n が次のように表されることを示しなさい。

$$v_n = \frac{e^2}{2\pi n \varepsilon_0 h} = \frac{\alpha}{n} c \simeq \frac{c}{137n} \tag{B.3}$$

ここで，α は微細構造定数です（(9.2) を参照）。すなわち，$v_n \ll c$ であり，円運動の速さは非相対論的であることがわかります。　♥

B.1.2　エネルギーレベル

ボーアはさらに，電子のエネルギーに関して，古典力学で成り立つ次式を仮定しました。

$$E_n = \frac{mv_n^2}{2} - \frac{1}{4\pi\varepsilon_0} \frac{e^2}{r_n} \tag{B.4}$$

> **例題 B.1**　**エネルギーレベルとリュードベリ定数**
> (B.4) と (6.4) とから，リュードベリ定数を求めなさい。

解答例　(B.4) で v_n を r_n で表し，(6.4) を代入すると

$$E_n = -\frac{1}{8\pi\varepsilon_0} \frac{e^2}{r_n} = -\frac{1}{n^2} \frac{me^4}{8\varepsilon_0^2 h^2} \tag{B.5}$$

となり，(6.2) を用いて次式を得ます。

$$R = \frac{me^4}{8\varepsilon_0^2 h^3 c} = \frac{\alpha^2 mc}{2h} \simeq 1.09737 \times 10^7 \, \mathrm{m}^{-1} \tag{B.6}$$

◆

B.2　波動関数とシュレーディンガー方程式

ここでは，まずは 1 次元の波の式から波動関数を書き下し，位置と運動量を量子化して 1 次元のシュレーディンガー方程式を得ます。それを 3 次元に一般化します。

B.2.1　1 次元の波の式と波動関数

波長 λ，振動数 ν で $+x$ 方向に進む波 $\Psi(x,t)$ は，平面波（任意の時刻の波の同

位相面が平面である波）となります。$\Psi(x,t)$ は，位置 x，時刻 t での波の変位（平衡位置からのずれ）を表します。振幅を A とし，初期位相を 0 とおくと，次式のように書けます。

$$\Psi(x,t) = A\cos\left(2\pi\left(\frac{x}{\lambda} - \nu t\right)\right) \tag{B.7}$$

運動量 p，エネルギー E の自由粒子（力を受けていない粒子）を考えましょう。(B.7) にド・ブロイの式 (3.3) を代入すると

$$\begin{aligned}\Psi(x,t) &= A\cos\left(\frac{1}{\hbar}(px - Et)\right) = A\Re\exp\left(\frac{i}{\hbar}(px - Et)\right) \\ &\to A\exp\left(\frac{i}{\hbar}(px - Et)\right)\end{aligned} \tag{B.8}$$

と表されます。$\Re$ は実部（real part）をとる記号です。

不確定性原理 (5.1) と (5.6) によると，自由粒子の p や E は一定なので，$\Delta p = 0$，$\Delta E = 0$ となって，$\Delta x = \infty$，$\Delta t = \infty$ となります。すなわち，自由粒子の位置と時間は決まらないことになります。

このような理由から，(B.8) の右辺の $\Re$ を除きます。なぜなら，波動関数の絶対値の 2 乗が粒子の存在確率であり，エネルギーが一定の自由粒子の存在確率は時間や位置によらずに一定でなければならないからです。すなわち，**波動関数は必然的に複素数でなければならず**，(B.8) の最後の式はその条件を満たしているのです。

B.2.2　1 次元のシュレーディンガー方程式

$+x$ 方向に運動量 p で自由（相互作用なし）に移動する粒子の波動関数 $\Psi(x,t)$ は，(B.8) から次のように表されることがわかりました。

$$\Psi(x,t) = A\exp\left(\frac{i}{\hbar}(px - Et)\right) \tag{B.9}$$

(B.9) の時間偏微分，および x についての偏微分をとると

$$\frac{\partial\Psi(x,t)}{\partial t} = -\frac{iE}{\hbar}\Psi(x,t), \quad \frac{\partial\Psi(x,t)}{\partial x} = \frac{ip}{\hbar}\Psi(x,t) \tag{B.10}$$

が得られます。つまり，

$$E \leftrightarrow i\hbar\frac{\partial}{\partial t}, \quad p \leftrightarrow -i\hbar\frac{\partial}{\partial x} \tag{B.11}$$

の関係があることがわかります。すなわち，時間での偏微分はエネルギー演算子に，

空間座標での偏微分は運動量演算子に対応するのです。

$E = \frac{p^2}{2m}$ に波動関数 (B.9) を右から掛けて (B.11) の変換を行うと

$$i\hbar \frac{\partial \Psi(x,t)}{\partial t} = -\frac{\hbar^2}{2m} \frac{\partial^2 \Psi(x,t)}{\partial x^2} \equiv \hat{H}\Psi(x,t) \tag{B.12}$$

を得ます。(B.12) が，1 次元自由粒子の波動関数が満たすべきシュレーディンガー方程式です。ここで $\hat{H}$ はハミルトニアン（Hamiltonian）と呼ばれ、エネルギー演算子です。

B.2.3　3 次元の波動関数とシュレーディンガー方程式

(B.9) を，任意の方向へ移動する粒子に拡張します。位置ベクトル $\boldsymbol{r}$，運動量ベクトル $\boldsymbol{p}$，および，その内積は

$$\boldsymbol{r} \equiv \begin{pmatrix} x \\ y \\ z \end{pmatrix}, \quad \boldsymbol{p} \equiv \begin{pmatrix} p_x \\ p_y \\ p_z \end{pmatrix}, \quad \boldsymbol{r} \cdot \boldsymbol{p} \equiv p_x x + p_y y + p_z z \tag{B.13}$$

と定義されます。波動関数 $\Psi(\boldsymbol{r},t)$ は，

$$\Psi(\boldsymbol{r},t) = A \exp\left(\frac{i}{\hbar}(\boldsymbol{r} \cdot \boldsymbol{p} - Et)\right) = A \exp\left(\frac{i}{\hbar}(\boldsymbol{r} \cdot \boldsymbol{p})\right) \exp\left(-\frac{i}{\hbar}Et\right) \tag{B.14}$$

と変数分離の形に書けます。

(B.14) を時間や位置ベクトルで偏微分すると

$$\frac{\partial \Psi(\boldsymbol{r},t)}{\partial t} = -\frac{iE}{\hbar}\Psi(\boldsymbol{r},t), \quad \nabla\Psi(\boldsymbol{r},t) = \frac{i\boldsymbol{p}}{\hbar}\Psi(\boldsymbol{r},t) \tag{B.15}$$

を得ます。ここで ∇（ナブラ）は $\nabla \equiv \left(\frac{\partial}{\partial x}, \frac{\partial}{\partial y}, \frac{\partial}{\partial z}\right)$ です。(B.15) から，

$$E \leftrightarrow i\hbar\frac{\partial}{\partial t}, \quad \boldsymbol{p} \leftrightarrow -i\hbar\nabla \tag{B.16}$$

のように，E，$\boldsymbol{p}$ は，$\Psi(\boldsymbol{r},t)$ に演算するエネルギー演算子，運動量演算子としてはたらくことがわかります。

一般に，粒子がポテンシャルエネルギー（位置エネルギー）$V(\boldsymbol{r},t)$ のもとで運動していると，

$$E = \frac{|\boldsymbol{p}|^2}{2m} + V(\boldsymbol{r},t) \tag{B.17}$$

が成り立ちます。(B.16) の対応関係が成り立つとして (B.17) に代入すると，次の

3 次元のシュレーディンガー方程式が得られます。

$$i\hbar\frac{\partial\Psi(\boldsymbol{r},t)}{\partial t} = \hat{H}(\boldsymbol{r},t)\Psi(\boldsymbol{r},t), \quad \hat{H}(\boldsymbol{r},t) \equiv -\frac{\hbar^2\boldsymbol{\nabla}^2}{2m} + V(\boldsymbol{r},t) \tag{B.18}$$

粒子のエネルギーを E とすると，波動関数は

$$\Psi(\boldsymbol{r},t) = \psi(\boldsymbol{r})\exp\left(-\frac{i}{\hbar}Et\right) \tag{B.19}$$

と書けます。定常状態（時間を含まない）のシュレーディンガー方程式は，$\psi(\boldsymbol{r})$ とハミルトニアン $\hat{H}(\boldsymbol{r})$ を用いて次のように書け，定常状態のエネルギー E を求める式になります。

$$E\psi(\boldsymbol{r}) = \hat{H}(\boldsymbol{r})\psi(\boldsymbol{r}) \tag{B.20}$$

B.2.4 交換関係

(B.16) で $x \to \hat{x}$，$\boldsymbol{p} \to \hat{\boldsymbol{p}}$ と演算子にして

$$\hat{p}_x \equiv -i\hbar\frac{\partial}{\partial x}, \quad \hat{p}_y \equiv -i\hbar\frac{\partial}{\partial y}, \quad \hat{p}_z \equiv -i\hbar\frac{\partial}{\partial z} \tag{B.21}$$

とおくと，

$$\begin{aligned}
[\hat{x},\hat{p}_x]\Psi(\boldsymbol{r},t) &\equiv (\hat{x}\hat{p}_x - \hat{p}_x\hat{x})\Psi(\boldsymbol{r},t) \\
&= -i\hbar x\frac{\partial}{\partial x}\Psi(\boldsymbol{r},t) - \left(-i\hbar\frac{\partial}{\partial x}\left(x\Psi(\boldsymbol{r},t)\right)\right) \\
&= i\hbar\Psi(\boldsymbol{r},t)
\end{aligned} \tag{B.22}$$

となります。同様に y，z にも成り立つので，次の交換関係が得られます。

$$[\hat{x},\hat{p}_x] = i\hbar, \quad [\hat{y},\hat{p}_y] = i\hbar, \quad [\hat{z},\hat{p}_z] = i\hbar \tag{B.23}$$

この交換関係と各演算子の期待値の計算から，不確定性関係 (5.1) が導かれます。

B.3 原子や分子のシュレーディンガー方程式

　ここでは，原子や分子のシュレーディンガー方程式を書き下します。古典力学でも，3 個以上の物体の多体問題は，一般には解けないことがわかっています。そこで，量子化学での，電子が多数存在する場合の近似法の例も紹介します。

B.3.1　水素原子のシュレーディンガー方程式

水素の原子核（陽子）を原点に採ると，半径 r で電子が感じる位置エネルギーは $-\frac{e^2}{4\pi\varepsilon_0 r}$ となります。(B.20) に代入すると，

$$E\psi(\boldsymbol{r}) = \hat{H}(\boldsymbol{r})\psi(\boldsymbol{r}), \quad \hat{H}(\boldsymbol{r}) \equiv -\frac{\hbar^2 \boldsymbol{\nabla}^2}{2m} - \frac{e^2}{4\pi\varepsilon_0 r} \tag{B.24}$$

を得ます。(B.22) を極座標で解くことによって，厳密解が求まります。

B.3.2　一般の原子のシュレーディンガー方程式

原子番号 Z の原子の場合は，Z 個の電子があるので，i 番目の電子の座標を $\boldsymbol{r}_i$ とすると，

$$E\psi(\boldsymbol{r}_1, \cdots, \boldsymbol{r}_Z) = \hat{H}(\boldsymbol{r}_1, \cdots, \boldsymbol{r}_Z)\psi(\boldsymbol{r}_1, \cdots, \boldsymbol{r}_Z) \tag{B.25}$$

と書けます。ここでハミルトニアンは次式で与えられます。

$$\hat{H}(\boldsymbol{r}_1, \cdots, \boldsymbol{r}_Z) \equiv \sum_{i=1}^{Z} \hat{H}_i(\boldsymbol{r}_i) + \sum_{i=1}^{Z} \sum_{j>i}^{Z} \frac{e^2}{4\pi\varepsilon_0 |\boldsymbol{r}_i - \boldsymbol{r}_j|} \tag{B.26}$$

(B.26) で，$\hat{H}_i(\boldsymbol{r}_i)$，$(i = 1, 2, \cdots, Z)$ は (B.27) と表され，第 2 項は任意の 2 電子間のクーロン相互作用です。

$$\hat{H}_i(\boldsymbol{r}_i) = -\frac{\hbar^2 \boldsymbol{\nabla}_i}{2m} - \frac{Ze^2}{4\pi\varepsilon_0 r_i} \tag{B.27}$$

しかしながら，多体問題である (B.25) は一般に解けません。そこで，平均場近似（1 電子近似）という大胆な近似を行います。i 番目の電子の規格化された波動関数を $\phi_i(\boldsymbol{r}_i)$ として，

$$\hat{\mathcal{H}}_i(\boldsymbol{r}_i)\phi_i(\boldsymbol{r}_i) = \epsilon_i \phi_i(\boldsymbol{r}_i) \tag{B.28}$$

を解くことになります。ここで

$$\hat{\mathcal{H}}_i(\boldsymbol{r}_i) \equiv -\frac{\hbar^2 \boldsymbol{\nabla}_i}{2m} + \frac{e^2}{4\pi\varepsilon_0} \left(-\frac{Z}{r_i} + \sum_{j=1, j\neq i}^{Z} \int \frac{|\phi_j(\boldsymbol{r}_j)|^2}{|\boldsymbol{r}_i - \boldsymbol{r}_j|} d\boldsymbol{r}_j \right) \tag{B.29}$$

です。最後の項は i 電子以外の電子とのクーロン相互作用で，分子の $|\phi_j(\boldsymbol{r}_j)|^2$ は j 番目の電子の分布（電荷分布）です。はじめは $\phi_j(\boldsymbol{r}_j)$ に適当な波動関数を代入して計算し，計算を繰り返して順次精度を高めていくことになります。最後の項につい

て，別の近似の仕方もあります。

全体の波動関数 $\psi(\boldsymbol{r}_1, \cdots, \boldsymbol{r}_Z)$ は，パウリの排他原理を考慮して次式（スレーター行列式）で与えられます（ハートリー＝フォック近似）。

$$\psi(\boldsymbol{r}_1, \cdots, \boldsymbol{r}_Z) = \frac{1}{\sqrt{Z!}} \begin{vmatrix} \phi_1(\boldsymbol{r}_1) & \phi_1(\boldsymbol{r}_2) & \cdots & \phi_1(\boldsymbol{r}_Z) \\ \phi_2(\boldsymbol{r}_1) & \phi_2(\boldsymbol{r}_2) & \cdots & \phi_2(\boldsymbol{r}_Z) \\ \vdots & \vdots & \ddots & \vdots \\ \phi_Z(\boldsymbol{r}_1) & \phi_Z(\boldsymbol{r}_2) & \cdots & \phi_Z(\boldsymbol{r}_Z) \end{vmatrix} \tag{B.30}$$

全体のシュレーディンガー方程式は次のようになります。

$$\hat{H}\psi \equiv \sum_{i=1}^{Z} \hat{\mathcal{H}}_i \psi = E\psi, \quad E = \sum_{i=1}^{Z} \epsilon_i \tag{B.31}$$

近似が悪いと E は，最適値よりかなり大きい値になります。E の値がこれ以上改善しない（小さくならない）ところまで計算を繰り返します（変分原理）。

電子スピンを考慮すると，各軌道にスピン上向きと下向きの 2 個の電子が入ることができます（B.3.3 節の分子の場合でも同様です）。

B.3.3　分子のシュレーディンガー方程式

量子化学計算などで M 個の原子核の周りの n 個の電子を扱う場合は，それぞれの原子核の位置 $\boldsymbol{R}_m, m = 1, 2, \cdots, M$ は固定されているとし，電子の位置を $\boldsymbol{r}_j, j = 1, 2, \cdots, n$，波動関数を $\psi(\boldsymbol{r}_1, \boldsymbol{r}_2, \cdots, \boldsymbol{r}_n)$ とすると，次のように書けます。

$$\hat{H}\psi(\boldsymbol{r}_1, \boldsymbol{r}_2, \cdots, \boldsymbol{r}_n) = \left(-\sum_{j=1}^{n} \frac{\hbar^2 \boldsymbol{\nabla}_j^2}{2m} + V(\boldsymbol{r}_1, \boldsymbol{r}_2, \cdots, \boldsymbol{r}_n) \right) \psi(\boldsymbol{r}_1, \boldsymbol{r}_2, \cdots, \boldsymbol{r}_n)$$
$$= E\psi(\boldsymbol{r}_1, \boldsymbol{r}_2, \cdots, \boldsymbol{r}_n) \tag{B.32}$$

ここで，$V(\boldsymbol{r}_1, \boldsymbol{r}_2, \cdots, \boldsymbol{r}_n)$ は

$$V(\boldsymbol{r}_1, \boldsymbol{r}_2, \cdots, \boldsymbol{r}_n) = \sum_{j=1}^{n}\sum_{k>j}^{n} \frac{e^2}{4\pi\varepsilon_0} \frac{1}{|\boldsymbol{r}_j - \boldsymbol{r}_k|} - \sum_{j=1}^{n}\sum_{m=1}^{M} \frac{1}{4\pi\varepsilon_0} \frac{Z_m e^2}{|\boldsymbol{r}_j - \boldsymbol{R}_m|} \tag{B.33}$$

と書けます。(B.33) で，右辺第 1 項は電子どうしのクーロンポテンシャル，第 2 項は原子番号 Z_m の原子核と電子とのクーロンポテンシャルです。(B.32) を解いてエネルギー状態や波動関数を求めることができます。

分子軌道法

分子軌道法では，波動関数が K 個（価電子数の合計）の原子軌道 χ_i（実関数）の 1 次結合として，次のように書けると仮定します（参考文献 [友田]）。

$$\psi = \sum_{i=1}^{K} c_i \chi_i \tag{B.34}$$

ψ は全空間（τ）で規格化されるので，次式が成り立ちます。

$$\int_{-\infty}^{\infty} \psi^2 d\tau = \sum_{i=1}^{K}\sum_{j=1}^{K} c_i c_j \int_{-\infty}^{\infty} \chi_i \chi_j d\tau \equiv \sum_{i=1}^{K}\sum_{j=1}^{K} c_i c_j S_{ij} = 1 \tag{B.35}$$

(B.34) を (B.32) に代入して E を求めると

$$E = \frac{\int \psi \hat{H} \psi d\tau}{\int \psi^2 d\tau} = \frac{\sum_{i=1}^{K}\sum_{j=1}^{K} c_i c_j H_{ij}}{\sum_{i=1}^{K}\sum_{j=1}^{K} c_i c_j S_{ij}} \tag{B.36}$$

(B.36) で H_{ij}, S_{ij} は次のように定義されます。

$$H_{ij} = \int \chi_i \hat{H} \chi_j d\tau, \quad S_{ij} = \int \chi_i \chi_j d\tau \tag{B.37}$$

(B.36) が最小になる条件

$$\frac{\partial E}{\partial c_i} = 0, \quad (i = 1, 2, \cdots, m) \tag{B.38}$$

を課すと以下の式が求まります。

$$\sum_{j=1}^{K} (H_{ij} - E S_{ij}) c_j = 0, \quad (i = 1, 2, \cdots, K) \tag{B.39}$$

(B.39) が意味のある解をもつためには，次式が成り立たなければなりません。

$$\det |H_{ij} - E S_{ij}| = 0, \quad (i, j = 1, 2, \cdots, K) \tag{B.40}$$

(B.40) を解いて E_i $(i = 1, 2, \cdots, K)$ が求まります。それぞれの E_i について係数 c_i が求まり，波動関数 ψ も求まります（量子化学では，いろいろな分子軌道計算プログラムが開発されています）。

付録 C 特殊相対性理論と運動方程式

ここでは，特殊相対性理論の基本と，粒子の相対論的に不変な運動方程式（クライン＝ゴルドン方程式とディラック方程式）を考えます。

C.1 特殊相対性理論

特殊相対性理論は，時間 1 次元，空間 3 次元の 4 次元時空の世界ですが，その時空が平坦であるときを考えます。

C.1.1 4元ベクトル

相対性理論の世界では，4 元ベクトルが基本の 1 つです。たとえば座標は，空間と時間が 1 つのベクトルをなします（4 次元時空）。4 元座標 x^μ, $(\mu = 0, 1, 2, 3)$ を次のように表します。

$$x^\mu \equiv (x^0, x^1, x^2, x^3) \equiv (ct, \boldsymbol{x}) \tag{C.1}$$

添え字が上につくベクトルを反変ベクトルといいます。$\boldsymbol{x}$ は 3 次元のベクトルを表します。$x^0 = ct$ として単位を「長さ」に合わせています。すなわち，時間を光速で進む距離に変換して，ベクトルの各成分の単位を同じにしているのです。

また，4 元運動量 p^μ は

$$p^\mu \equiv (p^0, p^1, p^2, p^3) \equiv \left(\frac{E}{c}, p_x, p_y, p_z\right) \equiv \left(\frac{E}{c}, \boldsymbol{p}\right) \tag{C.2}$$

と表されます。E は全エネルギーです。このように，ベクトルの各要素は同じ単位（次元）をもつことに注意しましょう。

C.1.2 ローレンツ不変量

反変ベクトル b^μ の共変ベクトルを b_μ とし，次のように定義します[*1]。

$$b_\mu \equiv \eta_{\mu\nu} b^\nu = (-b^0, \boldsymbol{b}) \tag{C.3}$$

(C.3) のように上付きと下付きに同じギリシャ文字 (μ, ν など) があった場合は，0,1,2,3 の和をとる決まりです。ここで，平坦な時空での**メトリック行列** $\eta^{\mu\nu}$ は，次のように定義されます。

$$\eta^{\mu\nu} = \eta_{\mu\nu} \equiv \begin{pmatrix} -1 & 0 & 0 & 0 \\ 0 & 1 & 0 & 0 \\ 0 & 0 & 1 & 0 \\ 0 & 0 & 0 & 1 \end{pmatrix} \tag{C.4}$$

4元ベクトル a^μ と b^μ の内積を次のように定義します。

$$a^\mu b_\mu \equiv -a^0 b_0 + a^1 b_1 + a^2 b_2 + a^3 b_3 = -a^0 b^0 + \boldsymbol{a} \cdot \boldsymbol{b} \tag{C.5}$$

内積はスカラー量なので，どの系から見ても同じ値をもちます（ローレンツ不変量と呼びます）。

粒子の4元運動量 p^μ と，それ自身の内積を考えましょう。

$$p^\mu p_\mu = -\left(\frac{E}{c}\right)^2 + \boldsymbol{p}^2 \equiv -m^2 c^2 \tag{C.6}$$

これは，ローレンツ不変量であり，粒子固有の値をもちます。m は粒子の質量です。(C.6) を変形すると，次のようになります。

$$E^2 = \boldsymbol{p}^2 c^2 + m^2 c^4 \tag{C.7}$$

ここで，$\boldsymbol{p} = \boldsymbol{0}$，すなわち粒子が静止しているとき，$E = mc^2$ となり，質量もエネルギーの一種であることがわかります[*2]。

※1　(C.3) の最右辺や (C.4) は逆符号で定義されることも多いので注意が必要。ここでは，付録 D の一般相対性理論の慣習に合わせたので，素粒子論などでよく使われる符号とは逆になっている！

※2　それで静止質量ともいうが，むしろ，相対論的に不変なスカラー量という意味で不変質量といった方がよい。

問題 C.1 運動エネルギーは

$$K \equiv E - mc^2 \tag{C.8}$$

と定義されます。(C.7) において，$|\boldsymbol{p}| \ll mc$（非相対論的極限）では

$$K \simeq \frac{\boldsymbol{p}^2}{2m} \tag{C.9}$$

となることを示しなさい。 ♥

反対に 相対論的極限（$|\boldsymbol{p}| \gg mc$）では，次のようになります。

$$E \simeq K \simeq |\boldsymbol{p}|c \tag{C.10}$$

C.1.3 平面波

4 元座標 x^μ と 4 元運動量 p^μ の内積 (ローレンツ不変量) は

$$x^\mu p_\mu = -Et + \boldsymbol{x} \cdot \boldsymbol{p} \tag{C.11}$$

となり，換算プランク定数 $\hbar$ と同じ次元になります。そこでこれを $\hbar$ で割り，無次元の量として，次の関数を考えましょう[※3]。

$$\Psi(\boldsymbol{x}, t) = A \exp\left(\frac{i}{\hbar} x^\mu \cdot p_\mu\right) = A \exp\left(-\frac{i}{\hbar}(Et - \boldsymbol{x} \cdot \boldsymbol{p})\right) \tag{C.12}$$

これは，(B.9) と同じで，$\boldsymbol{x}$ 方向に進む**平面波**（粒子）の波動関数を表します。

C.2 運動方程式

粒子（場）が従う運動方程式もローレンツ不変です。どのように書けるのでしょうか？ それは，以下に見るように意外と簡単です。

[※3] 負符号は慣習。sin, exp, log などの引数（中身）は無次元であることに注意されたい。

C.2.1　クライン＝ゴルドン方程式

相対論的関係式 (C.6) に，(B.16) をあてはめてみると以下の式が得られます。

$$-\hbar^2 \left(\frac{\partial^2}{c^2 \partial t^2} - \boldsymbol{\nabla}^2 \right) \Psi(\boldsymbol{x}, t) = m^2 c^2 \Psi(\boldsymbol{x}, t) \tag{C.13}$$

さらに，相対論的に見やすくするために

$$\partial^\mu \equiv \frac{\partial}{\partial x_\mu} = \left(\frac{\partial}{c \partial t}, -\boldsymbol{\nabla} \right) \tag{C.14}$$

と定義し，次に定義する □（ダランベルシャン，d'Alembertian）

$$\square \equiv \partial^\mu \partial_\mu = -\partial^2/(c^2 \partial t^2) + \boldsymbol{\nabla}^2 \tag{C.15}$$

を用いて書き直すと

$$(\hbar^2 \square - m^2 c^2) \Psi(\boldsymbol{x}, t) = 0 \tag{C.16}$$

となります。これが**クライン＝ゴルドン方程式**であり，ボソン，フェルミオン両方の粒子が満たすべき方程式です。

C.2.2　ディラック方程式

ディラックは，これが 2 階微分の方程式であることが不満でした。そこで，1 階微分の式で表そうとしました。最終的に**ディラック方程式**は

$$(i\hbar \partial_\mu \gamma^\mu - mcI) \Psi(\boldsymbol{x}, t) = 0 \tag{C.17}$$

と書けます。**ガンマ行列** γ^μ （$\mu = 0, 1, 2, 3$）は 4 行 4 列の行列，I は 4 行 4 列の恒等行列（単位行列，対角成分が 1 で非対角成分が 0 の行列），$\Psi(\boldsymbol{x}, t)$ は 4 行 1 列の波動関数（スピノールという）です。ディラック方程式は，スピン $\frac{1}{2}\hbar$ のフェルミ粒子の運動方程式だったのです。しかも，そのフェルミ粒子の反粒子も記述することがわかりました（負のエネルギー状態の粒子は，$t \to -t$ として，時間をさかのぼる粒子，すなわち反粒子と解釈するのです）。

ガンマ行列は，次の反交換関係を満たします。

$$\{\gamma^\mu, \gamma^\nu\} \equiv \gamma^\mu \gamma^\nu + \gamma^\nu \gamma^\mu = -2\eta^{\mu\nu} \tag{C.18}$$

問題 C.2 (C.18) を確かめなさい。ヒント：ディラック方程式を，$i = 1, 2, 3$ として，まず次のように書き直す（i が上付きと下付きにある場合は $i = 1, 2, 3$ の和をとる）。

$$i\hbar\gamma^0\partial_0\Psi(\boldsymbol{x}, t) = (i\hbar\gamma^i\partial_i - mcI)\Psi(\boldsymbol{x}, t) \tag{C.19}$$

(C.19) 全体に左から γ^0 を掛けて次式を得る。

$$i\hbar(\gamma^0)^2\partial_0\Psi(\boldsymbol{x}, t) = (i\hbar\gamma^0\gamma^i\partial_i - \gamma^0 mc)\Psi(\boldsymbol{x}, t) \tag{C.20}$$

(C.20) の両辺に $i\hbar(\gamma^0)^2\partial_0$ を施すと，右辺の $\Psi(\boldsymbol{x}, t)$ にかかる演算子は 2 乗になり，

$$-\hbar^2(\gamma^0)^4\partial_0^2\Psi(\boldsymbol{x}, t) = (i\hbar\gamma^0\gamma^i\partial_i - \gamma^0 mc)^2\Psi(\boldsymbol{x}, t) \tag{C.21}$$

を得る。(C.21) がクライン＝ゴルドン方程式 (C.16) になることを要請する。　♥

付録 D アインシュタイン方程式とビッグバン宇宙

ここでは，一般相対性理論で得られたアインシュタイン方程式を書き下し，ビッグバン宇宙について考察します。

D.1 アインシュタイン方程式

アインシュタイン方程式は計量テンソルを用いて表されます。

D.1.1 計量テンソル

一般相対性理論は，曲がった時空（時間と空間）を扱います。曲がった時空は，次式で定義される**計量テンソル** $g_{\mu\nu}(x)$ を用いて表されます。

$$ds^2 = g_{\mu\nu}(x)dx^\mu dx^\nu \equiv \sum_{\mu=0}^{3}\sum_{\nu=0}^{3} g_{\mu\nu}(x)dx^\mu dx^\nu \tag{D.1}$$

ds^2 は**線素**（時空間の微小距離の 2 乗）で，μ と ν は $0,1,2,3$ の値をとります。4 元座標 x^μ ($\mu = 0,1,2,3$) は，(C.1) で定義されます。

重力がない平坦な空間（ミンコフスキー時空間）では

$$ds^2 = \eta_{\mu\nu}(x)dx^\mu dx^\nu = -(cdt)^2 + dx^2 + dy^2 + dz^2 \tag{D.2}$$

と書け，$g_{\mu\nu} \to \eta_{\mu\nu}$（$\eta_{\mu\nu}$ は (C.4) で定義）となります。

D.1.2 アインシュタイン方程式

1915 年，アインシュタインは一般相対性理論を完成させ，アインシュタイン方程式を次のように書き下しました。

$$R_{\mu\nu} + \frac{1}{2}Rg_{\mu\nu} \equiv G_{\mu\nu} = \frac{8\pi G_{\mathrm{N}}}{c^4}T_{\mu\nu} \tag{D.3}$$

241

左辺の $R_{\mu\nu}$ はリッチテンソルと呼ばれ，計量テンソルから定義される時空の曲率テンソル R は $R \equiv g^{\mu\nu}R_{\mu\nu}$ です（$g^{\mu\lambda}g_{\lambda\nu} = \delta^{\mu}_{\nu}$ です）。$G_{\mu\nu}$ はアインシュタインテンソルと呼ばれます。また，右辺の $T_{\mu\nu}$ は物質のエネルギー・運動量テンソルです。すなわち (D.3) は，物質の存在によって時空の曲率が決まることを意味します。さらに，G_{N} はニュートンの万有引力定数で，重力が弱い極限ではアインシュタイン方程式がニュートンの万有引力の式になることを意味しています。

1917 年，アインシュタインは，(D.3) を宇宙に適用したところ，物質の万有引力で宇宙がつぶれてしまうことに気が付きました。宇宙が永遠に不変と思っていたアインシュタインは，(D.3) の左辺に宇宙項 $\Lambda g_{\mu\nu}$ を加えて次式を得ました。

$$G_{\mu\nu} + \Lambda g_{\mu\nu} = \frac{8\pi G_{\mathrm{N}}}{c^4} T_{\mu\nu} \tag{D.4}$$

Λ は宇宙定数と呼ばれ，$\Lambda > 0$ の場合は斥力を及ぼします。宇宙項を右辺に移項することは，真空のエネルギーとなることを意味し，

$$G_{\mu\nu} = \frac{8\pi G_{\mathrm{N}}}{c^4}(T_{\mu\nu} + T_{\mu\nu}^{真空}) \tag{D.5}$$

のように書けます。

D.2 膨張宇宙

1920 年代後半に，宇宙が膨張しているというハッブル＝ルメートルの法則が発見されました。ハッブル＝ルメートルの法則は，銀河が遠ざかる速さ（後退速度）v が距離 r に比例するという法則で，次式のように書けます。

$$v = H_0 r \tag{D.6}$$

ハッブル定数 H_0 は比例定数で，通常，v は km/s，距離 r は Mpc で測ります。H_0 のプランク衛星からの 2018 年の測定値は，

$$H_0 \simeq 67.4 \pm 0.5\,\mathrm{km/(s \cdot Mpc)} \tag{D.7}$$

です[1]。ここで，pc（パーセク）は距離の単位で，$1\,\mathrm{Mpc} \simeq 3.26 \times 10^6$ 光年 です。

---

[1] ハッブル定数はいろいろな方法で測定されていて，数値が必ずしも一致していない。たとえば NASA の赤外線天文衛星「スピッツァー」の観測から 2012 年に発表された値は $74.3 \pm 2.1\,\mathrm{km/(s \cdot Mpc)}$ である。またハッブル宇宙望遠鏡から 2022 年に得られた結果も $73.04 \pm 1.04\,\mathrm{km/(s \cdot Mpc)}$ となり，宇宙背景放射からの値と大きくずれている。

> **例題 D.1** **宇宙のおよその年齢**
>
> (D.6) と (D.7) を用いて宇宙のおよその年齢を求めなさい。

解答例 距離を速度で割れば時間となり，$(H_0)^{-1}$ が宇宙のおよその年齢となります。

$$\frac{1}{H_0} \simeq \frac{1}{67.4} \,\text{Mpc} \cdot \text{s/km} = \frac{3.26 \times 10^6}{67.4} \,\text{光年} \cdot \text{s/km}$$
$$\simeq \frac{3.26 \times 10^6 \times 3.0 \times 10^5}{67.4} \,\text{年} \simeq 1.45 \times 10^{10} \,\text{年} \tag{D.8}$$

となります。実際は 138 億歳です。途中計算で光年に光速を掛けて s/km をキャンセルし，年を残しました。 ◆

> **問題 D.1** (D.6) と (D.7) を用いて宇宙の果てまでの距離が何光年かを求めなさい。ただし，その面が宇宙膨張によって地球から遠ざかった効果は考えないでよいものとします。 ♥

私たちの宇宙は，なぜか極めて平坦，すなわち空間の曲率が 0 に近いのです。平坦な宇宙のエネルギー密度 ρ_c は臨界密度と呼ばれ，次式で与えられます。

$$\rho_\text{c} = \frac{3H_0^2}{8\pi G_\text{N}} \simeq 0.85 \times 10^{-26} \,\text{kg/m}^3 \tag{D.9}$$

> **問題 D.2** (D.9) の式を古典力学を用いて導きなさい（ただし，偶然の一致）。ヒント：任意の物体について，半径 r の位置で物体にはたらく重力ポテンシャルと，物体の運動エネルギーが等しいと置けばよい。 ♥

宇宙の平均密度 ρ を臨界密度で割った値 Ω は密度パラメータと呼ばれ，現在の値は

$$\Omega \equiv \frac{\rho}{\rho_\text{c}} = 1.02 \pm 0.04 \tag{D.10}$$

となっていて，1 に近いです。

問題 1.1 波は単に空間的（位置的）に連続的に広がって振動しながら移動しているというイメージであるのに対して，重ね合わせの原理では量子が同時に 2 つ以上の位置や量子状態をとれることを意味する。例として量子ビットを考えてみる。量子ビットには 0 状態（たとえばエネルギーの基底状態）と 1 状態（励起状態）とがあるが，量子は 0 と 1 の状態を同時にとることができる。その状態が重ね合わせ状態であり，重ね合わせの原理によってそのような状態が可能になる（ただし，量子ビットを測定すると，0 か 1 かどちらかの状態しか観測されない）。

問題 1.2 主に次の 3 つの理由から。主成分である二酸化ケイ素 (SiO_2) が可視光領域に吸収線をもたないこと，非晶体（結晶の境目をもたず，流体的構造）であること，表面がなめらかであること。

問題 2.1 偏光板には細長いヨウ素化合物ポリマーが同じ方向を向いて並んでいる。ポリマー中の電子は，ポリマーの方向には動けるので，その方向に直線偏光した光が入射すると，光の振動電場によって振動する。その結果，光はエネルギーを消費して減衰する。ポリマーと垂直な直線偏光の場合は電子が動けないので，光は減衰せずに通り抜ける。

問題 2.2 l の次元は L，加速度は速度の時間微分なので g の次元は L/T^2 である。したがって，速さの次元 L/T になるには，lg の平方根をとればよい。よって，無次元の比例係数も含めて (2.1) が得られる。

問題 2.3 図 2.6(a) で，2 つの三角形 ABC と AB'C を考える。ここで，$BC = \lambda_1$，$AB' = \lambda_2$ である（同位相の波面の間隔を 1 波長とした）。また，$\angle BAC = \theta_1$，$\angle ACB' = \theta_2$ であり，$BC = AC\sin\theta_1 = \lambda_1$，$AB' = AC\sin\theta_2 = \lambda_2$ である。振動数を ν とすると，ν は媒質中でも同じだから，$c_1 = \lambda_1\nu$，$c_2 = \lambda_2\nu$ より次式 ((2.2) を参照) が得られる。

$$\frac{BC}{AB'} = \frac{\sin\theta_1}{\sin\theta_2} = \frac{\lambda_1}{\lambda_2} = \frac{c_1}{c_2} \tag{A2.1}$$

問題 2.4 今後は「1 kg は，h が (2.5) の値になるような質量」と定義される。形式的には，振動数が ν の光のエネルギー $h\nu$ と質量 m との関係式 $h\nu = mc^2$ に $m = 1\,\mathrm{kg}$ を代入して

$$\nu(1\,\mathrm{kg}) = \frac{c^2}{h} = \frac{299792458^2}{6.62606957 \times 10^{-34}}\,\mathrm{Hz} \tag{A2.2}$$

の振動数（約 1.36×10^{50} Hz）をもつ光のエネルギーと等価な質量と定義される。実際の質量は，ワット天秤（キブル天秤）を用いて正確に較正される。ワット天秤は，1975 年にキブル（Bryan P. Kibble）によって発明された天秤で，電流と電圧の積（単位はワット）を正確に測定して重さ（質量と重力加速度の積）を量る装置。精密測定に，量子効果（ジョセフソン効果と量子ホール効果）が用いられる（https://ja.wikipedia.org/wiki/ワット天秤）。より具体的には，たとえば文献 [産総研] を参照のこと。

第 3 章

問題 3.1　結晶表面と 2 層目で反射された電子線の位相差が電子波の波長の整数倍になると強め合う。整数を 1 とするとその条件は (3.1) となる。具体的には次のように求める。電子波が結晶表面で反射する点を O とする。点 O から 2 層目へ垂線を下ろし，2 層目との交点に入射・反射する電子線を描く。点 O からこの電子線の両側に垂線を下ろして，結晶表面で反射する電子線との経路差を求める。

問題 3.2　スリット面に垂直な線から $\Delta\theta$ の方向に明線ができているとすると，$\Delta x \simeq L\Delta\theta$ となり，また $d\Delta\theta = \lambda$ のとき強め合う。これらから (3.2) を得る。

第 4 章

問題 4.1　光る小球の速さを v, 窓の幅を $\Delta x = 0.05$ m, 窓が開いている時間を $\Delta t = 0.1$ s, 箱の長さを $L = 1$ m とおく。光る小球が窓の中に見えるのは，（窓の幅 + 光る小球が窓に入ってくる最大の距離），すなわち，$\Delta x + v\Delta t$ のときである。20 回窓が開いたうち 2 回光る小球を観測したので，

$$\frac{\Delta x + v\Delta t}{L} = 0.1 \tag{A4.1}$$

より，速さは 0.5 m/s となる。

問題 4.2　定常波の位置依存部分を $\psi(x) = A\sin(kx + \phi)$ とすると，両端固定の条件は $\psi(0) = \psi(L) = 0$ である。したがって，$k = \frac{n\pi}{L}, (n = 1, 2, 3, \cdots)$, $\phi = 0$ を得る（定常波では，n が負の振動と n が正の振動とは同じであるので，n が正の値を考える）。$\psi(x)$ の 2 乗を x で積分して，確率が 1 になることから

$$\int_0^L P_n(x)dx = \int_0^L A^2 \sin^2\left(\frac{n\pi x}{L}\right) dx = A^2 \int_0^L \frac{1 - \cos\left(\frac{2n\pi x}{L}\right)}{2} dx$$

$$= \frac{L}{2} A^2 = 1 \tag{A4.2}$$

より $A^2 = \frac{2}{L}$ を得て，(4.1) を得る。与えられた数値（x [m]）を代入して，$P_1(0.5) \times 0.1 = 0.2$, $P_1(0.25) \times 0.1 = 0.1$ などより，**図 4.2**(a) のヒカルが得た回数を得る。$P_2(x) \times 0.1$ についても同様。

問題 4.3　それは，量子が箱の中で定常状態になっていて，定常波が生じているから。量子力学では定常状態の量子を観測した瞬間に波動関数が収縮してその確率が決まると考

える。したがって窓の開いている時間は無関係である。

問題 4.4　状態が同じなので，$2 \to 1$ として $\psi(1,1) = -\psi(1,1)$ より $\psi(1,1) = 0$ を得る。

問題 4.5　$(bbf)(f)$, $(bf)(bf)$, $(f)(bbf)$ の 3 種類。

第 5 章

問題 5.1　検出器 C に向かう光線は，BS1 で反射した光線も透過した光線もともに 2 回反射されたので波長のずれはなく位相は揃っている。検出器 D に向かう光線については，BS1 で反射した光は，そこで半波長，さらに鏡で半波長ずれる。一方，BS1 を透過した光は，鏡で半波長ずれるだけなので，両方の光は半波長ずれている。したがって完全に打ち消し合い，D には到達しない。

問題 5.2　実現不可能。一方の物理量がわかっても，相手に古典的手段（光速以下の速度の電話や電子メールなど）でその情報を伝えないと，相手はその物理量がわからないから。つまり，送信側で一方を測定しても受信側でその結果を聞かない場合は，もう一方の量子を測定しない限り EPR 相関状態にある量子の偏光やスピンの向きの情報は不明である。また，EPR 相関状態にある量子を制御することもできないので，そこに情報を入れ込むことは原理的に不可能である。

第 6 章

問題 6.1　金箔は可能な限り薄くできることに加えて，金原子核が十分重いから。標的が厚いと，アルファ粒子がたくさんの標的に衝突することによって散乱角が大きくなる（多重散乱）。また，原子核はできるだけ重い方が，答えが明確になる。つまり，金原子核の反跳は無視でき，軽いヘリウム原子核が散乱される現象だけを考えればよいことになる。

問題 6.2　数値を代入して以下を得る。

$$r_{\mathrm{B}} \equiv r_1 = \frac{\varepsilon_0 h^2}{\pi e^2 m} \simeq \frac{8.854 \times 10^{-12} \times (6.626 \times 10^{-34})^2}{3.1416 \times (1.6022 \times 10^{-19})^2 \times 9.11 \times 10^{-31}}$$
$$\simeq 5.3 \times 10^{-11}\ \mathrm{m} \tag{A6.1}$$

問題 6.3　混じり合わないのは，水は極性で油は非極性だから。水分子は水素結合により互いに引き合い，油分子は水分子に弾かれ，ファン・デル・ワールス力によって互いに集まる。さらに，一般に油の密度は水より小さいので水に浮かび，混じり合わない。ただし，無重力状態では，油が浮いてこないので上下に分かれることはない。

　油汚れが落ちるのは，石鹸などの界面活性剤による。界面活性剤は細長い分子構造で，一端が極性（親水性），他端が非極性（親油性）をもつ。親油性の部分に油分子を引き付け，親水性の部分で水中に溶けて汚れを落とす。

第 7 章

問題 7.1　弦の長さを L とすると，図 7.3(a)，(b)，(c) の波長はそれぞれ $2L$，L，$\frac{2L}{3}$ と

なる。振動数は，波長の逆数に比例するので，1倍，2倍，3倍となっている。

問題 7.2 ヒトがほぼ左右対称であることからの錯覚である。ヒトは無意識のうちに鏡の自分を，自分が回り込んでそこにいるように錯覚し，右手を挙げると鏡の中では左手を挙げているように錯覚する。鏡は映したものの前後を入れ替えている。鏡に垂直な軸を x 軸とし，鏡面を原点とすると，鏡に映った世界は x を $-x$ にした世界である。たとえば，鏡を床に置いて自分を映してみよ。映った姿は上下逆さに見えるであろう。この場合，右手を挙げれば鏡の中でも右手が挙がるように見えるだろう。ただ，見方によっては左手が挙がっているようにも見えてしまうかもしれない。また，鏡に対して後ろ向きに立って右手を挙げ，振り返って鏡を見ると鏡の中でも右手を挙げているように見えないだろうか。試してみるのもよい。

第 8 章

問題 8.1 減圧する（排気する）。すると蒸発曲線を越えて「気体の国」に入る。

問題 8.2 CO_2 の三重点の圧力は，1気圧よりはるか上の 5.1 気圧である。大気圧中で（1気圧に保ったまま）温度を上げていくと，昇華曲線を越えて「気体の国」に入るため，固体からいきなり気体になる。

問題 8.3 3分余り。麺類の茹で時間は，温度が一定のときは量に関係なく時間だけによる。2人前を熱湯に入れると少し温度が下がるので，3分より少し長めの時間茹でる。ついでながら，茹でるときのお湯の量が指定されている場合は，2人前には1人前の2倍の量のお湯が必要。

吹きこぼれそうになったときの処置：沸騰を保つようにしながら火力を下げればよい。1気圧での調理のとき，湯が沸騰していれば温度は 100°C で一定である。

問題 8.4 台風は熱帯低気圧が海上で発達したもので，周囲から大気が吹き込み上昇気流が生じている。水蒸気を大量に含んだ気流は，上昇すると断熱膨張によって温度と圧力が低下し，水蒸気が液化する。その際，潜熱（凝縮熱）を放出し，気流は温まってさらに上昇するので台風は発達する。

問題 8.5 金属の炎色反応を利用している。金属を熱すると金属の電子が励起され，基底状態に戻るときに特有の色の光を出す。花火で赤，黄，緑，青の色を出すためには，一般に次の金属（化合物）を用いる。赤色にはストロンチウムやカルシウム，黄色にはナトリウム，緑色にはバリウム，青色には銅である。温度が 2,000°C 以上になるときれいに発色する。最近ではアルミニウムやマグネシウムなどの高輝剤の使用により 3,000°C 以上が実現でき，さらにくっきりと見えるようになっている（参考文献 [細谷政夫]）。

問題 8.6 中性子の数が偶数であること。理由：偶数個のフェルミ粒子の複合粒子はボース粒子として振る舞う。原子は原子核と電子から，原子核は陽子と中性子とから構成されている（陽子，中性子，電子はすべてフェルミ粒子）。中性原子では陽子の数と電子の数は等しいので，陽子数と電子数の和は偶数。したがって，上記の結論を得る。

問題 8.7 磁石の落下を妨げる向きにアルミパイプに誘導電流が流れる（レンツの法則）。たとえば、磁石を N 極を下にしてアルミパイプの中に落とすと、磁石の下側では右回りの電流が流れて上が N 極の磁場ができ、磁石は反発力を受けて落下が妨げられる。逆に磁石の上側では左回りの電流が生じて下が N 極の磁場ができ、磁石は上向きの力を受けてやはり落下が妨げられる。

第 9 章

問題 9.1 陽子と中性子の質量が入れ替わっていた場合：原始元素合成の際に、陽子が崩壊（$p \to n + e^+ + \nu_e$）して消滅し、安定な中性子が生成される。したがって、放射線として危険な中性子が飛び交い、軽水素が存在しない世界になる。恒星の中では、中性（電荷 0）の中性子を核融合する反応は、クーロン斥力がないので陽子の核融合よりずっと速く進むであろう。宇宙では、重水素はわずかに生成されるので重水は存在するが、生命は生まれない世界だろう。

中性子がベータ崩壊できない場合：中性子が安定で崩壊しないので、上記の状態に加えて陽子も安定に存在する世界である。そのときには、原始元素合成においてヘリウムがこの宇宙より余計に合成され、その分だけ水素が少ない世界になるだろう。また、恒星の中の核融合では、反応がもっと速く進むだろう。つまり、ほんの少し中性子が軽くなっただけで、放射線として危険な中性子も飛び交い、地球型生命の存在が難しい世界になると思われる。

第 10 章

問題 10.1 質量数は陽子数（原子番号）と中性子数の和であり、整数。原子量は、1 mol の ^{12}C を 12 g と定義して、他の原子の 1 mol のグラム数を表したもの（物質量は物質の量で、一般に mol 数で表す）。原子量が（炭素も含めて）一般に整数ではないのは、2 つの理由による。1 つは、束縛エネルギーの違いによって、整数のグラム数からずれる。もう 1 つは安定同位体の存在によってである。安定同位体は、原子番号 Z が同じ元素でも、中性子数 N が異なる安定な原子である。安定同位体は、化学的性質は（ほぼ）同じであるが、質量数 $A = Z + N$ が異なる。同位体の存在比を考慮して原子量を計算していることもあって、原子量は一般に整数ではない。

問題 10.2 題意により、次式が成り立つ。負符号は減少していることを表す。

$$N(t + \Delta t) - N(t) = -N(t) \frac{\Delta t}{\tau} \tag{A10.1}$$

両辺を Δt で割り、0 に近づけて次式を得る。

$$\lim_{\Delta t \to 0} \frac{N(t + \Delta t) - N(t)}{\Delta t} = \frac{dN(t)}{dt} = -\frac{N(t)}{\tau} \tag{A10.2}$$

これを積分して (10.8) を得る。

問題 10.3 平均寿命は次の計算で求まる。

$$\frac{\int_{t=0}^{\infty} t N(t) dt}{\int_{t=0}^{\infty} N(t) dt} = \frac{\int_{t=0}^{\infty} t \exp\left(-\frac{t}{\tau}\right)}{\int_{t=0}^{\infty} \exp\left(-\frac{t}{\tau}\right)} = \tau \tag{A10.3}$$

問題 10.4 次式から (10.9) を得る。

$$\exp\left(-\frac{T}{\tau}\right) = \frac{1}{2} \tag{A10.4}$$

問題 10.5 低線量の放射線が人体に及ぼす影響については，検証も難しくわかっていない。少量の毒が薬になるように，多少の刺激はかえってからだによいとする放射線ホルミシス（radiation hormesis）という仮説もある。

第 11 章

問題 11.1 質量 m の物体の脱出速度が c になる古典力学の式を書くと

$$\frac{mc^2}{2} = \frac{G_N m M}{r_S} \tag{A11.1}$$

となり，r_S を求めて (11.1) を得る。最右辺の式は，以下の計算より求まる。

$$\frac{2 G_N M_\odot}{c^2} \simeq \frac{2 \times 6.67 \times 10^{-11} \times 1.99 \times 10^{30}}{(3.00 \times 10^8)^2} \, \text{m} \simeq 3\,\text{km} \tag{A11.2}$$

問題 11.2 まずは 1 次元で説明する。ゴム紐をまっすぐ固定して等間隔に印をつける。ゴム紐を伸ばしていくと，どの印から見ても遠くの印ほど速いスピードで遠ざかっていく。2 次元，3 次元でも同様。

問題 11.3 宇宙船が等速度運動をしている間は地球と宇宙船との関係は対称で，相対性原理により時間差は生じない。しかし，宇宙船が地球を出発して戻ってくるためには，出発時，到着時，そして引き換えすときに加速度運動が必要で，地球と宇宙船との関係は非対称となる。そのため一般相対性理論により，地球に対する宇宙船の時計の遅れが生じる。

第 12 章

問題 12.1 反応式は $6CO_2 + 6H_2O + 光 \rightarrow C_6H_{12}O_6 + 6O_2$ となる。

第 13 章

問題 13.1 「測定しようとする偏光の向きを 2 個の光子が察知して，途中でお互いの偏光の向きを変えてしまう」という可能性を排除するため。そんなことまで考慮に入れなければならないほど，EPR 相関は不思議な現象であり，ベルの不等式の破れの実証は微妙なのである。

付録 A

問題 A.1 $\nu = \frac{c}{\lambda}$ と $d\nu = -\frac{c}{\lambda^2}$ を代入して (A.3) を得る（分布を求めているので，負符号は無視してよい）。

問題 A.2 （A.3) を λ で微分してその式を 0 とおくと (A.4) を得る。

問題 A.3 ν が大きいとき，次のようになってヴィーンの放射光式に一致する。

$$\frac{du(\nu)}{d\nu} = \frac{8\pi h\nu^3}{c^3}\frac{1}{\exp\left(\frac{h\nu}{k_B T}\right)-1} \to \frac{8\pi h\nu^3}{c^3}\exp\left(-\frac{h\nu}{k_B T}\right) \tag{AA.1}$$

ν が小さいときは，次のようになってレイリー＝ジーンズの放射公式に一致する。

$$\frac{du(\nu)}{d\nu} = \frac{8\pi h\nu^3}{c^3}\frac{1}{\exp\left(\frac{h\nu}{k_B T}\right)-1} \to \frac{8\pi h\nu^3}{c^3}\frac{1}{1+\frac{h\nu}{k_B T}-1} = \frac{8\pi\nu^2 k_B T}{c^3} \tag{AA.2}$$

問題 A.4 定常波では n_x が正の振動と負の振動は同じであるから。

問題 A.5 エネルギー量子化の仮説により，高い振動数の振動は高いエネルギーをもつ。そのため，高い振動数の振動ほど励起される確率が小さくなり，ある振動数を超えると全エネルギーを超えてその振動が励起される確率は 0 になる。よって，レイリー＝ジーンズの放射公式の高振動数領域における発散は起こらないことになる。

付録 B

問題 B.1 (5.3)，(B.1)，(B.2) から v_n を消去して，(6.4) が得られる。

問題 B.2 (5.3)，(B.1)，(B.2) から v_n を求め，(9.2) を用いる。

付録 C

問題 C.1 (C.7) より，以下のようになって，(C.9) が求まる。

$$E = mc^2\sqrt{1+\frac{\boldsymbol{p}^2}{m^2c^2}} \simeq mc^2 + \frac{\boldsymbol{p}^2}{2m} \tag{AC.1}$$

問題 C.2 (C.21) の右辺の演算子は，$j=1,2,3$ として

$$\begin{aligned}
(i\hbar\gamma^0\gamma^i\partial_i - \gamma^0 mc)^2 &= (i\hbar\gamma^0\gamma^i\partial_i - \gamma^0 mc)(i\hbar\gamma^0\gamma^j\partial_j - \gamma^0 mc)\\
&= -\hbar^2\gamma^0\gamma^i\gamma^0\gamma^j\partial_i\partial_j - i\hbar(\gamma^0\gamma^i\gamma^0 + (\gamma^0)^2\gamma^i)mc + (\gamma^0)^2 m^2 c^2
\end{aligned}$$

と書ける。$(\gamma^0)^2 = 1$，$\gamma^i\gamma^0 = -\gamma^0\gamma^i$，$\gamma^i\gamma^j = \delta_{ij}I$ を満たせばクライン＝ゴルドン方程式（(C.16) を参照）に一致する。これらの関係式は，(C.18) である。

付録 D

問題 D.1 $v = c$ と置いて r を求めると次のようになる（宇宙年齢の概算値と同じ数値）。

$$r = \frac{c}{H_0} \simeq \frac{3.0 \times 10^5}{67.4} \,\text{Mpc} = \frac{3.0 \times 10^5 \times 3.26 \times 10^6}{67.4} \text{光年} \simeq 1.45 \times 10^{10}\text{光年} \quad \text{(AD.1)}$$

その面が宇宙膨張によって地球から遠ざかった効果を考慮すると，458 億光年となる。

問題 D.2　半径 r の地点での質量 m の物体を考える。半径 r の内部の質量は $M \equiv \frac{4\pi r^3 \rho_c}{3}$ なので

$$\frac{mv^2}{2} = \frac{G_{\rm N} mM}{r} = \frac{4\pi G_{\rm N} r^3 \rho_c}{3r} \quad \text{(AD.2)}$$

を得る。これと $v = H_0 r$ より，次式を得る。

$$\frac{(H_0 r)^2}{2} = \frac{4\pi G_{\rm N} r^3 \rho_c}{3r} \quad \text{(AD.3)}$$

r は両辺で消えて，ρ_c を求めると，(D.9) を得る。

参考文献

第 1 章 ··

［竹内］　『よくわかる最新量子論の基本と仕組み 不可思議な超ミクロ世界』，竹内薫著，
　　　秀和システム，2006 年 11 月；『ゼロから学ぶ量子力学 普及版 量子世界への，はじめ
　　　の一歩』，竹内薫著，講談社，2022 年 3 月。

［山本義隆］　『ボーアとアインシュタインに量子を読む 量子物理学の原理をめぐって』，
　　　山本義隆著，みすず書房，2022 年 9 月。

［Newton 別冊］　『量子論のすべて 改訂第 2 版』，ニュートンプレス，2021 年 7 月。

［松浦］　『量子とはなんだろう 宇宙を支配する究極のしくみ』，松浦壮著，講談社，2020
　　　年 6 月。

［渡邊 1］　『入門講義 量子コンピュータ』，渡邊靖志著，講談社，2021 年 11 月。

［江沢］　『物理なぜなぜ事典［増補新版］2 場の理論から宇宙まで』，江沢洋・東京物理
　　　サークル編，日本評論社，2021 年 5 月。

第 2 章 ··

［砂川］　『量子力学の考え方』，砂川重信著，岩波書店，1993 年 7 月。

［産総研］　「さらばキログラム原器，プランク定数にもとづくキログラムの新しい定義」，産
　　　総研 質量標準研究グループ，https://unit.aist.go.jp/riem/mass-std/Kilogram2.html

第 3 章 ··

［朝永 1］　『スピンはめぐる【新版】 成熟期の量子力学』，朝永振一郎著，みすず書房，
　　　2008 年 6 月。

［山本直紀］　「電子回折図形を見てみよう」，山本直紀著，『日本結晶学会誌』39, pp.279–288
　　　(1997)；https://www.jstage.jst.go.jp/article/jcrsj1959/39/4/39_4_279/_pdf

［Eibenberger］　「Matter-Wave Interference of Particles Selected from a Molecular
　　　Library with Masses Exceeding 10,000 amu」, Sandra Eibenberger *et al.*, Physical
　　　Chemistry Chemical Physics 15 (Jul 8,2013):14696-700.

［ラプラス］　『確率論 —確率の解析的理論— （現代数学の系譜 12）』，ラプラス著，伊
　　　藤清・樋口順四郎訳，共立出版，1986 年 12 月；「ラプラスの悪魔」，Wikipedia,
　　　https://ja.wikipedia.org/wiki/ラプラスの悪魔

第 4 章 ··

［森］　『2 つの粒子で世界がわかる 量子力学から見た物質と力』，森弘之著，講談社，2019
　　　年 5 月。

第 5 章

[朝永 2]　『量子力学的世界像』，朝永振一郎著，みすず書房，1982 年 7 月。

[吉田 1]　『光の場，電子の海 量子場理論への道』，吉田伸夫著，新潮社，2008 年 10 月。

[小澤]　『量子と情報』，小澤正直著，青土社，2018 年 11 月。

[長谷川]　「ハイゼンベルクの不確定性原理を破った！　小澤の不等式を実験実証」，日経サイエンス 2012 年 1 月 16 日，https://www.nikkei-science.com/?p=16686

[NICT]　「シュレーディンガーの猫状態の生成に成功」，NICT，https://www.nict.go.jp/quantum/topics/4otfsk00000bfwmv-att/schrodinger.pdf

[アナンサスワーミー]　『二重スリット実験 量子世界の実在に，どこまで迫れるか』，アニル・アナンサスワーミー著，藤田貢崇訳，白揚社，2021 年 12 月。

[ツァイリンガー]　『量子テレポーテーションのゆくえ 相対性理論から「情報」と「現実」の未来まで』アントン・ツァイリンガー著，大栗博司監修，田沢恭子訳，早川書房，2023 年 5 月。

[ウィテイカー]　『アインシュタインのパラドックス EPR 問題とベルの定理』アンドリュー・ウィテイカー著，和田純夫訳，岩波書店，2014 年 1 月。

[ハンソン]　「量子もつれ実証 最終決着『ベルの不等式』の破れの実験」，R. ハンソン/K. シャルム著，日経サイエンス 2019-02，日経サイエンス，pp.54–62。

[谷村]　「量子もつれ実証 アインシュタインの夢ついえる 測っていない値は実在しない」，谷村省吾著，日経サイエンス 2019-02，日経サイエンス，pp.64–71.

第 6 章

[岡崎]　『物質の量子力学』，岡崎誠著，岩波書店，2021 年 12 月。

[友田]　『分子軌道法 定性的 MO 法で化学を考える』，友田修司著，東京大学出版会，2017 年 1 月。

[山本知之]　『量子物質科学入門 量子化学と固体電子論：二つの見方』，山本知之著，コロナ社，2010 年 3 月。

[大岩]　『初等量子化学 第 2 版 その計算と理論』，大岩正芳著，化学同人，1988 年 1 月。

[齋藤]　『量子化学の世界』，齋藤勝裕著，シーアンドアール研究所，2022 年 1 月；『「量子化学」のことが一冊でまるごとわかる』，齋藤勝裕著，ベレ出版，2020 年 5 月。

[小村]　『固体物理学』，小村浩夫，石川賢司，石田興太郎著，朝倉書店，1994 月 3 月。

第 7 章

[高橋]　『古典場から量子場への道 増補第 2 版』，高橋康著，講談社，2006 年 2 月。

[亀渕]　『量子力学特論』，亀渕迪，表実著，朝倉書店，2003 年 2 月。

[村上]　『なるほど生成消滅演算子』，村上雅人著，海鳴社，2020 年 2 月。

第 8 章

[勝本]　『超伝導と超流動』，勝本信吾，河野公俊著，岩波書店，2006 年 1 月。

[長岡]　『低温・超伝導・高温超伝導』，長岡洋介著，丸善，1995 年 12 月。

［超臨界］『超臨界流体入門』，化学工学会超臨界流体部会編，丸善，2008 年 12 月。

［沖］　『金属電子論の基礎 初学者のための』，沖憲典，江口鐵男著，内田老鶴圃，2003 年 10 月。

［志賀］『磁性入門 スピンから磁石まで』，志賀正幸著，内田老鶴圃，2007 年 4 月。

［井口］『みんなに知ってほしい 超伝導のスゴイ話』，井口家成著，彩図社，2016 年 2 月。

［フジクラ］「レアアース系高温超電導線材のご紹介」，株式会社フジクラ超電導事業推進室，https://www.fujikura.co.jp/products/newbusiness/superconductors/01/superconductor.pdf

［ウィルチェック 1］「時間結晶 ひとりでに時を刻む物質」，F. ウィルチェック著，渡辺悠樹訳，日経サイエンス 2020-04，日経サイエンス，pp.28-36；「時間結晶 時間結晶を巡る論争」，古田彩著，同紙 pp.38-45.

［襲］　「時間結晶を作る」，襲宗平，濱崎立資著，科学，岩波書店，2022 Vol.92，No.6，pp.571-577.

第 9 章

［ウィルチェック 2］『すべては量子でできている 宇宙を動かす 10 の根本原理』，フランク・ウィルチェック著，吉田三知世訳，筑摩書房，2022 年 9 月。

［吉田 2］『明解量子重力理論入門』，吉田伸夫著，講談社，2011 年 7 月。

［渡邊 2］『素粒子物理入門 基本理論から最先端まで』，渡邊靖志著，培風館，2002 年 4 月。陣内修との共著の改訂版が 2023 年 9 月に発刊予定。

［Newton］「超ひも理論」，松浦壮監修，前田武，中野太郎著，Newton 2022-1，ニュートンプレス，pp.54-83.

［大栗］『大栗先生の超弦理論入門 九次元世界にあった究極の理論』，大栗博司著，講談社，2013 年 8 月。

［橋本］『超ひも理論をパパに習ってみた 天才物理学者・浪速阪教授の 70 分講義』，橋本幸士著，講談社，2015 年 2 月。

［夏梅］『超ひも理論への招待』，夏梅誠著，日経 BP，2008 年 6 月。

［川合］『はじめての〈超ひも理論〉　宇宙・力・時間の謎を解く』，川合光著，講談社，2005 年 12 月。

［ランドール］『ワープする宇宙　5 次元時空の謎を解く』，リサ・ランドール著，向山信治監訳，塩原通緒訳，NHK 出版，2007 年 6 月。

第 10 章

［Newton22-05］「量子論 2022」，松浦壮監修，小谷太郎著，Newton 2022-5，ニュートンプレス，pp.58-87.

［クローズ］『原子核物理 物質の究極の世界を覗く』，フランク・クローズ著，名越智恵子訳，丸善出版，2017 年 4 月。

［白書］「放射線・放射性同位元素の利用の展開」，平成 29 年度版原子力白書，http://www.aec.go.jp/jicst/NC/about/hakusho/hakusho2018/7-1.pdf

［田近］「放射性熱源と惑星の進化」, 田近英一著, Isotope News, 2014 年 11 月, No.727, pp.35–38.

［Magee］「First measurements of p^{11}B fusion in a magnetically confined plasma」, R.M.Magee *et al.*, Nature Communication, https://doi.org/10.1038/s41467-023-36655-1 ,21 February 2023.

第 11 章

［ボジョワルド］『繰り返される宇宙 ループ量子重力理論が明かす新しい宇宙像』, マーチン・ボジョワルド著, 前田秀基訳, 白揚社, 2016 年 11 月。

［二間瀬］『ブラックホールに近づいたらどうなるか？』, 二間瀬敏史著, さくら舎, 2014 年 2 月；『宇宙の謎 暗黒物質と巨大ブラックホール』, 二間瀬敏史著, さくら舎, 2019 年 10 月；『ブラックホール 宇宙の最大の謎はどこまで解明されたか』, 二間瀬敏史著, 中央公論新社, 2022 年 2 月。

［CNRS］「Black hole Sgr A* unmasked」, CNRS News, 05.12.2022, https://news.cnrs.fr/articles/black-hole-sgr-a-unmasked

［科学］「特集 元素の起源を探る」, 科学, 岩波書店, 2022 Vol92, No9, pp.822–851.

［田中］「中性子星合体と重元素の起源」, 田中雅臣著, 天文月報, 日本天文学会, 2021 年 1 月, pp.16–24.

［佐藤勝彦］『インフレーション宇宙論 ビッグバンの前に何が起こったのか』, 佐藤勝彦著, 講談社, 2010 年 9 月；『アインシュタインが考えた宇宙』, 佐藤勝彦著, 実業之日本社, 2005 年 12 月。

［郡］『宇宙はどのような時空でできているのか』, 郡和範著, ベレ出版, 2016 年 1 月。

［野村］『マルチバース宇宙論入門 私たちはなぜ〈この宇宙〉にいるのか』, 野村泰紀著, 講談社, 2017 年 7 月；「マルチバースと多世界」, 野村泰紀著, 日経サイエンス 2017-09, 日経サイエンス, pp.30–52；『なぜ宇宙は存在するのか はじめての現代宇宙論』, 野村泰紀著, 講談社, 2022 年 4 月。

［竹内 2］『ループ量子重力入門 重力と量子論を統合する究極理論』, 竹内薫著, 工学社, 2005 年 7 月。

［オデンワルド］『量子論がゼロからわかる 古代ギリシャの原子論から最新の量子重力理論まで』, ステン・オデンワルド著, 中家剛監訳, 今田マーサ訳, ニュートンプレス, 2021 年 11 月。

［Zhou］「Catapulting towards massive and large spatial quantum superposition」, Run Zhou *et al.*, arXiv:2206.04088v1(quant-ph).

［須藤］『不自然な宇宙 宇宙はひとつだけなのか？』, 須藤靖著, 講談社, 2019 年 1 月。

第 12 章

［アル＝カリーリ］『量子力学で生命の謎を解く』, ジム・アル＝カリーリ, ジョンジョー・マクファデン著, 水谷淳訳, SB クリエイティブ, 2015 年 9 月。

［ヴェドラル］「シュレーディンガーの鳥 生命の中の量子世界」, V. ヴェドラル著, 井元

信之監修，日経サイエンス 2011-10，日経サイエンス，pp.34–42.

［ホア］「渡り鳥の量子コンパス 高精度ナビの仕組み 鳥には地磁気が見えている」，P. J. ホア，H. モウリットセン著，熊谷玲美訳，日経サイエンス 2022-08，日経サイエンス，pp.48–54.

［Timmer］「Tracking the Electron Transfer Cascade in European Robin Cryptochrome 4 Mutants」，Daniel Timmer *et al.*，ArXiv:2205.10393.

第 13 章

［ブルース］『量子力学の解釈問題 実験が示唆する「多世界」の存在』コリン・ブルース著，和田純夫訳，講談社，2008 年 5 月。

［グリーンスタイン］『量子論が試されるとき 画期的な実験で基本原理の未解決問題に挑む』ジョージ・グリーンスタイン，アーサー・G・ザイアンツ著，森弘之訳，みすず書房，2014 年 11 月。

［Mermin］「What's Wrong with this Pillow?」，David Mermin，Physics Today, 42, April 1989, https://physicstoday.scitation.org/doi/10.1063/1.2810963

［白井］『量子力学の諸解釈 パラドックスをいかにして解消するか』，白井仁人著，森北出版，2022 年 7 月。

［大崎］「量子ポテンシャル理論と確率力学」，大崎敏郎著，核データニュース No.76，(2003)，pp.35–48，；http://www.aesj.or.jp/~ndd/ndnews/pdf76/No76-08.pdf

［森川］「ボーム理論の現代的形式とその世界観について」，森川亮著，山形大学紀要第 31 巻，pp.17–25，2009 年 2 月；https://yamagata.repo.nii.ac.jp/records/916

［スチュアート］『不確実性を飼いならす 予測不能な世界を読み解く科学』，イアン・スチュアート著，徳田功訳，白揚社，2021 年 11 月。

［Kocsis］「Observing the Average Trajectories of Single Photons in a Two-Slit Interferometer」，Sacha Kocsis *et al.*，Science 332, 1170–1173 (2011).

［アルバート］「もうひとつの量子力学」，D. Z. アルバート著，大場一郎訳，日経サイエンス 1994-07，日経サイエンス，pp.18–28.

［林］「波動関数のわかりやすい説明」，林久史著，日本女子大学紀要 理学部 第 24 号 CB15-1 (2016)。

［和田］「量子力学の多世界解釈 なぜあなたは無数に存在するのか」，和田純夫著，講談社，2022 年 12 月。

［Bassi］「Models of wave-function collapse, underlying theories, and experimental tests」，Angelo Bassi *et al.*，Rev. Mod. Phys. 85 (2013) 471.

［木村］『量子の地平線 情報から生まれる量子力学』，木村元著，日経サイエンス 2013-07，日経サイエンス，pp.46–53.

［堀田］『入門 現代の量子力学 量子情報・量子測定を中心として』，堀田昌寛著，講談社，2021 月 7 月。

［フォン・ベイヤー］「量子の地平線 Q ビズム 量子力学の新解釈」，H.C. フォン・ベイ

ヤー著，杉尾一訳，日経サイエンス 2013-07，日経サイエンス，pp.54–60；「QBism 量子 × ベイズ——量子情報時代の新解釈」，ハンス・クリスチャン・フォン・バイヤー著，松浦俊輔訳，森北出版，2018 年 3 月。

［アハラノフ］ 「量子力学の実像に迫る 宇宙の未来が決める現在」，Y. アハラノフ：語り，古田彩：聞き手，鹿野豊，細谷曉夫著，日経サイエンス 2009-10，日経サイエンス，pp.24–28.

［細谷曉夫］ 「量子世界の弱値 『光子の裁判』再び 波乃光子は本当に無罪か？」，細谷曉夫著，日経サイエンス 2014-01，日経サイエンス，pp.34–43.

［長澤］ 『マルコフ過程論による新しい量子理論 増補改訂版』，長澤正雄著，創英社/三省堂書店，2015 年 5 月。

［佐藤文隆］ 『佐藤文隆先生の量子論 干渉実験・量子もつれ・解釈問題』，佐藤文隆著，講談社，2017 年 9 月。

［ベッカー］ 『実在とは何か 量子力学に残された究極の問い』，アダム・ベッカー著，吉田三知世訳，筑摩書房，2021 年 8 月。

［量子物理学班］ 「量子消しゴム実験（量子物理学班）」，Physics Lab. 2021
https://event.phys.s.u-tokyo.ac.jp/physlab2021/articles/4t-2sztt2pa/

［Bracken］「The Quantum Eraser Paradox」，C. Bracken *et al.*, ArXiv:2111.09347v2 [quant-ph].

［Kim］ 「Quantum-eraser experiment with frequency-entangled photon pairs」，Heonoh Kim *et al.*, Phys. Rev. A67, 054102 (2003).

［Ma］ 「Quantum erasure with causally disconnected choice」，Xiao-Song Ma *et al.*, https://www.pnas.org/cgi/doi/10.1073/pnas.1213201110

［井元］ 「量子力学の実像に迫る 量子の"開かずの間"をのぞき見る」，井元信之，横田一広著，日経サイエンス 2009-10，日経サイエンス，pp.29–35.

問題解答例 ···

［細谷政夫］ 『花火の科学』，細谷政夫，細谷文夫著，東海大学出版会，1999 年 8 月。

索引

著者紹介

渡邊靖志
わたなべやすし

1944 年長野県生まれ。東京工業大学名誉教授。Ph.D.。1967 年東京工業大学理工学部物理学科卒業，東京大学大学院理学系研究科物理学専攻博士前期課程修了，米国コーネル大学大学院理学研究科物理学専攻博士後期課程修了，米国アルゴンヌ国立研究所研究員，東京大学理学部助手，現高エネルギー加速器研究機構助教授，東京工業大学大学院理学研究科教授，神奈川大学工学部教授，同大学非常勤講師。専門は素粒子物理学実験。著書に『入門講義 量子コンピュータ』（講談社），『素粒子物理入門』，『基礎の電磁気学』（以上，培風館），『理工系の物理学入門』，『理工系のリテラシー物理学入門』（以上共著，裳華房）などがある。

NDC421　　271p　　21cm

入門講義 量子論　物質・宇宙の究極のしくみを探る
にゅうもんこうぎ りょうしろん　ぶっしつ うちゅう きゅうきょく　　　　さぐ

2023 年 9 月 27 日　　第 1 刷発行

著　者　渡邊靖志
　　　　わたなべやすし

発行者　髙橋明男

発行所　株式会社　講談社
　　　　〒 112-8001　東京都文京区音羽 2-12-21
　　　　　　　販売　(03)5395-4415
　　　　　　　業務　(03)5395-3615

KODANSHA

編　集　株式会社　講談社サイエンティフィク
　　　　代表　堀越俊一
　　　　〒 162-0825　東京都新宿区神楽坂 2-14　ノービィビル
　　　　　　　編集　(03)3235-3701

本文データ制作　藤原印刷株式会社
印刷・製本　株式会社ＫＰＳプロダクツ

ISBN 978-4-06-532845-3